MEHR ZEIT

Jake Knapp | John Zeratsky

MEHR ZEIT

Wie man sich auf das Wichtigste konzentriert

Übersetzung aus dem Englischen
von Almuth Braun

REDLINE | VERLAG

Bibliografische Information der Deutschen Nationalbibliothek:
Die Deutsche Nationalbibliothek verzeichnet diese Publikation in der Deutschen Nationalbibliografie; detaillierte bibliografische Daten sind im Internet über **http://d-nb.de** abrufbar.

Für Fragen und Anregungen:
info@redline-verlag.de

2. Auflage 2021

© 2018 by Redline Verlag, ein Imprint der Münchner Verlagsgruppe GmbH,
Türkenstraße 89
80799 München
Tel.: 089 651285-0
Fax: 089 652096

© der Originalausgabe 2018 by Jake Knapp and John Zeratsky.
Die englische Originalausgabe erscheint 2018 bei Currency, einem Imprint der Crown Publishing Group, einer Abteilung der Penguin Random House LLC, New York, unter dem Titel *Make Time*.

Dieses Buch beinhaltet unter anderem die Gedanken des Autors zu den Themen Ernährung und Sport. Sie dienen ausschließlich Informationszwecken und ersetzen keine ärztliche Beratung. Bevor Sie eine Diät beginnen oder sich sportlich betätigen, sollten Sie zunächst Ihren Arzt konsultieren.

Alle Rechte, insbesondere das Recht der Vervielfältigung und Verbreitung sowie der Übersetzung, vorbehalten. Kein Teil des Werkes darf in irgendeiner Form (durch Fotokopie, Mikrofilm oder ein anderes Verfahren) ohne schriftliche Genehmigung des Verlages reproduziert oder unter Verwendung elektronischer Systeme gespeichert, verarbeitet, vervielfältigt oder verbreitet werden.

Übersetzung: Almuth Braun,
Redaktion: Christiane Otto, München
Umschlaggestaltung: Laura Osswald, München
Umschlagabbildung: shutterstock.com/89studio, shutterstock.com/Vector farther, shutterstock.com/Evgeniya Alekseeva
Satz: ZeroSoft, Timisoara
Druck: GGP Media GmbH, Pößneck
Printed in Germany

ISBN Print 978-3-86881-731-7
ISBN E-Book (PDF) 978-3-96267-073-3
ISBN E-Book (EPUB, Mobi) 978-3-96267-074-0

Weitere Informationen zum Verlag finden Sie unter

www.redline-verlag.de

Beachten Sie auch unsere weiteren Imprints unter
www.m-vg.de

Für Holly und Michelle

Es gibt mehr im Leben, als seine Geschwindigkeit zu erhöhen.
MAHATMA GANDHI

Inhalt

EINFÜHRUNG 15
   Die meiste Zeit verbringen wir auf vorprogrammierte Weise... 18
   Wir sind die Zeitfanatiker 22
   Hintergrundstory Teil 1: Das ablenkungsfreie iPhone.............. 23
   Hintergrundstory Teil 2: Unsere fanatische Suche nach
      mehr Zeit... 27
   Vier Lektionen aus dem Design-Sprint-Labor 28

WIE DAS MAKE-TIME-SYSTEM FUNKTIONIERT 33
   Das Make-Time-System besteht lediglich aus vier Schritten,
      die täglich wiederholt werden 33
   Highlight: Beginnen Sie jeden Tag mit der Bestimmung
      eines Fokuspunkts 34
   Laserstrahlmodus: Blenden Sie Ablenkungen aus, um Zeit
      für Ihr Highlight zu gewinnen............................... 35
   Energie tanken: Nutzen Sie Ihren Körper, um Ihr Gehirn
      wieder aufzuladen... 36
   Rückblickende Betrachtung: Wie Sie Ihr System
      nachjustieren und verbessern 37
   Die Make-Time-Taktiken: Auswählen, ausprobieren,
      wiederholen.. 37
   Es muss nicht perfekt sein.. 38
   Die »Jeden Tag«-Methode 40

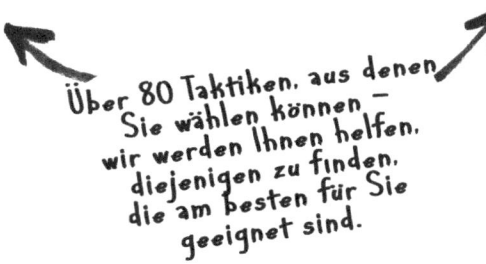

Über 80 Taktiken, aus denen Sie wählen können – wir werden Ihnen helfen, diejenigen zu finden, die am besten für Sie geeignet sind.

HIGHLIGHT 41

Die verpassten Monate 44
Welches wird das Highlight Ihres heutigen Tages sein? 47
Drei Methoden, mit denen Sie Ihr Highlight auswählen 48
Vertrauen Sie bei der Auswahl Ihres Highlights auf Ihren
    Instinkt 51

Highlight Taktiken

WÄHLEN SIE IHR HIGHLIGHT AUS **55**

1. Schreiben Sie es auf 57
2. Und täglich grüßt das Murmeltier (oder »Wiederholen Sie
    das Highlight von gestern«) 58
3. Erstellen Sie eine Rangliste Ihrer Prioritäten 58
4. Bündeln Sie Kleinkram 61
5. Die Vielleicht-Liste 64
6. Die Burner-Liste 65
7. Führen Sie einen persönlichen Sprint durch 68

NEHMEN SIE SICH ZEIT FÜR IHR HIGHLIGHT **71**

8. Planen Sie Ihr Highlight zeitlich ein 73
9. Blockieren Sie Zeit in Ihrem Terminkalender 74
10. Komprimieren und schieben Sie Ihre Termine 77
11. Sagen Sie im Notfall kurzfristig ab 78
12. Sagen Sie einfach Nein 78
13. Strukturieren Sie Ihren Tag 80
14. Werden Sie ein Morgenmensch 83
15. Spätabends ist eine gute Zeit für Ihr Highlight 86
16. Setzen Sie sich ein Limit und gehen Sie nach Hause .. 88

LASERSTRAHLMODUS 91

Verliebt in die E-Mail 95
Die Neuausrichtung von YouTube 96
Warum Infinity Pools so unwiderstehlich sind 97
Warten Sie nicht darauf, dass die Technologie Ihnen Ihre
    Zeit zurückgibt 100
Errichten Sie Ablenkungsbarrieren 102

Laser Taktiken

SIE BESTIMMEN ÜBER IHR SMARTPHONE ... 105
   17. Probieren Sie das ablenkungsfreie Smartphone aus ... 107
   18. Loggen Sie sich aus ... 112
   19. Deaktivieren Sie die Benachrichtigungsfunktion ... 113
   20. Bereinigen Sie Ihren Homescreen ... 114
   21. Tragen Sie eine Armbanduhr ... 115
   22. Lassen Sie Ihre technischen Geräte im Büro ... 116

HALTEN SIE SICH VON INFINITY POOLS FERN ... 119
   23. Melden Sie sich morgens nicht an ... 121
   24. Blockieren Sie Ablenkungskryptonit ... 122
   25. Ignorieren Sie die Nachrichten ... 124
   26. Legen Sie Ihr Spielzeug weg ... 126
   27. Verzichten Sie im Flugzeug auf WLAN ... 127
   28. Verwenden Sie eine Zeitschaltuhr für das Internet ... 128
   29. Deaktivieren Sie das Internet ... 131
   30. Vorsicht vor Zeitkratern ... 131
   31. Tauschen Sie vermeintliche gegen echte Gewinne ein ... 133
   32. Verwandeln Sie Ablenkung in nützliche Tools ... 133
   33. Werden Sie zu einem Gelegenheitsfan ... 136

BREMSEN SIE DEN E-MAIL-VERKEHR ... 139
   34. Beantworten Sie E-Mails am Ende des Tages ... 142
   35. Planen Sie E-Mail-Zeit ein ... 142
   36. Leeren Sie einmal pro Woche Ihren Posteingang ... 143
   37. Behandeln Sie elektronische Nachrichten wie Briefe ... 143
   38. Lassen Sie sich Zeit mit der Beantwortung ... 144
   39. Dimmen Sie Erwartungen ... 145
   40. Richten Sie ein E-Mail-Konto nur zum Versand ein ... 146
   41. Nehmen Sie sich eine Auszeit ... 147
   42. Sperren Sie sich selbst aus ... 148

MACHEN SIE FERNSEHEN ZU EINER »BESONDEREN GELEGENHEIT« ... 151
   43. Verzichten Sie auf Nachrichtensendungen ... 154
   44. Verbannen Sie Ihren Fernseher in die Ecke ... 154
   45. Tauschen Sie Ihren Fernseher gegen einen Projektor aus .. 155
   46. Sehen Sie selektiv fern und nicht alles, was geboten wird.. 156
   47. Machen Sie das, was Sie lieben, zu etwas Besonderem ... 156

FINDEN SIE IN DEN FLOW-ZUSTAND ... 159
48. Schließen Sie die Tür ... 161
49. Setzen Sie sich selber eine Frist ... 161
50. Zerlegen Sie Ihr Highlight ... 163
51. Erstellen Sie Ihren eigenen »Laser-Soundtrack« ... 163
52. Machen Sie die Zeit sichtbar ... 165
53. Widerstehen Sie der Versuchung ausgefallener Tools ... 166
54. Beginnen Sie auf Papier ... 167

BLEIBEN SIE IM FLOW ... 169
55. Notieren Sie ablenkende Fragen für später ... 171
56. Achten Sie bewusst auf einen Atemzug ... 171
57. Seien Sie gelangweilt ... 172
58. Innere Blockade? Geben Sie nicht auf ... 172
59. Nehmen Sie sich einen freien Tag ... 173
60. Engagieren Sie sich mit Leidenschaft ... 173

ENERGIE TANKEN ... 177
Sie sind nicht nur Intellekt ... 179
Sie wachen vom Brüllen eines Säbelzahntigers auf ... 182
Der moderne Lebensstil ist rein zufällig entstanden ... 185
Verhalten Sie sich wie ein Höhlenmensch, um Energie zu tanken ... 186

Energie Tanken Taktiken

BLEIBEN SIE IN BEWEGUNG ... 189
61. Machen Sie täglich Sport (ohne es zu übertreiben) ... 191
62. Gehen Sie zu Fuß ... 194
63. Fordern Sie sich ... 196
64. Schieben Sie ein superkurzes Work-out ein ... 198

ESSEN SIE RICHTIGE NAHRUNG ... 203
65. Ernähren Sie sich wie ein Jäger und Sammler ... 205
66. Legen Sie sich viel Grün auf den Teller ... 206
67. Essen Sie nur, wenn Sie Hunger haben ... 207
68. Haben Sie immer einen gesunden Snack dabei ... 208
69. Essen Sie dunkle Schokolade, wenn Sie etwas Süßes wollen . 209

OPTIMIEREN SIE IHREN KOFFEINPEGEL ... **211**
70. Wachen Sie erst einmal auf, *bevor* Sie Koffein zu sich nehmen ... 216
71. Trinken Sie Kaffee, *bevor* Sie schlappmachen ... 216
72. Machen Sie einen Koffein-Nap ... 217
73. Halten Sie sich mit grünem Tee fit ... 217
74. Pushen Sie Ihren Energiepegel für Ihr Highlight ... 218
75. Lernen Sie, wann Sie Ihren letzten Kaffee trinken sollten ... 218
76. Trennen Sie Koffein und Zucker ... 219

KLINKEN SIE SICH AUS ... **221**
77. Genießen Sie die freie Natur ... 223
78. Versuchen Sie zu meditieren ... 224
79. Lassen Sie Ihre Kopfhörer zu Hause ... 228
80. Gönnen Sie sich echte Pausen ... 229

PERSÖNLICHE, UNGETEILTE AUFMERKSAMKEIT ... **231**
81. Verbringen Sie Zeit mit Ihrer Sippe ... 233
82. Bildschirmfreie Mahlzeiten ... 234

SCHLAFEN SIE IN EINER HÖHLE ... **237**
83. Benutzen Sie Ihr Schlafzimmer zum Schlafen ... 239
84. Simulieren Sie den Sonnenuntergang ... 240
85. Machen Sie einen kurzen Power-Nap ... 242
86. Verpassen Sie sich selber keinen Jetlag ... 243
87. Setzen Sie sich selbst zuerst die Sauerstoffmaske auf ... 244

RÜCKBLICKENDE BETRACHTUNG ... **247**
Machen Sie sich Notizen, um Ihre Ergebnisse zu verfolgen (und schonungslos ehrlich zu sein) ... 250
Selbst kleine Veränderungen haben eine große Wirkung ... 254

BEGINNEN SIE »IRGENDWANN« HEUTE ... **257**

KURZANLEITUNG ZUR ZEITGEWINNUNG ... **263**
MUSTERTERMINKALENDER ... **265**
LEKTÜREEMPFEHLUNGEN FÜR ZEITFANATIKER ... **270**

TEILEN SIE IHRE TAKTIKEN, FINDEN SIE RESSOURCEN, UND KONTAKTIEREN SIE UNS	274
DANKSAGUNG	275
BILDNACHWEISE	279
MUSTERBLATT FÜR MAKE-TIME-NOTIZEN	280
TESTLESER DIESES BUCHES	281
STICHWORTVERZEICHNIS	293

Einführung

So reden die Menschen heute:

Und so sieht unser Terminkalender aus:

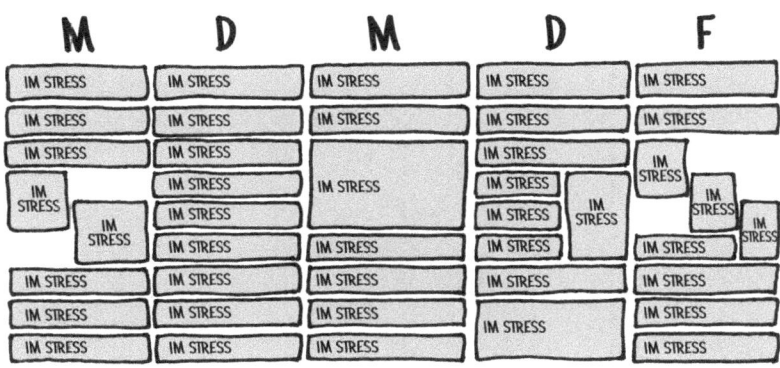

Den ganzen Tag klingelt das Telefon:

Und abends sind wir sogar fast zu müde für Netflix:

Blicken Sie jemals auf den Tag zurück und fragen sich: »Was habe ich heute eigentlich *gemacht*?« Stellen Sie sich in Ihren Tagträumen je Projekte und Aktivitäten vor, die Sie eines Tages machen werden – aber irgendwie kommt »eines Tages« nie?

Einführung

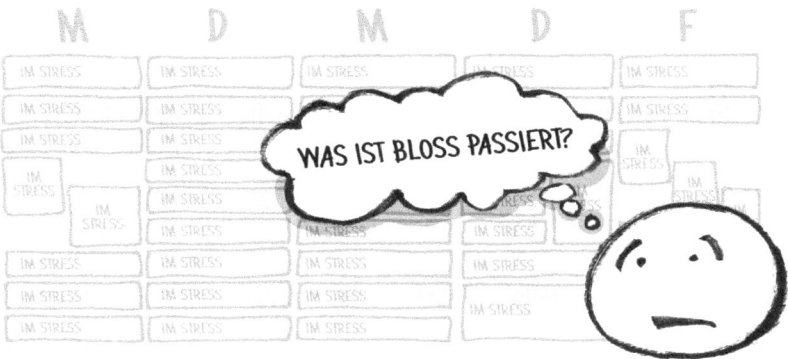

Dieses Buch handelt davon, wie man das hektische moderne Leben entschleunigt; es geht darum, wie man Zeit für die Dinge gewinnt, die wirklich wichtig sind. Wir glauben, dass es möglich ist, sich weniger gestresst zu fühlen, sich weniger ablenken zu lassen und den Augenblick mehr zu genießen. Das klingt vielleicht ein wenig esoterisch und abgehoben, aber wir meinen es ernst.

***Mehr Zeit* hat nichts mit Produktivität zu tun.** Es geht nicht darum, mehr zu erledigen, die To-do-Liste schneller abzuarbeiten oder Ihr Leben outzusourcen. Vielmehr ist es ein System, das Ihnen dabei helfen will, mehr Zeit Ihres Tages für die Dinge zu gewinnen, die Ihnen wichtig sind – ob es darum geht, mehr Zeit mit Ihrer Familie zu verbringen, eine Sprache zu lernen, einen Nebenerwerb aufzubauen, sich ehrenamtlich zu engagieren, einen Roman zu schreiben oder das Videospiel *Mario Kart* zu beherrschen. Wofür Sie die gewonnene Zeit auch immer verwenden wollen, wir glauben, dass *Mehr Zeit* Ihnen dabei helfen kann. Augenblick für Augenblick und Tag für Tag können Sie die Kontrolle über Ihr Leben behalten beziehungsweise zurückgewinnen.

Zunächst wollen wir aber darüber sprechen, *warum* unser Leben heute so stressig und chaotisch ist. Und warum es wahrscheinlich nicht Ihre Schuld ist, wenn Sie sich ständig gestresst und abgelenkt fühlen.

Im 21. Jahrhundert konkurrieren zwei mächtige Kräfte um jede Minute Ihrer Zeit. Die erste bezeichnen wir als »Busy Bandwagon«; das ist die Kultur der ständigen Geschäftigkeit, der überquellenden

Postfächer, überfüllten Terminkalender und endlosen To-do-Listen. Die Mentalität hinter dem Busy Bandwagen lautet, dass Sie jede Minute Ihres Lebens produktiv sein müssen, wenn Sie die Anforderungen eines modernen Arbeitsplatzes erfüllen und in einer modernen Gesellschaft funktionieren wollen. Sobald Sie nachlassen, fallen Sie zurück, und das können Sie nie mehr aufholen.

Und dann ist da noch der »Infinity Pool«. Infinity Pools sind Apps und andere Quellen, deren Inhalte sich ständig erneuern. Wenn Sie sie mit einer Wischbewegung aktualisieren können, ist es ein Infinity Pool. Wenn Sie sie streamen können, ist es ein Infinity Pool. Diese Endlosschleife an rund um die Uhr verfügbarer und aktualisierbarer Unterhaltung ist die »Belohnung« für die Erschöpfung, die unsere unentwegte Geschäftigkeit auslöst.

Ist unentwegte Geschäftigkeit aber *tatsächlich* nötig? Ist endlose Ablenkung *wirklich* eine Belohnung? Oder haben wir alle auf Autopilot geschaltet?

Die meiste Zeit verbringen wir auf vorprogrammierte Weise

Beide Kräfte – der Busy Bandwagon und die Infinity Pools – sind so mächtig, weil sie zu unserer *Standardeinstellung* geworden sind. Im Techno-Sprech bedeutet Standardeinstellung die werksmäßige Voreinstellung eines fabrikneuen Geräts. Wenn man sie nicht aktiv verändert, dann funktioniert das Gerät eben mit der vorinstallierten Standardeinstellung. Wenn Sie zum Beispiel ein neues Mobiltelefon kaufen, sind auf Ihrem Bildschirm E-Mail- und Webbrowser-Apps vorinstalliert. Die Standardeinstellung sieht vor, dass Sie über jede neu eingehende Nachricht informiert werden. Das Mobiltelefon hat einen voreingestellten Bildschirmschoner und einen Standardklingelton. Alle diese Funktionen wurden von Apple, Google oder einem anderen Hersteller vorinstalliert; Sie können die Standardeinstellungen verändern, aber das macht Mühe, und deswegen belassen wir es oft dabei.

Fast alle Aspekte unseres Lebens werden von Standardverhaltensmustern bestimmt, die den Standardeinstellungen auf technischen Geräten gleichen, und sie machen Ablenkung und Stress zum

Normalzustand. Wenn Sie sich also überwältigt und zerrissen fühlen, ist das kein persönliches Versagen, sondern üblicherweise nur eine Kombination aus nicht hinterfragten Standardverhaltensmustern, die gegen Sie arbeiten. Niemand blickt auf einen leeren Terminkalender und sagt: »Die beste Methode, meine Zeit zu verbringen, ist, den Terminkalender mit allen möglichen Meetings vollzustopfen!« Niemand sagt: »Das Wichtigste sind heute die Launen und Einfälle anderer Leute!« Natürlich nicht. Das wäre völlig verrückt. Wegen der nicht hinterfragten Standardverhaltensmuster machen wir aber genau das. Am Arbeitsplatz werden für jede Besprechung standardmäßig 30 oder 60 Minuten angesetzt, auch wenn die zu lösenden Fragen eigentlich nur einer kurzen Absprache bedürfen. Standardmäßig bestimmen andere Leute, wie unser Terminkalender gefüllt wird, und standardmäßig geht man davon aus, dass wir damit einverstanden sind, dass jeden Tag ein Meeting das nächste jagt. Unsere übrige Arbeit wird standardmäßig von E-Mail- und Messaging-Systemen bestimmt, und standardmäßig prüfen wir ständig unsere Postfächer und antworten sofort auf alle Nachrichten.

Reagieren Sie sofort auf alles, seien Sie stets ansprechbar. Nutzen Sie Ihre Zeit, seien Sie effizient und erledigen Sie mehr. Das sind die Standardregeln des Busy Bandwagon.

Wenn wir vom Busy Bandwagon abspringen, lauern uns um die Ecke schon die Infinity Pools auf. Während der Busy Bandwagon uns standardmäßig mit einer unaufhörlichen Flut von zu erledigenden Aufgaben überschwemmt, stresst uns der Infinity Pool standardmäßig mit endlosen Ablenkungen. Unsere Mobiltelefone, Laptops und Fernseher sind angefüllt mit Spielen, Social Feeds und Videos. Alles ist nur eine Berührung mit der Fingerspitze weg und unwiderstehlich bis zur Sucht.

Facebook aktualisieren, durch YouTube browsen, ständig die neuesten Nachrichten lesen, *Candy Crush* spielen und Serien ansehen, bis der Arzt kommt. Das ist das Standardverhalten, das hinter den gefräßigen Infinity Pools lauert, die jeden Krümel Zeit verschlingen, den der Busy Bandwagon noch übrig gelassen hat. Wenn man bedenkt, dass der durchschnittliche Mensch mindestens vier Stunden pro Tag mit dem Smartphone beschäftigt ist und mindestens vier weitere Stunden fernsieht, ist Ablenkung praktisch ein Vollzeitjob.

Und da stehen Sie nun zwischen dem Busy Bandwagon und den Infinity Pools, die Sie beide in ihre jeweilige Richtung zerren und in der Mitte auseinanderreißen wollen. Aber was ist mit *Ihnen*? Was wollen Sie eigentlich von Ihren Tagen und Ihrem Leben? Was würde passieren, wenn Sie diese Standardeinstellungen einfach verändern und Ihre eigenen Regeln aufstellen würden?

Willenskraft ist keine Lösung. Wir haben versucht, dem Sirenengesang dieser Kräfte zu widerstehen, und wissen, dass es unmöglich ist. Außerdem haben wir viele Jahre in der Technologieindustrie gearbeitet und kennen diese Apps, Spiele und Geräte gut genug, um zu wissen, dass Sie ihrer Verführungskraft am Ende erliegen.

Auch Produktivität ist keine Lösung. Wir haben versucht, unsere Arbeit bestmöglich zu rationalisieren, Zeit herauszuschinden und unsere To-do-Listen um weitere Aufgaben zu ergänzen. Das Problem ist, dass es immer weitere Aufgaben gibt, die darauf warten, erledigt zu werden. Je schneller Sie in Ihrem Hamsterrad laufen, desto schneller dreht es sich.

Es gibt aber einen Weg, um Ihre Konzentration und Aufmerksamkeit von den konkurrierenden Ablenkungen zu befreien und die Kontrolle über Ihre Zeit zurückzugewinnen. Und davon handelt dieses Buch. *Mehr Zeit* bietet einen Rahmen für die Entscheidung, worauf Sie sich fokussieren wollen, die Energie aufzubringen, das auch zu tun, und den Kreislauf der Standardverhaltensmuster zu durchbrechen, damit Sie Ihren Lebensstil selber bestimmen können und wieder Herr über Ihre eigene Zeit sind. Selbst wenn Sie aber keine vollkommene Kontrolle darüber haben – und das gilt für die meisten von uns –, können Sie auf jeden Fall Ihre Aufmerksamkeit steuern.

Wir wollen Ihnen dabei helfen, Ihre eigenen Standardeinstellungen zu bestimmen. Wenn Sie neue Gewohnheiten entwickeln und Ihre innere Einstellung verändern, können Sie aufhören, auf die Reizüberflutung der modernen Welt zu reagieren, und beginnen, aktiv Zeit für die Menschen und Aktivitäten zu schaffen, die Ihnen wichtig sind. Hier geht es nicht darum, Zeit zu sparen, sondern sich die Zeit für wichtige Dinge zu *nehmen*.

Die in diesem Buch vorgestellten Ideen können Ihnen Platz in Ihrem Terminkalender, Ihrem Kopf und Ihren Tagen verschaffen. Dieser Platz kann Ruhe und Klarheit in Ihren Alltag bringen und Raum für neue Hobbys und die auf »irgendwann« verschobenen Projekte eröffnen. Ein wenig mehr Freiraum in Ihrem Leben könnte sogar die kreativen Energien freisetzen, die Sie eingebüßt oder gar nicht erst entwickelt haben. Aber bevor wir dahin kommen, würden wir gerne erklären, wer wir eigentlich sind, warum wir so von den Themen Zeit und Energie besessen sind und wie dieses Buch zustande kam.

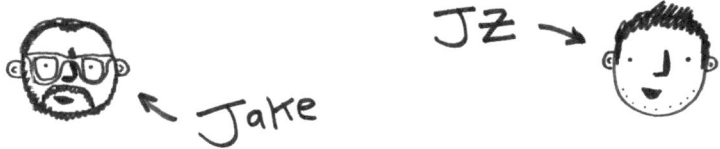

Einführung

Wir sind die Zeitfanatiker

Wir sind Jake und JZ.[1] Wir sind keine Raketen bauenden Milliardäre wie Elon Musk, gut aussehende Renaissance-Männer wie Tim Ferriss oder geniale Topmanager wie Sheryl Sandberg. Die meisten Ratschläge zu Zeitmanagement werden von geradezu übermenschlichen Supermännern und Superfrauen verfasst. Auf diesen Seiten werden Sie aber nichts Übermenschliches finden. Wir sind ganz normale, fehlbare Menschen, die wie alle anderen in Stress geraten und Opfer vielfältiger Ablenkungen sind.

Was unsere Perspektive so außergewöhnlich macht, ist der Umstand, dass wir Produktdesigner sind, die viele Jahre in der Technologieindustrie verbracht und dazu beigetragen haben, Dienste wie Gmail, YouTube und Google Hangouts zu entwerfen. Als Designer bestand unsere Aufgabe darin, abstrakte Konzepte (zum Beispiel »Wäre es nicht cool, wenn sich die E-Mails automatisch sortieren würden?«) in reale Lösungen (zum Beispiel Gmails Priority Inbox) zu verwandeln. Dafür mussten wir verstehen, wie sich Technologie in unseren Alltag integriert und diesen verändert. Diese Erfahrung bietet uns Einsichten in die Verführungskraft von Infinity Pools und Erkenntnisse über die Dinge, die wir tun können, damit sie uns nicht beherrschen.

Vor einigen Jahren wurde uns klar, dass wir Design auch auf etwas Unsichtbares anwenden können: die Art und Weise, wie wir unsere Zeit verbringen. Wir begannen, Teams bei Google und anderen Unternehmen dabei zu helfen, ihre Tage anders zu gestalten, damit sie sich auf ihre wichtigsten Prioritäten konzentrieren konnten. Und wir verwendeten den Designprozess auch bei der Entwicklung dieses Buches. Doch anstatt Technologie oder Geschäftschancen als Ausgangspunkt zu nehmen, begannen wir bei den bedeutendsten Projekten und den wichtigsten Menschen in unserem Leben.

Wir versuchten, jeden Tag ein wenig Zeit für unsere eigenen wichtigsten Prioritäten zu gewinnen. Wir hinterfragten die Standardverhaltensmuster, die den Busy Bandwagon kennzeichnen, und richteten unsere To-do-Listen und Terminkalender neu aus. Wir stellten die

---

[1] In diesem Buch steht »JZ« für John Zeratsky. Nicht zu verwechseln mit dem Musiker und Geschäftsmogul Jay-Z. Versuchen Sie bitte, nicht enttäuscht zu sein.

Standardverhaltensmuster im Hinblick auf die Infinity Pools infrage und bestimmten neu, wie wir Technologie verwenden. Unsere Willenskraft hat Grenzen, daher muss jedes Redesign leicht handhabbar sein. Wir konnten uns nicht von jeder Pflicht befreien, also arbeiteten wir mit Eingrenzungen. Wir experimentierten, erzielten Erfolge und mussten Rückschläge einstecken, und im Verlauf der Zeit lernten wir.

In diesem Buch stellen wir Ihnen die Prinzipien und Taktiken vor, die wir entdeckt haben, und präsentieren zahlreiche Geschichten über unsere menschlichen Irrtümer und unbeholfenen Lösungen. Wir fanden, die folgende Episode sei ein guter Ausgangspunkt:

 **Hintergrundstory Teil 1: Das ablenkungsfreie iPhone**

Jake

Es war im Jahr 2012; meine beiden Söhne spielten mit einer Holzeisenbahn in unserem Wohnzimmer. Luke (8 Jahre) setzte emsig die Gleisabschnitte zusammen, während Flynn (Kleinkind) auf eine Lokomotive sabberte. Plötzlich hob Luke seinen Kopf und fragte:

Seine Frage zielte nicht darauf ab, mir Schuldgefühle zu machen; er war einfach nur neugierig. Aber ich hatte keine gute Antwort. Ich meine, bestimmt hatte ich *irgendeine* Ausrede dafür, gerade in jenem Moment meine E-Mails zu checken, aber eben keine gute. Ich *wollte* präsent sein und diese kostbare Qualitätszeit mit meiner Familie genießen, und dennoch saß ich da und starrte auf mein iPhone. Den ganzen Tag hatte ich mich darauf gefreut, Zeit mit meinen Kindern zu verbringen, und nun, da dieser Moment endlich gekommen war, war ich gedanklich eigentlich woanders.

In diesem Moment wurde mir etwas klar. Es war nicht so, dass ich mich kurz hatte ablenken lassen; ich hatte ein größeres Problem.

Mir wurde klar, dass ich tagtäglich *reagierte*: auf meinen Terminkalender, meinen E-Mail-Eingang und den endlosen Strom an neuen Informationen im Internet. Zahllose Momente wie diese vergab ich einfach – aber für was eigentlich? Damit ich eine weitere Nachricht beantworten oder einen weiteren Punkt auf meiner To-do-Liste abhaken konnte?

Diese Erkenntnis war frustrierend, weil ich bereits versuchte, eine bessere Balance zu finden. Als Luke im Jahr 2003 geboren wurde, hatte ich mir fest vorgenommen, produktiver zu arbeiten, um mehr Qualitätszeit zu Hause verbringen zu können.

Im Jahr 2012 hielt ich mich für einen Meister der Produktivität und Effizienz. Es gelang mir, meine Arbeitsstunden auf ein vertretbares Maß zu beschränken, und ich war jeden Tag zum Abendessen zu Hause. So sah Work-Life-Balance aus – glaubte ich zumindest.

Wenn es so war, warum machte mich mein achtjähriger Sohn dann darauf aufmerksam, dass ich abgelenkt war? Wenn ich in der Arbeit stets alles im Griff hatte, warum fühlte ich mich dann immer so gestresst und zerrissen? Wenn ich morgens bei 200 E-Mails von meinem Team anfing und sie am Ende des Tages vollständig abgearbeitet hatte, war das dann wirklich ein erfolgreicher Tag?

Und plötzlich dämmerte es mir: Produktiver zu sein bedeutete nicht, die wichtigste Arbeit zu erledigen; es bedeutete lediglich, schneller auf die Prioritäten anderer Menschen zu reagieren.

Als Folge der ständigen Onlinepräsenz war ich für meine Kinder nicht präsent genug. Und ich verschob ständig mein großes »Irgendwann«-Ziel, ein Buch zu schreiben. Tatsächlich schob ich es jahrelang vor mir her, ohne auch nur eine einzige Seite zu schreiben. Ich war viel zu sehr damit beschäftigt, in dem Meer aus E-Mails, Status-Updates und Selfies anderer Leute, die beim Mittagessen saßen, Wasser zu treten.

Ich war nicht nur von mir selbst enttäuscht, ich war richtiggehend sauer. In einem Wutanfall schnappte ich mir mein Mobiltelefon und deinstallierte Twitter, Facebook und Instagram. Als nach und nach jedes dieser Icons von meinem Bildschirm verschwand, fühlte ich eine große Last von mir weichen.

Dann starrte ich auf die Gmail-App und fletschte die Zähne. Vergessen Sie nicht, dass ich zu der Zeit bei Google arbeitete und Jahre mit dem

Gmail-Team zusammengearbeitet hatte. Dennoch wusste ich, was ich zu tun hatte. Ich erinnere mich noch immer an die Nachricht, die auf meinem Bildschirm aufleuchtete und mir beinahe ungläubig die Frage stellte, ob ich sicher wäre, dass ich die App wirklich löschen wollte. Ich schluckte schwer und tippte auf »Löschen«.

Ich erwartete, mich ohne meine Apps nervös, angespannt und isoliert zu fühlen. In den Tagen danach bemerkte ich *tatsächlich* eine Veränderung. Erstaunlicherweise fühlte ich mich aber nicht gestresst, sondern erleichtert. Ich fühlte mich befreit.

Ich hörte auf, beim leisesten Anzeichen von Langeweile reflexartig nach meinem iPhone zu greifen. Die Zeit mit meinen Kindern verlangsamte sich auf positive Weise. »Auweia«, dachte ich. »Wenn mich das iPhone nicht glücklicher macht, was ist dann mit all den anderen Dingen?«

Ich liebte mein iPhone und all die futuristische Macht, die es mir verlieh. Aber ich hatte dabei alle Standardverhaltensmuster akzeptiert, die mit einem Smartphone einhergehen und die mich ständig zu dem glänzenden kleinen Gerät in meiner Hosentasche hinzogen. Ich fragte mich, wie viele weitere Bereiche meines Lebens überprüft, neu ausgerichtet und neu gestaltet werden mussten. Welche weiteren Standardverhaltensmuster übernahm ich blind und wie konnte ich diese eigenverantwortlich ändern?

Kurz nach meinem iPhone-Experiment trat ich eine neue Arbeitsstelle an. Ich arbeitete weiterhin unter dem Dach des Google-Konzerns, nun aber bei Google Ventures, einem Risikokapitalgeber, der in externe Start-ups investierte. Und dort lernte ich an meinem ersten Tag einen Typen namens John Zeratsky kennen.

Einführung

Anfangs hatte ich mir vorgenommen, ihn nicht zu mögen. John ist jünger und – seien wir ehrlich – attraktiver als ich. Und was noch unausstehlicher an ihm war, war die Tatsache, dass er einfach eine unerschütterliche Ruhe besaß. John war nie gestresst. Wichtige Arbeit erledigte er immer vor Fristende und fand daneben auch noch Zeit für andere Projekte. Er stand morgens früh auf, erledigte seine Arbeit frühzeitig und ging abends früh nach Hause. Und immer lächelte er. Wie zur Hölle machte er das?

Nun, am Ende kam ich mit John beziehungsweise JZ, wie ich ihn nenne, super aus. Ich entdeckte schon bald, dass er ein Seelenverwandter war – mein Bruder im Geiste, wenn man so will.

Genau wie ich war JZ vom Busy Bandwagon desillusioniert. Wir sind beide technikverliebt und haben Jahre damit verbracht, suchtauslösende Tech-Services zu entwickeln (als ich bei Gmail arbeitete, war er bei YouTube). Aber uns beiden dämmerte auch, dass diese Infinity Pools zu erheblichen Lasten unserer Aufmerksamkeit und Zeit funktionierten.

Und genau wie ich war JZ fest entschlossen, etwas dagegen zu unternehmen. In Bezug auf dieses Thema war er eine Art Obi-Wan Kenobi, nur dass er anstatt einer Kutte Jeans und karierte Hemden trug. Und anstelle der MACHT glaubte er an das, was er als »das System« bezeichnete. Das hatte beinahe etwas Mystisches. Er wusste nicht genau, was es war, aber er glaubte an seine Existenz: ein simples System zur Vermeidung von Ablenkungen und Energieverlusten und zur Gewinnung von Zeit.

Ich weiß, auch in meinen Ohren klingt das irgendwie seltsam. Aber je mehr wir darüber sprachen, wie ein solches System aussehen könnte, desto öfter ertappte ich mich dabei, dass ich nickte. JZ beschäftigte sich intensiv mit den frühesten Epochen der Menschheitsgeschichte und evolutionärer Psychologie und erkannte, dass ein Teil des Problems in der großen Kluft zwischen unseren archaischen Wurzeln als Jäger und Sammler und unserer verrückten modernen Welt wurzelte. Er betrachtete das Problem durch die Brille des Produktdesigners und kam zu dem Schluss, dass dieses »System« nur funktionieren würde, wenn es unsere Standardverhaltensmuster durchbrechen und den Zugang zu Ablenkungen erschweren würde, anstatt sich darauf zu verlassen, dass wir diese mit reiner Willenskraft bekämpfen.

»Verdammt«, dachte ich. Wenn wir ein solches System entwickeln könnten, wäre es genau das, wonach ich suchte. Also tat ich mich mit JZ zusammen, und das war der Anfang unserer Zusammenarbeit.

Hintergrundstory Teil 2: Unsere fanatische Suche nach mehr Zeit

JZ

Jakes ablenkungsfreies iPhone erschien mir ein wenig extrem, und ich gebe zu, dass ich es anfangs gar nicht erst versucht habe. Aber als ich mich schließlich dazu durchrang, fand ich es klasse. Und so begannen wir gemeinsam nach anderen Möglichkeiten zur Neugestaltung zu suchen – nach Wegen, unser Standardverhaltensmuster von »abgelenkt und zerstreut« in »fokussiert« zu verändern.

Ich begann damit, dass ich nur einmal die Woche Nachrichten las, und stellte meine Schlafgewohnheiten so um, dass ich zu einem Morgenmenschen wurde. Ich experimentierte mit sechs kleinen Mahlzeiten und versuchte es anschließend mit zwei Hauptmahlzeiten. Ich probierte verschiedene sportliche Aktivitäten aus, vom Langstreckenlauf über Yoga bis zu täglichen Liegestützen. Ich überredete sogar meine Programmierfreunde dazu, mir maßgeschneiderte Apps für To-do-Listen zu entwickeln. Währenddessen trug Jake ein ganzes Jahr seinen täglichen Energiepegel in Excel-Tabellen ein, in dem Versuch herauszufinden, ob er besser Kaffee oder grünen Tee trinken oder besser morgens oder abends Sport treiben sollte, und sogar ob er gerne andere Leute um sich hat (die Antwort: ja ... meistens).

Aus diesem besessenen Verhalten lernten wir eine ganze Menge, aber uns interessierte mehr als die reine Feststellung, was sich für *uns* bewährte; wir glaubten noch immer an die Idee eines Systems, das jeder individuell an sein eigenes Leben anpassen konnte. Und um das zu finden, brauchten wir neutrale Testpersonen. Das Glück wollte, dass wir das perfekte Labor hatten.

Während Jake bei Google arbeitete, entwickelte er einen sogenannten »Design Sprint«. Dabei handelt es sich im Wesentlichen um eine Arbeitswoche, die vollkommen neu ausgerichtet wird. Ein Team setzt sich fünf Tage lang zusammen, sagt alle anderen Termine ab und konzentriert sich ausschließlich auf die Lösung eines einzigen Problems unter Befolgung einer spezifischen Checkliste an Aktivitäten. Das war unser erster greifbarer Versuch, kein Produkt, sondern *Zeit* neu zu gestalten. Und es funktionierte. Der Design Sprint wurde rasch im ganzen Google-Konzern übernommen.

Im Jahr 2012 begannen wir, gemeinsam Design Sprints bei Start-ups aus dem Portfolio von Google Ventures durchzuführen. In den folgenden Jahren waren es mehr als 150 solcher Sprints, an denen fast tausend Leute teilnahmen: Programmierer, Ernährungsexperten, CEOs, Baristas, Landwirte etc.

Für zwei Zeitfanatiker wie uns war die ganze Sache eine beeindruckende Chance. Wir hatten die Gelegenheit, eine Arbeitswoche neu zu gestalten und von vielen Hundert Hochleistungsteams von Start-ups wie Slack, Uber und 23andMe zu lernen. Viele der Prinzipien, die in diesem Buch vorgestellt werden, wurden von den Entdeckungen inspiriert, die wir bei diesen Sprints machten.

Vier Lektionen aus dem Design-Sprint-Labor

Unsere erste Lektion lautete, dass **etwas Magisches geschieht, wenn man seinen Tag mit einem einzigen wichtigsten Ziel beginnt.** An jedem Sprint-Tag konzentrierten wir uns auf einen einzigen wichtigen Fokuspunkt: Am Montag erstellte das Team eine Problemanalyse, am Dienstag skizzierte jeder Teilnehmer eine einzige Lösung, am Mittwoch entschied das Team über den besten Lösungsvorschlag, am Donnerstag entwickelte es einen Prototyp und am Freitag wurde er getestet. An jedem Tag wurde ein ehrgeiziges Ziel erreicht, und zwar immer nur ein einziges.

Dieser Fokuspunkt sorgt für Klarheit und Motivation. Wenn Sie ein ehrgeiziges, aber erreichbares Ziel ansteuern, dann haben Sie am Ende des Tages etwas erreicht. Sie können es abhaken, sich zurücklehnen und zufrieden nach Hause gehen.

Eine weitere Lektion aus unseren Design Sprints lautete, **dass wir produktiver arbeiteten, wenn wir alle Kommunikationsgeräte aus dem Raum verbannten.** Da wir unsere eigenen Regeln bestimmten, konnten wir Laptops und Smartphones verbieten, und der

Unterschied war geradezu phänomenal. Ohne die ständige Ablenkung von E-Mails und anderen Infinity Pools richtete sich die gesammelte Konzentration aller Anwesenden auf die zu lösende Aufgabe. Das Standardverhaltensmuster wurde auf Fokussierung umgestellt.

Außerdem lernten wir, **wie wichtig Energie für klares Denken und fokussierte Arbeit ist.** Bei unseren ersten Design Sprints arbeiteten die Teams bis spätabends und Energieeinbrüche wurden mit gezuckerten Energieriegeln bekämpft. In dem Maße, wie die Woche voranschritt, sackte der allgemeine Energiepegel aber unweigerlich ab. Infolgedessen nahmen wir entsprechende Feinjustierungen vor und stellten fest, dass Dinge wie ein gesundes Mittagessen, ein kurzer Spaziergang an der frischen Luft, häufige kurze Pausen und ein leicht verkürzter Arbeitstag dazu beitrugen, während der gesamten Woche einen hohen Energiepegel zu wahren, was zu effektiverer Arbeit und besseren Ergebnissen führte.

Und schließlich lehrten uns diese Experimente die Macht der eigenen praktischen Erfahrung. **Mithilfe von Experimenten konnten wir den Prozess verbessern,** wobei uns die Erfahrung, die Ergebnisse der Veränderungen aus erster Hand zu erleben, ein tiefes Vertrauen gab, das wir nie entwickelt hätten, wenn wir uns darauf beschränkt hätten, über die Experimente und Erfolgsergebnisse anderer zu lesen.

Im Rahmen unserer Sprints arbeitet ein ganzes Teams konzentriert eine Woche lang zusammen, aber uns war sofort klar, dass es keinen Grund gab, warum eine Einzelperson ihren eigenen Tag nicht auch auf der Basis dieser Prinzipien neu gestalten können sollte. Diese Lektionen bildeten die Grundlage für dieses Buch.

Selbstverständlich gab es kein Patentrezept zur Perfektion. Gelegentlich wurden wir immer noch vom Busy Bandwagon mitgeschleift und gerieten in den Sog der Infinity Pools. Einige unserer Taktiken wurden zu erfolgreichen Gewohnheiten, andere dagegen klemmten und versagten. Indem wir unsere täglichen Ergebnisse näher untersuchten, wurde uns klar, warum wir an irgendeiner Stelle stecken geblieben waren. Die Experimentiermethode ermöglichte uns auch, nachsichtiger mit unseren eigenen Fehlern umzugehen. Schließlich war jeder Fehler nur ein Datenpunkt, und wir konnten am folgenden Tag immer einen neuen Versuch unternehmen.

Trotz unserer gelegentlichen Rückschläge erwies sich das Make-Time-System als robust und widerstandsfähig. Wir stellten fest, dass wir mehr Energie und Platz im Kopf besaßen als je zuvor und dass wir in der Lage waren, größere Projekte in Angriff zu nehmen – die Art von Vorhaben, die wir stets auf »irgendwann« verschoben hatten, weil wir nie die Zeit dafür fanden.

Jake

Ich wollte damit beginnen, mich abends dem Schreiben zu widmen, merkte aber, dass die Versuchung, mich einfach vor den Fernseher zu setzen, zu groß war. Also probierte ich verschiedene Dinge aus und veränderte mein Standardverhaltensmuster, schloss das DVD-Gerät in den Kleiderschrank und kündigte mein Netflix-Abo. Mit der so gewonnenen Zeit begann ich, einen Abenteuerroman zu schreiben, den ich nur unterbrach, um unser Buch *Sprint* zu schreiben. Schreiben war etwas, das ich schon als Kind machen wollte, und mir die Zeit dafür einzuräumen, fühlte sich toll an.

JZ

Seit Jahren träumten meine Frau Michelle und ich davon, gemeinsam einen ausgedehnten Segeltörn zu unternehmen. Also kauften wir ein altes Segelboot und begannen, unsere Wochenenden damit zu verbringen, es zu reparieren. Wir wendeten dabei die gleiche Taktik an wie bei den Sprints, das heißt, wir konzentrierten uns jeden Tag auf eine Aufgabe und reservierten dafür Zeit in unseren Terminkalendern. Auf diese Weise lernten wir eine Menge über die Wartung von Dieselmotoren, Strom und Meeresnavigation. Inzwischen sind wir schon von San Francisco nach Südkalifornien, Mexiko und darüber hinaus gesegelt.

Wir waren von unseren Ergebnissen so begeistert, dass wir anfingen, über die Make-Time-Techniken, die sich für uns bewährten, zu bloggen. Viele Hunderttausend Menschen lesen diese Posts, und viele von ihnen schreiben uns. Natürlich gibt es darunter auch solche, die uns mitteilen wollen, dass wir selbstgerechte Armleuchter sind, aber die überwältigende Mehrheit der Antworten waren inspirierend und beeindruckend. Die Leute erlebten mithilfe von Taktiken wie der Deinstallierung von Apps auf ihrem Smartphone und der Priorisierung einer einzigen Aufgabe pro Tag dramatische Veränderungen. Sie gewannen neue Energie und fühlten sich zufriedener. Die Experimente bewährten sich für viele Menschen, nicht nur für uns! Ein Leser schrieb uns: »Es ist schon seltsam, wie leicht mir die Veränderung gefallen ist.«

Und genauso ist es: Die Kontrolle über die eigene Zeit und Aufmerksamkeit zurückzugewinnen, kann merkwürdig leicht sein. Wie Jake von seinem ablenkungsfreien iPhone lernte, erfordern diese Veränderungen keine anstrengende Selbstdisziplin. Die Veränderung ergibt sich einfach daraus, dass Sie Ihr Standardverhaltensmuster verändern, Barrieren errichten und die neu gewonnene Zeit anders gestalten. Je öfter Sie das versuchen, desto mehr erfahren Sie über sich selbst und desto besser wird das System.

Das Make-Time-System ist keine Anti-Technologie. Immerhin sind wir beide Tech-Nerds. Wir würden Sie nie auffordern, sich vollkommen aus sozialen Medien und der modernen Kommunikation zu verabschieden, Ihr ganzes Leben neu auszurichten oder zum Eremiten zu werden. Sie können Ihren Freunden nach wie vor auf Instagram folgen, Nachrichten lesen und E-Mails versenden. Indem Sie die automatischen Standardverhaltensmuster in unserer von Effizienz besessenen und ablenkungsreichen Welt infrage stellen, können Sie jedoch das Beste der Technologie nutzen und die Kontrolle zurückgewinnen. Und sobald Sie wieder die Kontrolle haben, können Sie das Spiel verändern.

Wie das Make-Time-System funktioniert

Das Make-Time-System besteht lediglich aus vier Schritten, die täglich wiederholt werden

Die vier täglichen Schritte des Make-Time-Systems bauen auf den Lektionen auf, die wir aus unseren Design Sprints, unseren eigenen Experimenten und den Mitteilungen unserer Leser gezogen haben, die das System ausprobiert haben und uns an den Ergebnissen teilhaben ließen. Hier ist eine grobe Skizze, wie jeder Tag aussehen sollte:

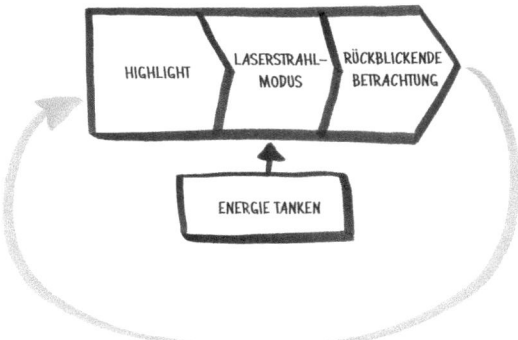

Der erste Schritt besteht darin, ein einziges **Highlight** auszuwählen, um den Tag zu priorisieren. Als Nächstes wenden Sie spezifische Taktiken an, um wie ein **Laserstrahl** auf das Highlight fokussiert zu bleiben. Wir werden Ihnen eine Auswahl an Tricks vorstellen, mit denen Sie die vielfältigen Ablenkungen einer rund um die Uhr vernetzten Welt ausblenden können. Im Verlauf des Tages werden Sie immer wieder **Energie tanken**, um die Kontrolle über Ihre Zeit und Ihre Aufmerksamkeit zu wahren. Und schließlich werden Sie mithilfe einiger weniger Notizen über den Tag **reflektieren**.

Und nun wollen wir diese vier Schritte näher betrachten:

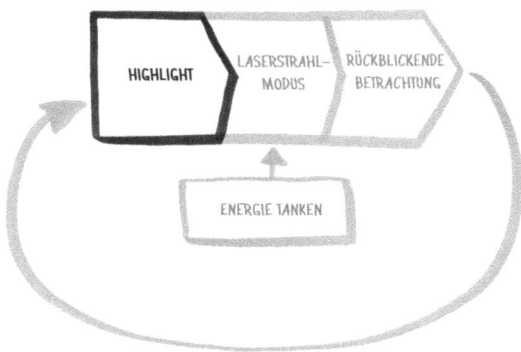

Highlight: Beginnen Sie jeden Tag mit der Bestimmung eines Fokuspunkts

Der erste Schritt besteht darin zu bestimmen, *wofür* Sie Zeit schaffen wollen. Jeden Tag **wählen Sie eine einzige Aktivität aus, der Sie oberste Priorität einräumen und die Sie in Ihrem Terminkalender schützen.** Das kann ein wichtiges arbeitsbezogenes Ziel sein, zum Beispiel eine Präsentation zu beenden. Sie können aber auch eine private Aktivität auswählen, zum Beispiel das Abendessen zu kochen oder Ihren Garten zu bepflanzen. Ihr Highlight kann auch etwas sein, das Sie nicht unbedingt machen *müssen*, aber gerne machen *möchten*, zum Beispiel mit Ihren Kindern zu spielen oder ein Buch zu lesen. Ihr Highlight kann aus mehreren Schritten bestehen; die Fertigstellung einer Präsentation kann zum Beispiel beinhalten, dass Sie die abschließenden Bemerkungen schreiben, die Folien fertigstellen und einen Probedurchlauf machen. Indem Sie »Präsentation fertigstellen« zu Ihrem Highlight des Tages machen, verpflichten Sie sich dazu, alle dafür erforderlichen Schritte zu erledigen.

Natürlich ist das Highlight nicht das Einzige, das Sie an jedem Tag erledigen, aber es hat höchste Priorität. Mit der Frage »Welches ist mein heutiges Highlight?« stellen Sie sicher, dass Sie Zeit auf Dinge verwenden, die für *Sie* wichtig sind, und nicht den gesamten Tag damit vertun, auf die Prioritäten anderer Leute zu reagieren. Wenn Sie ein Highlight bestimmen, versetzen Sie sich in eine positive, proaktive innere Haltung.

Damit Ihnen das gelingt, stellen wir Ihnen hier unsere bevorzugten Taktiken vor, um ein tägliches Highlight auszuwählen und die Zeit zu schaffen, es umzusetzen. Das allein reicht jedoch nicht aus. Sie müssen außerdem darüber nachdenken, wie Sie auf Ablenkungen reagieren, die Ihre Aufmerksamkeit zerstreuen wollen, und darum geht es im nächsten Schritt.

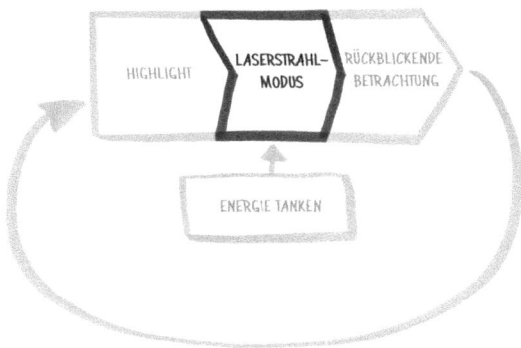

Laserstrahlmodus: Blenden Sie Ablenkungen aus, um Zeit für Ihr Highlight zu gewinnen

Ablenkungen wie E-Mails, soziale Medien und die neuesten Nachrichten sind allgegenwärtig und werden es auch bleiben. Sie können nicht in einer Höhle leben, alle Ihre technischen Geräte wegwerfen und der Technologie vollkommen abschwören. Aber Sie können neu bestimmen, wie Sie die Technologie nutzen wollen, um den Reaktionskreislauf anzuhalten.

Wir zeigen Ihnen, **wie Sie mit Technologie so umgehen, dass Sie sich in den Laserstrahlmodus versetzen können.** Kleine Veränderungen, zum Beispiel sich aus Social-Media-Apps auszuloggen oder bestimmte Zeiten für die Bearbeitung des E-Mail-Eingangs festzulegen, können eine riesige Wirkung haben. Dafür bieten wir Ihnen spezifische Taktiken.

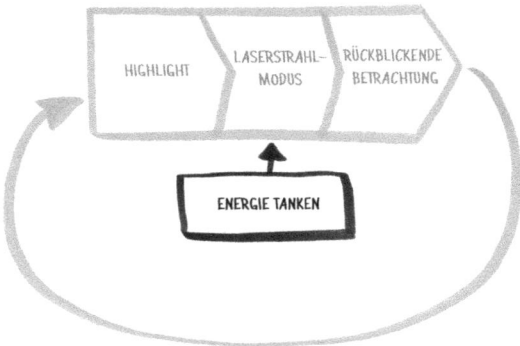

Energie tanken: Nutzen Sie Ihren Körper, um Ihr Gehirn wieder aufzuladen

Um fokussieren und Zeit für wichtige Dinge gewinnen zu können, benötigt Ihr Gehirn Energie, und diese Energie erhält es, indem Sie Ihren Körper pflegen.

Aus diesem Grund besteht die dritte Komponente des Make-Time-Systems darin, **Ihre Batterie mit Sport, guter Ernährung, Schlaf, Ruhe und persönlicher Interaktion aufzuladen.** Das ist nicht so schwierig, wie es klingt. Der Standardlebensstil des 21. Jahrhunderts ignoriert unsere Evolutionsgeschichte und beraubt uns aller Energie. Mit ein paar kleinen Veränderungen können Sie diese Standardverhaltensmuster jedoch durchbrechen und neue Energie tanken.

Der Abschnitt über das Energietanken enthält zahlreiche Taktiken, aus denen Sie auswählen können, darunter eine kurze Siesta, ein wenig Körperbewegung und der strategische Einsatz von Koffein. Wir werden Sie nicht dazu auffordern, ein Fitnessfreak zu werden oder irgendeine esoterische Ernährungsweise zu übernehmen. Stattdessen bieten wir einfache Veränderungen, mit denen Sie sich besser um Ihren Körper kümmern können, mit dem Vorteil, dass Sie mit mehr und nachhaltiger Energie belohnt werden. Und die brauchen Sie für die Dinge, die Sie sich vorgenommen haben.

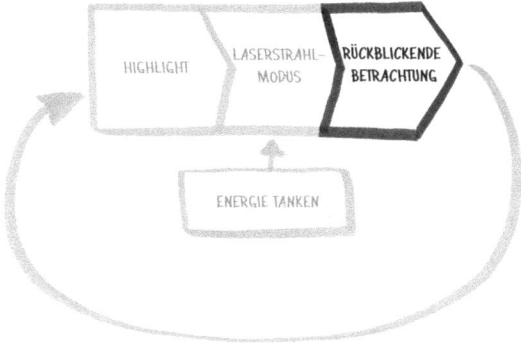

Rückblickende Betrachtung: Wie Sie Ihr System nachjustieren und verbessern

Bevor Sie abends schlafen gehen, **machen Sie sich Notizen.** Das ist supereinfach: Sie bestimmen, welche Taktiken Sie weiterverfolgen wollen und welche Sie nachjustieren oder fallen lassen wollen.[2] Dabei denken Sie über die Veränderung Ihres Energiepegels im Verlauf des Tages nach und darüber, ob Sie sich Zeit für Ihr Highlight geschaffen haben und was Ihnen an diesem Tag Freude bereitet hat.

Mit der Zeit werden Sie ein System für jeden Tag entwickeln, das auf Ihre individuellen Gewohnheiten und Routinen, Ihr einzigartiges Gehirn und Ihren Körper sowie Ihre individuellen Ziele und Prioritäten maßgeschneidert ist.

Die Make-Time-Taktiken: Auswählen, ausprobieren, wiederholen

Dieses Buch enthält Dutzende von Taktiken, mit denen sich das Make-Time-System umsetzen lässt. Einige Taktiken werden sich für Sie bewähren, andere nicht (und einige klingen vielleicht einfach nur verrückt). Das ist wie ein Kochbuch. Sie müssen nicht alle Rezepte auf

---

[2] Oder in den unsterblichen Worten von Rob Base und DJ E-Z Rock: »Take it off the rack, if it's wack, put it back.«

einmal ausprobieren und Sie müssen auch nicht alle Taktiken sofort umsetzen.

Wählen Sie stattdessen einige aus, testen und wiederholen Sie sie. Machen Sie sich während der Lektüre dieses Buches Notizen, welche Taktiken Sie ausprobieren wollen. Sie können eine Ecke der entsprechenden Buchseite umknicken oder eine Liste erstellen. Suchen Sie nach Taktiken, die Ihnen umsetzbar erscheinen, aber eine Herausforderung bedeuten. Und vor allem suchen Sie nach Taktiken, die Spaß versprechen.

Wir schlagen vor, dass Sie am ersten Tag der Umsetzung des Make-Time-Systems aus jedem Schritt eine Taktik auswählen. Das heißt, eine Taktik zur Gewinnung von Zeit für Ihr Highlight; eine Taktik, die Ihre Aufmerksamkeit fokussiert wie einen Laserstrahl, indem sie verändert, wie Sie auf Ablenkungen reagieren und eine Taktik, mit der Sie Energie tanken können – ein Gesamtpaket aus drei Taktiken.

Sie müssen nicht unbedingt jeden Tag etwas Neues ausprobieren. Wenn sich das, wofür Sie sich entschieden haben, bewährt, bleiben Sie dabei! Wenn es nicht funktioniert oder Sie das Gefühl haben, es lasse sich noch verbessern, haben Sie jeden Tag die Chance zu experimentieren. Ihre Version des Make-Time-Systems wird ganz individuell und persönlich sein. Und weil Sie es selber entwickelt haben, werden Sie ihm vertrauen und es wird sich nahtlos in Ihren Lebensstil integrieren.

Es muss nicht perfekt sein

Während wir das Make-Time-System entwickelten, vertieften wir uns in Bücher, Blogs, Zeitschriften und wissenschaftliche Recherchen.

Viel von dem, was wir dort lasen, war einschüchternd. Wir waren mit Hunderten von perfekten Hochglanzleben konfrontiert: der mühelos organisierten Spitzenführungskraft, dem erleuchteten, bewussten Yogi, dem Autor mit dem perfekten Schreibprozess, der heiter-unbekümmerten Gastgeberin, die im buchstäblichen Sinne mit links Austernpilze in der Pfanne schwenkt, während sie mit der anderen Hand die Zuckerglasur einer perfekten Créme brûlée karamellisiert.

Das ist stressig, oder nicht? Niemand kann sich die ganze Zeit perfekt ernähren, perfekt produktiv sein, ein perfektes Bewusstsein haben und perfekt ausgeruht sein. Wir können nicht die 57 Dinge tun, die wir laut verschiedenen Bloggern noch vor 5:00 Uhr morgens erledigt haben sollten. Und selbst wenn es uns gelingen würde, sollten wir es nicht. Perfektion ist an sich eine Ablenkung – eine weitere Schimäre, die Ihnen die Konzentration für Ihre wahren Prioritäten stiehlt.

Wir hätten gerne, dass Sie im Zusammenhang mit dem Make-Time-System die Vorstellung von Perfektion vergessen. Versuchen Sie es nicht einmal – Perfektion gibt es nicht! Es gibt aber auch keine Möglichkeit, es zu vermasseln. Und wenn Sie einmal ins Hintertreffen geraten oder das, was Sie sich vorgenommen haben, nicht einhalten, müssen Sie nicht ganz von vorne anfangen, denn jeder Tag ist ein neues unbeschriebenes Blatt.

Erinnern Sie sich daran, dass niemand von uns zu jeder Zeit alle in diesem Buch vorgestellten Taktiken anwendet. Einige Taktiken wenden wir immer an, andere nur gelegentlich, und es gibt auch Taktiken, die keiner von uns beiden anwendet. Es gibt Dinge, die für JZ funktionieren, aber nicht für Jake, und umgekehrt. Wir haben beide unsere jeweilige unvollkommene Formel, und diese kann sich je nach den Umständen verändern. Wenn Jake auf Reisen ist, installiert er vorübergehend eine E-Mail-App auf seinem Smartphone, und JZ ist dafür bekannt, dass er gelegentlich in einen Netflix-Rausch gerät – *Stranger Things* ist sooo gut! Das Ziel sind keine monastischen Gelübde, sondern ein handhabbarer und flexibler Katalog an guten Gewohnheiten.

Die »Jeden Tag«-Methode

Wenn Sie dieses Buch von der ersten bis zur letzten Seite lesen, könnten Sie das Gefühl bekommen, als kämen eine Menge zusätzlicher Aufgaben auf Sie zu. Selbst wenn Sie das Buch ausschnittsweise lesen, was wir durchaus empfehlen, kann es sich immer noch nach einer Menge Arbeit anfühlen. Anstatt zu denken, dass diese Taktiken »noch mehr Pflichten sind, die Sie erledigen müssen«, überlegen Sie sich, wie Sie sie in Ihren normalen Alltag integrieren. Aus diesem Grund schlagen wir zum Beispiel vor, morgens zu Fuß zur Arbeit zu gehen (S. 194ff.) und zu Hause Körperübungen zu machen (S. 198f.), anstatt einen teuren Mitgliedsbeitrag in einem Fitnessstudio zu bezahlen oder jeden Morgen eine ganze Stunde an einer Fitnessklasse teilzunehmen.

Die besten Taktiken sind die, die sich mühelos in Ihren Tag einpassen. Das sind Dinge, zu denen Sie sich nicht zwingen, sondern die Sie einfach tun. Und in den meisten Fällen *wollen* Sie das sogar.

Wir sind sicher, dass dieses Buch dazu beitragen wird, dass Sie für die Dinge, die Ihnen am wichtigsten sind, Raum in Ihrem Leben schaffen. Und sobald Sie damit beginnen, werden Sie feststellen, dass das Make-Time-System selbstverstärkend wirkt. Sie können bereits mit einer kleinen Veränderung beginnen. Mit der Zeit werden sich die positiven Ergebnisse aufaddieren und Sie werden immer größere Ziele anvisieren können. Selbst wenn Sie bereits ein Meister der Effizienz sind, können Sie Ihre Konzentration und Zufriedenheit mithilfe des Make-Time-Systems auf die Dinge richten, die sich bewährt haben.

Wir können Sie nicht von jedem sinnlosen Meeting befreien und Ihren Posteingang auch nicht mit einem magischen Zauberspruch auf null reduzieren und wir versuchen auch nicht, Sie in einen Zen-Meister zu verwandeln. Aber wir können Ihnen dabei helfen, Ihren Alltag ein wenig zu entschleunigen, die Geräuschkulisse des modernen Alltags zu dämpfen und an jedem Tag mehr Freude zu empfinden.

Highlight

> Wir erinnern uns nicht an Tage,
> sondern an Momente.
> CESARE PAVESE

Wenn Sie Zeit für die wirklich wichtigen Dinge gewinnen wollen, wird Ihnen der Busy Bandwagon sagen, dass die Antwort darin liegt, mehr zu tun. Erledigen Sie mehr. Seien Sie effizienter. Setzen Sie sich mehr Ziele und machen Sie mehr Pläne. Das ist der einzige Weg, um diese wichtigen Momente in Ihr Leben zu integrieren.

Wir sind anderer Meinung. Mehr zu tun und mehr zu erledigen hilft Ihnen nicht dabei, Zeit für die Dinge zu schaffen, die wirklich wichtig sind. Sie werden sich nur noch zerrissener und gestresster fühlen als sowieso schon. Und wenn Sie Tag für Tag im Stress sind, verwischt sich die Zeit und fliegt einfach an Ihnen vorbei, ohne dass Sie sie bewusst wahrgenommen haben.

Dieses Kapitel handelt davon, diesen Zeitnebel zu lichten, das Tempo zu verringern und die Augenblicke auszukosten, die Sie wirklich auskosten wollen, und sich an sie zu erinnern, anstatt sie eilig abzuhaken, um zum nächsten Punkt auf Ihrer To-do-Liste überzugehen. Das Konzept ist ganz einfach, wir mussten das aber auf die harte Tour lernen und haben dabei Wochen und Monate unseres eigenen Lebens an den nervenaufreibenden Sog des immerwährenden Zeitstresses verloren.

Highlight

 **Die verpassten Monate**

JZ

Es war Anfang 2008, der Beginn einer der schneereichsten Winter in der Geschichte von Chicago. Die Tage waren kurz, die Straßenverhältnisse chaotisch. Der Weg zur Arbeit war ein täglicher Kampf gegen die Elemente. Eines Tages wachte ich in der schockierenden Erkenntnis auf: Ich konnte mich nicht an die letzten zwei Monate erinnern.

Seien Sie nicht alarmiert. Ich hatte kein beunruhigendes Gesundheitsproblem und war auch nicht unwissentlich in ein Jason-Bourne-ähnliches CIA-Komplott verwickelt. Dennoch war es ernst. Die Monate waren einfach verschwunden, ohne dass irgendeine Struktur, irgendein Boden oder Fußstapfen ihr Vorbeiziehen markiert hätte.

Aber ich wollte mich an diese Zeit erinnern, weil alles gut lief. Ich hatte einen tollen Job, eine tolle Freundin und enge Freunde, die in der Nähe wohnten. Ein Außenstehender hätte mein Leben betrachtet und gesagt: »Traumhaftes Leben«. Warum fühlte ich mich dann so weit weg von der Realität meines traumhaften Lebens?

Ich hatte keine Ahnung, was falsch lief, aber ich wollte es herausfinden. Also begann ich zu experimentieren.

Zunächst begann ich damit, produktiver zu werden. Ich dachte, wenn ich meine Tage voller packen würde, hätte ich mehr, woran ich mich erinnern könnte. Einige Jahre zuvor, während ich bei einem temporeichen Tech-Start-up arbeitete, war ich davon besessen gewesen, aus jeder Stunde das Maximale herauszuholen. Meine Arbeit war sorgfältig geplant und organisiert; jeden Tag arbeitete ich meinen E-Mail-Eingang ab und leerte anschließend meine Eingangsbox. Ich trug sogar einen Stapel Notizzettel in meiner Hosentasche, um jeden spontanen Gedanken und jede Idee sofort festzuhalten. Nicht ein einziger Moment meiner Denkzeit durfte verschwendet werden!

Das funktionierte wunderbar im Büro, also fragte ich mich, ob diese Art der Produktivität mir auch dabei helfen könnte, meine Privatzeit optimal zu nutzen. Ich begann, mein Leben als ein Problem zu betrachten, das mit kategorisierten To-do-Listen, einem starren Terminkalender und einem absurden Ablagesystem gelöst werden musste.

Es funktionierte nicht. Ich war so auf Kleinkram fokussiert, dass die Tage noch schneller an mir vorbeizogen als vorher. Der Zeitnebel wurde noch dichter. Es war schlimm.

Daraufhin beschloss ich, meinen Ansatz zu überarbeiten. Anstatt wie besessen Mikromanagement zu betreiben, richtete ich meine Aufmerksamkeit auf langfristige Ziele. Ich erstellte Listen über Einjahres-, Dreijahres-, Fünfjahres- und Zehnjahresziele und bat meine Freundin, sie zu lesen und mit mir zu besprechen. (Im darauffolgenden Jahr heiratete sie mich, also nehme ich an, dass sie sich mit mindestens *einem* meiner Ziele identifizieren konnte.)

Ziele zu setzen schien sinnvoller zu sein, als To-do-Listen zu optimieren, aber ich fühlte mich immer noch wie eine Nussschale auf hoher See – diese Ziele waren viel zu weit weg, um motivierend zu wirken. Und dann gab es noch andere Probleme: Was würde passieren, wenn sich meine Prioritäten verändern würden? Plötzlich erkannte ich, dass ich auf ein Ziel hinarbeitete, das mir gar nicht mehr wichtig war. Und ein Leben, das auf »irgendwann« ausgerichtet war, war eher demoralisierend. In den Worten des Autors James Clear sagte ich im Wesentlichen: »Ich bin noch nicht gut genug, werde es aber sein, sobald ich mein Ziel erreicht habe«.

Meine Experimente brachten nicht die gewünschten Ergebnisse. Ich blieb zwischen alltäglichem Kleinkram und weit entfernten Zielen gefangen und das trübselige Februar- und Märzwetter tat auch nichts dazu, meine Stimmung zu heben. Schließlich war der Winter aber zu Ende, aus dem Frühling wurde Sommer, die Vögel begannen zu singen, und dann entdeckte ich beinahe zufällig die Lösung, nach der ich gesucht hatte.

Mir wurde klar, dass ich keine perfekt geplanten Aufgabenlisten und auch keine sorgfältig ausgearbeiteten langfristigen Pläne brauchte. Vielmehr waren es einfache, aber befriedigende Aktivitäten, die dazu beitrugen, dass sich der Zeitnebel lichtete und die Zeit wieder Konturen annahm. Zum Beispiel begann ich, mich jeden Freitag mit einer Gruppe von Freunden zum Mittagessen in einem Restaurant in der Stadt zu verabreden. Darauf freute ich mich die ganze Woche. An anderen Tagen ging ich entlang des Seeufers joggen. Und wenn das Wetter gut war, ging ich vor dem Sonnenuntergang einige Stunden segeln. Die langen Tage und die lauen Abende taten natürlich das Ihre – für mich kam der Sommer genau zur richtigen Zeit. Ich hatte das Glück gehabt, über eine Methode zu stolpern, die jedem meiner Tage neue Bedeutung verlieh, und glücklicherweise erkannte ich auch, dass darin die Lösung zu meinem Problem lag.

Es waren nicht einfach private Pläne und Aufgabenlisten, die mir halfen, den diffusen Zeitnebel zu lichten. Nachdem mir klar geworden war, wie sehr es mir half, Zeit für diese Aktivitäten zu gewinnen, betrachtete ich auch meine Arbeit aus dem Blickwinkel sinnvoller Aktivitäten. Anstatt möglichst viele Punkte auf meiner To-do-Liste abzuhaken oder mich im Wettstreit mit mir selber daran abzuarbeiten, bis zum Feierabend alle eingehenden E-Mails beantwortet zu haben, konzentrierte ich mich auf Dinge, die befriedigend und wichtig waren. Eines Tages ertappte ich mich dabei, dass ich mich auf eine umfangreiche Präsentation freute, die ich vor Führungskräften halten würde, und dabei merkte ich, dass die Befriedigung, die ich empfand, die gleiche war wie die, die mir die Mittagessen mit meinen Freunden, die Joggingrunden am Seeufer und die abendlichen Segeltörns bescherten. Ich begann, weniger über meine To-do-Listen und mehr über substanzielle Projekte nachzudenken wie zum Beispiel die Durchführung von Workshops und einen ganzen Tag gemeinsam mit Ingenieuren Softwarefehler zu beheben.

Natürlich bestand mein Leben nicht nur aus gemeinschaftlichen Mittagessen und beruflichen Meilensteinen. Ich hatte daneben auch einen Haufen ganz banales Zeug zu erledigen, zum Beispiel E-Mails zu beantworten, unsere Wohnung zu putzen und Bücher vor Ablauf der Leihfrist in die Bibliothek zurückzubringen. Das machte ich natürlich alles, aber darauf lag nicht mein Fokus.

Als ich über meine verpassten Monate und die Dinge nachdachte, die mir dabei geholfen hatten, den Zeitnebel zu lichten, dämmerte mir etwas: Ich liebte es, über große, anspruchsvolle Ziele nachzudenken, und ich war gut darin, den täglichen Kleinkram zu erledigen, allerdings war keines von beiden wirklich befriedigend. Am glücklichsten fühlte ich mich, wenn ich etwas hatte, an dem ich in der Gegenwart arbeiten konnte – einen Zeitraum, der größer war als eine Alltagsaufgabe, aber kleiner als ein Fünfjahresziel. Eine Aktivität, die ich planen, auf die ich mich freuen und mit der ich zufrieden sein konnte, wenn sie abgeschlossen war.

In anderen Worten: Ich musste dafür sorgen, jeden Tag ein Highlight zu haben.

Wir glauben, dass die Konzentration auf Aktivitäten, die zwischen den beiden extremen Polen liegen – irgendwo zwischen langfristigen Zielen und unmittelbaren Aufgaben –, der Schlüssel zur Entschleunigung und zur Zufriedenheit mit dem Alltag ist, und dass er dabei hilft, Zeit zu gewinnen. Langfristige Ziele sind wichtig, um sich in die richtige Richtung zu bewegen, aber oft sind sie zu weit weg, als dass man die Zeit, die man darauf hinarbeitet, wirklich genießen könnte. Die Erledigung täglicher Aufgaben ist wichtig, um Arbeit vom Tisch zu bekommen, aber ohne einen Fokuspunkt fliegt die Zeit in undefinierbarer Eile vorbei.

Zahlreiche Selbsthilfegurus haben Vorschläge zur Zielsetzung gemacht und ebenso zahlreiche Produktivitätsexperten haben Systeme entwickelt, um Dinge schneller zu erledigen, aber der Raum dazwischen wurde vernachlässigt. Wir bezeichnen das fehlende Element als Highlight.

Welches wird das Highlight Ihres heutigen Tages sein?

Wir wollen, dass Sie jeden Tag damit beginnen, darüber nachzudenken, was Ihr Highlight sein könnte. Wenn jemand Sie am Ende des Tages fragt: »Was war heute Ihr Highlight?«, was wollen Sie dann antworten? Wenn Sie auf Ihren Tag zurückblicken, welche Aktivität oder Leistung oder welchen Moment möchten Sie auskosten? Das ist Ihr Highlight.

Sie werden sich aber nicht ausschließlich Ihrem Highlight widmen. Schließlich können die meisten von uns weder ihre Postfächer noch die

Vorgaben ihrer Vorgesetzten ignorieren. Ein Highlight auszuwählen bietet Ihnen aber die Chance, proaktiv zu handeln, anstatt Technologie, Bürostandards und andere Leute Ihren Terminkalender bestimmen zu lassen. Und auch wenn der Busy Bandwagon sagt, Sie sollten jeden Tag versuchen, so produktiv wie möglich zu sein, wissen wir, dass es besser ist, wenn Sie sich auf Ihre Prioritäten fokussieren, selbst wenn das bedeutet, dass Sie nicht alle Punkte auf Ihrer To-do-Liste abhaken können.

Ihr Highlight bietet Ihnen jeden Tag einen Fokuspunkt. Die Forschung zeigt, dass die Art und Weise, wie Sie Ihre Tage erleben, nicht hauptsächlich davon bestimmt wird, was alles auf Sie zukommt. Tatsächlich erzeugen Sie Ihre eigene Realität, indem Sie entscheiden, welchen Dingen Sie Ihre Aufmerksamkeit widmen.[3] Das mag offensichtlich klingen, aber wir finden, dass das eine wirklich große Sache ist: Sie können Ihre Zeit neu gestalten, indem Sie entscheiden, welchen Dingen Sie Ihre Aufmerksamkeit schenken wollen. Und Ihr tägliches Highlight ist das Ziel dieser Aufmerksamkeit.

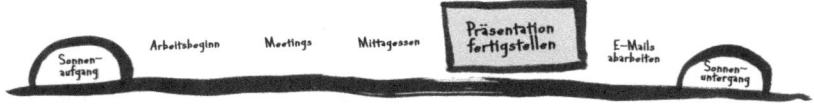

Die Fokussierung auf ein tägliches Highlight stoppt das unentwegte Tauziehen zwischen den Ablenkungen der Infinity Pools und den Anforderungen des Busy Bandwagon und eröffnet einen dritten Weg: ganz bewusst und fokussiert zu entscheiden, wie Sie Ihre Zeit verbringen wollen.

Drei Methoden, mit denen Sie Ihr Highlight auswählen

Die Auswahl Ihres täglichen Highlights beginnt mit der Frage:

Was möchte ich heute zu meinem Highlight machen?

---

[3] Für eine faszinierende Zusammenfassung der Forschungsergebnisse zu diesem Thema und wie man sie auf berufliche Zusammenhänge und allgemeine Lebensfragen anwendet, siehe *Rapt* von Winifred Gallagher. Es ist eines von JZs Lieblingsbüchern.

Es ist nicht immer leicht, diese Frage zu beantworten, vor allem, wenn Sie gerade erst damit beginnen, das Make-Time-System zu verwenden. Manchmal gibt es zu viele wichtige Aufgaben zu erledigen. Vielleicht gibt es eine, die Ihnen besonders viel Spaß macht (»Geburtstagskuchen backen«), oder eine Aufgabe mit einer bedrohlich herannahenden Frist (»Präsentationsfolien fertigstellen«) oder irgendeine lästige Angelegenheit (»Rattenfallen in der Garage aufstellen«).

Für welche entscheiden Sie sich? Wir verwenden dafür drei verschiedene Kriterien.

Dringlichkeit

Die erste Strategie hat mit der Dringlichkeit zu tun: **Welches ist die Aufgabe, die am dringendsten erledigt werden muss?**

Haben Sie jemals Stunden damit verbracht, sich durch eine E-Mail-Flut zu kämpfen und an Meetings teilzunehmen, nur um am Ende des Tages festzustellen, dass Sie sich für die eine Sache, die Sie wirklich hätten erledigen *müssen*, keine Zeit genommen haben? Uns ist das schon passiert, und zwar oft. Und immer wenn es passiert, fühlen wir uns miserabel. Allein diese Reuegefühle!

Wenn es etwas gibt, das zwingend heute erledigt werden muss, dann machen Sie es zu Ihrem Highlight. Oft können Sie dringende Highlights auf Ihrer To-do-Liste, in Ihren E-Mails oder Ihrem Terminkalender finden. Halten Sie nach Projekten Ausschau, die zeitkritisch, wichtig und von mittlerem Umfang sind (in anderen Worten: die sich nicht in wenigen Minuten erledigen lassen, aber auch keine zehn Stunden in Anspruch nehmen).

Ihr dringendes Highlight könnte zum Beispiel eines der folgenden sein:

- ▶ Erarbeiten Sie ein Angebot und senden Sie es Ihrem Kunden, der es noch vor Ende der Woche erwartet.
- ▶ Holen Sie Angebote für Veranstaltungsorte und Catering für ein arbeitsbezogenes Event ein.
- ▶ Bereiten Sie das Abendessen vor, bevor Ihre Freunde zu Besuch kommen.

> Helfen Sie Ihrer Tochter dabei, ein umfangreiches Projekt für die Schule fertigzustellen, das morgen präsentiert werden muss.
> Bearbeiten und teilen Sie Urlaubsfotos, die Ihre Familie unbedingt sehen möchte.

Zufriedenheit

Die zweite Highlight-Strategie dreht sich um Zufriedenheit: **Welches Highlight verschafft Ihnen am Ende des Tages die größte Befriedigung?**

Während bei der ersten Strategie im Mittelpunkt steht, welche Aufgabe am dringendsten erledigt werden *muss*, sind Sie bei der zweiten Strategie aufgerufen, sich auf das zu konzentrieren, was Sie am liebsten erledigen *möchten*.

Auch hier können Sie Ihre To-do-Liste als Ausgangspunkt nehmen. Aber anstatt über Fristen und Prioritäten nachzudenken, wählen Sie einen anderen Ansatz: Überlegen Sie sich, welches potenzielle Highlight Ihnen die größte Befriedigung verschafft.

Halten Sie nach Aktivitäten Ausschau, die nicht dringend sind, aber für die Sie irgendwie nie die Zeit gefunden haben. Vielleicht besitzen Sie irgendeine besondere Fertigkeit, die Sie gerne einsetzen möchten, oder vielleicht handelt es sich um ein Lieblingsprojekt, das Sie entwickeln und dann mit allen teilen möchten. Diese Projekte laufen immer große Gefahr, auf später verschoben zu werden, weil sie zwar wichtig, aber nicht zeitkritisch sind, und das prädestiniert sie dazu, vor sich hergeschoben zu werden. Machen Sie eines zu Ihrem Highlight und durchbrechen Sie auf diese Weise den Teufelskreis von »irgendwann«.

Hier einige Beispiele für Highlights, deren Erledigung Ihnen Befriedigung verschaffen kann:

> Stellen Sie das Angebot für ein neues Arbeitsprojekt fertig, auf das Sie sich freuen, und teilen Sie es mit einigen wenigen Kollegen, denen Sie vertrauen.
> Recherchieren Sie Urlaubsziele für Ihren nächsten Familienurlaub.
> Schreiben Sie 1500 Wörter des nächsten Kapitels Ihres Romans.

Freude

Die dritte Strategie fokussiert auf Freude: **Wenn ich über den heutigen Tag nachdenke, welche Aufgabe macht mir die größte Freude?**

Nicht jede Stunde muss für eine maximale Effizienz optimiert und orchestriert werden. Eines unserer Ziele ist, Sie von der unmöglichen Vorstellung perfekt geplanter Tage abzubringen und Sie stattdessen zu einem Leben hinzuführen, das weniger reaktiv ist und mehr Lebensfreude bietet.

Anderen Leuten mögen einige Ihrer freudvollen Highlights als Zeitverschwendung erscheinen: zu Hause sitzen und ein Buch lesen, Freunde zum Frisbee-Spielen im Park treffen oder einfach ein Kreuzworträtsel lösen. Wir sehen das anders. Sie verschwenden nur dann Zeit, wenn Sie die Dinge, die Sie machen, nicht aus bewusster Entscheidung tun.

Alle möglichen Highlights können Freude bereiten. Hier einige Beispiele:

> Die Einweihungsfeier von Freunden besuchen.
> Einen neuen Song auf der Gitarre beherrschen.
> Ein unterhaltsames Mittagessen mit Ihrem witzigen Kollegen.
> Mit den Kindern auf den Spielplatz gehen.

Vertrauen Sie bei der Auswahl Ihres Highlights auf Ihren Instinkt

Welche Strategie sollten Sie an welchem Tag verwenden? Wir glauben, die beste Methode ist, Ihrem Instinkt zu vertrauen, ob Sie sich an einem bestimmten Tag eher für eine dringende, eine erfreuliche oder eine befriedigende Aufgabe entscheiden.[4]

Eine gute Daumenregel lautet, **eine Aufgabe auszuwählen, die eine bis eineinhalb Stunden dauert.** Wenn Sie weniger als eine Stunde damit verbringen, reicht das wahrscheinlich nicht, um in den sogenannten Flow zu kommen, in dem Sie voll auf Ihre Aufgabe und den Augenblick konzentriert sind. Nach eineinhalb Stunden konzentrierter

---

[4] Wenn eine Aufgabe natürlich in *alle drei* Kategorien fällt, ist sie wahrscheinlich Ihr bestes Highlight!

Aufmerksamkeit brauchen die meisten Menschen eine Pause. Eine bis eineinhalb Stunden ist der sogenannte Sweetspot. Das ist genügend Zeit, um etwas Bedeutsames zu erledigen, und es ist eine vernünftige Menge Zeit, die Sie sich in Ihrem Terminkalender reservieren können. Wir sind sicher, dass Sie sich mithilfe der Taktiken, die in diesem Kapitel und im Verlauf des Buches vorgestellt werden, eine bis eineinhalb Stunden für Ihr Highlight freischaufeln können.

Wenn Sie das zum ersten Mal machen, kann sich die Auswahl eines Highlights merkwürdig oder schwierig anfühlen. Machen Sie sich keine Sorgen, das ist vollkommen normal. Mit der Zeit haben Sie den Bogen raus, und es wird immer leichter. Und vergessen Sie nicht: Sie können es eigentlich gar nicht vermasseln. Weil Make Time ein tägliches System ist, können Sie Ihren Ansatz immer wieder verändern und es am folgenden Tag neu versuchen.

Selbstverständlich ist Ihr Highlight keine Zauberei. Die Entscheidung, auf welche Sache Sie heute Ihren Fokus und Ihre Energie verwenden wollen, bedeutet nicht, dass sich die Aufgabe von alleine erledigt. Sich bewusst für eine Sache zu entscheiden, ist aber ein unerlässlicher Schritt, um mehr Zeit im Leben zu gewinnen. Die Auswahl eines Highlights macht die Konzentration auf Ihre Prioritäten zu Ihrem Standardverhalten, mit der Folge, dass Sie Ihre Zeit und Energie auf wichtige Dinge richten können und nicht ständig auf die Ablenkungen und Anforderungen des modernen Lebens reagieren.

Jake

Es ist nie zu spät am Tag, um Ihr Highlight auszuwählen (oder zu verändern). Vor Kurzem hatte ich einen wirklich lausigen Tag. Morgens hatte ich geplant, die Überarbeitung von 100 Seiten des Manuskripts zu diesem Buch zu meinem Highlight zu machen. Aber dann wurde ich den ganzen Tag von anderen Dingen in Anspruch genommen, von einem Installationsproblem über bohrende Kopfschmerzen bis zu unerwarteten Gästen zum Abendessen. Am Nachmittag wurde mir klar, dass ich mein Highlight ver-

> ändern konnte – und damit meine innere Einstellung. Ich beschloss, mein ursprüngliches Highlight für diesen Tag zu vergessen und mich stattdessen darauf zu konzentrieren, das Abendessen mit meinen Freunden zu genießen. In dem Moment, in dem ich diese Entscheidung traf, änderte sich der gesamte Tag. Ich konnte loslassen und ihn genießen.

Nachdem jene Wintermonate im Jahr 2008 spurlos an ihm vorbeigezogen waren, hatte JZ eine plötzliche Inspiration, die ihn zu der Idee des Highlights führte. Seine Beobachtung, dass sich aus mittelgroßen Highlights eher tägliche Zufriedenheit ziehen lässt, als aus Miniaufgaben oder hehren, langfristigen Zielen, war die Keimzelle für die Philosophie, mit der wir unsere Tage planen.

Heute wählen wir beide jeden Tag ein Highlight aus[5] und haben dabei eine Reihe von Taktiken entwickelt, mit deren Hilfe wir unsere Absichten in die Tat umsetzen. Einige sind tägliche Dinge wie die zeitliche Planung zur Durchführung der Highlights (Nr. 1), und andere sind anlassbezogen wie zum Beispiel die Verknüpfung mehrerer täglicher Highlights zu einer Art persönlichem Sprint (Nr. 7).

Der nächste Abschnitt ist eine Sammlung von Taktiken zur Auswahl eines Highlights und zur Reservierung der nötigen Zeit für seine Durchführung. Wenn Sie die Taktiken auf den folgenden Seiten lesen, denken Sie an das Mantra »Auswählen, ausprobieren, wiederholen«. Notieren Sie sich die Taktiken, die hilfreich, unterhaltsam und ein wenig herausfordernd klingen. Wenn Sie gerade erst beginnen, das Make-Time-System anzuwenden, fokussieren Sie sich immer nur auf eine Taktik gleichzeitig. Wenn sie sich bewährt, machen Sie sie sich zur Routine. Wenn Sie zusätzliche Unterstützung benötigen, um ein Highlight auszuwählen und sich Zeit dafür zu reservieren, dann nehmen Sie eine weitere Taktik hinzu. Und nun wollen wir die Menschen, Projekte und Aufgaben als Highlight markieren, die Ihnen am wichtigsten sind.

---

[5] Nun, sagen wir, *fast* jeden Tag. Denken Sie daran, dass Sie ruhig mal einen Aussetzer haben dürfen.

Wählen Sie Ihr Highlight aus

1. Schreiben Sie es auf
2. Und täglich grüßt das Murmeltier (oder: »Wiederholen Sie das Highlight von gestern«)
3. Erstellen Sie eine Rangliste Ihrer Prioritäten
4. Bündeln Sie Kleinkram
5. Die Vielleicht-Liste
6. Die Burner-Liste
7. Führen Sie einen persönlichen Sprint durch

1. Schreiben Sie es auf

Ja, wir wissen, dass das auf der Hand liegt, aber im Aufschreiben der eigenen Pläne liegt eine besondere, beinahe magische Kraft. Die Dinge, die Sie aufschreiben, sind die, die höchstwahrscheinlich auch passieren werden. Wenn Sie Zeit für Ihr Highlight schaffen wollen, dann schreiben Sie es auf.

Machen Sie das Aufschreiben zu einem einfachen täglichen Ritual. Sie können das jederzeit machen, wobei es sich bei den meisten Menschen bewährt, das abends (vor dem Schlafengehen) oder morgens zu tun. JZ denkt gerne abends, wenn er zur Ruhe kommt, über das Highlight des nächsten Tags nach. Jake bestimmt sein Highlight am Morgen, irgendwann zwischen Frühstück und Arbeitsbeginn.

Wo sollten Sie Ihr Highlight notieren? Da gibt es zahlreiche Optionen. Es gibt Apps (lesen Sie die Empfehlungen bei maketimebook.com), die Sie daran erinnern, dass Sie Ihr Highlight jeden Tag aufschreiben. Sie können es auch als Ganztagesevent in Ihren Terminkalender eintragen. Sie können es in ein Notizbuch eintragen. Aber wenn wir eine Methode zum Aufschreiben auswählen müssten, würden wir uns für Haftzettel entscheiden. Sie sind leicht zu besorgen und leicht zu handhaben und sie benötigen weder Akkus noch Software-Aktualisierungen.

Sie können Ihr Highlight aufschreiben und nie wieder einen Blick darauf werfen – oder Sie können es als freundliche Erinnerung an die eine große Sache, für die Sie sich heute Zeit freischaufeln wollen, an Ihren Laptop, Ihr Mobiltelefon, Ihren Kühlschrank oder Schreibtisch heften.

2. Und täglich grüßt das Murmeltier (oder: »Wiederholen Sie das Highlight von gestern«)

Sie sind sich nicht sicher, was Sie zu Ihrem Highlight machen sollen? Genau wie Bill Murray in dem Film *Und täglich grüßt das Murmeltier* können Sie das Highlight von gestern wiederholen. Es gibt viele gute Gründe, um ein Highlight zu wiederholen:

➤ Wenn Sie es nicht geschafft haben, Ihr Highlight zu erledigen, ist es wahrscheinlich immer noch wichtig. **Geben Sie ihm eine zweite Chance.**

➤ Wenn Sie mit Ihrem Highlight begonnen, es aber nicht beendet haben, oder Ihr Highlight Teil eines umfangreicheren Projekts war, ist heute der perfekte Tag, um daran weiterzuarbeiten oder einen persönlichen Sprint durchzuführen (Nr. 7). **Wiederholen Sie Ihr Highlight, um eine Eigendynamik zu entfachen.**

➤ Wenn Sie noch dabei sind, eine neue Fertigkeit oder Routine zu entwickeln, müssen Sie diese mehrmals wiederholen, damit Ihnen bestimmte Dinge in Fleisch und Blut übergehen. Wiederholen Sie Ihr Highlight, um daraus eine Gewohnheit zu machen.

➤ Wenn Ihnen das gestrige Highlight Befriedigung oder Freude bereitet hat, dann sollten Sie sich ruhig mehr davon gönnen! Wiederholen Sie Ihr Highlight, um die Erfahrung zu vertiefen.

Sie müssen sich nicht jeden Tag neu erfinden. Wenn Sie etwas identifiziert haben, das für Sie wichtig ist, dann trägt die tägliche Konzentration auf diese Sache dazu bei, dass sie sich in Ihrem Leben verwurzelt, wächst und gedeiht. Klingt kitschig, ist aber wahr.

3. Erstellen Sie eine Rangliste Ihrer Prioritäten

Wenn Sie bei der Auswahl eines Highlights feststecken oder wenn Sie das Gefühl haben, es gebe einen Konflikt zwischen verschiedenen konkurrierenden Prioritäten in Ihrem Leben, probieren Sie das folgende Rezept aus, um eine Rangliste Ihrer wichtigsten Prioritäten zu erstellen:

Dafür brauchen Sie:
➤ Einen Stift
➤ Ein Blatt Papier (oder die Notiz-App auf Ihrem Smartphone)

> - REISEN
> - ARBEIT
> - FAMILIE
> - SCHWIMMEN
> ➜ SAXOFON
> - KINO
> - GARTENARBEIT

1. Erstellen Sie eine Rangliste der wichtigsten Dinge in Ihrem Leben

Das gilt nicht nur für berufsbezogene Dinge. Diese Liste kann Punkte wie »Freunde« oder »Familie« oder »Elternschaft« enthalten; Ihr Partner könnte ein Punkt sein – oder wenn Sie Single sind, könnte »Dating« in der Liste stehen. Sie können neben berufsbezogenen Punkten Hobbys aufschreiben (»Fußball«, »Malen«). Zu Ihren wichtigen Dingen können so breite Themen gehören wie »Arbeit« oder so spezifische wie »Beförderung« oder »Apollo-Projekt«. Weitere mögliche Kategorien sind Gesundheit, Finanzen und persönliche Weiterentwicklung.

- ▶ Schreiben Sie nur wirklich gewichtige Dinge auf und versuchen Sie, sie mit einem oder zwei Schlagworten zu beschreiben (damit die Liste relevant und anspruchsvoll bleibt).
- ▶ Priorisieren Sie die einzelnen Punkte noch nicht, schreiben Sie sie nur auf.
- ▶ Notieren Sie drei bis zehn Punkte. Und dann ...

2. Wählen Sie Ihre oberste Priorität aus

Das ist leichter gesagt als getan, aber Sie schaffen es! Hier einige Tipps:
- ▶ Überlegen Sie sich, welche Dinge für Sie am bedeutsamsten, und nicht, welche am dringlichsten sind.
- ▶ Überlegen Sie sich, welche die größten Anstrengungen beziehungsweise die meiste Arbeit erfordern. Zum Beispiel könnte Sport sehr

wichtig sein, aber wenn Sie bereits regelmäßig Sport treiben, wollen Sie Ihren Fokus vielleicht auf etwas anderes richten.
> Folgen Sie Ihrem Herzen. Sie könnten zum Beispiel meinen, Sie sollten »Arbeit« vor »Geigenunterricht« platzieren, aber wenn Sie eigentlich gerne den Geigenunterricht zu Ihrer obersten Priorität machen würden, dann tun Sie es!
> Machen Sie daraus keine Zwang – diese Liste ist nicht in Stein gemeißelt. Sie können immer nächsten Monat, nächste Woche, morgen oder sogar heute Nachmittag eine neue Rangliste erstellen.
> Sobald Sie die wichtigste Sache ausgewählt haben ...

3. Bestimmen Sie die zweit-, dritt-, viert- und fünftwichtigste Sache

4. Schreiben Sie die Liste entsprechend Ihrer Prioritätenrangliste neu

5. Ziehen Sie einen Kreis um die Nummer eins

Wenn Sie mit Ihrer obersten Priorität Fortschritte erzielen wollen, müssen Sie sie wann immer möglich zu Ihrem Fokuspunkt machen. Einen Kreis darum zu ziehen, verstärkt die Priorisierung. Die eigene Entscheidung schwarz auf weiß festzuhalten, hat etwas Symbolisches.

6. Verwenden Sie diese Liste bei der Auswahl Ihres Highlights

Behalten Sie die Liste in Ihrer Reichweite, damit Sie Ihre wichtigste Priorität stets im Auge haben – und um zwischen zwei Tätigkeiten wechseln zu können, wenn Sie nicht wissen, wie Sie sonst erfolgreich weitermachen sollen.

Jake

Ich zeige Ihnen hier einige meiner eigenen Listen. Die erste datiert von August 2017:
  1. Familie
  2. Das Buch *Mehr Zeit* schreiben
  3. Roman schreiben
  4. Beratung und Workshops

Einen Monat später, im September, ordnete ich die Liste neu:
  1. Das Buch *Mehr Zeit* schreiben
  2. Familie
  3. Beratung und Workshops
  4. Roman schreiben

Ja, ich verschob meine Familie auf den zweiten Platz. Was bin ich doch für ein Arschloch! Aber ich wusste, dass ich mit dem Manuskript zu diesem Buch auf die Tube drücken musste, damit es fertig war, bevor JZ sich im Oktober auf einen Segeltörn nach Mexiko begab. Und meine Familie war bestens aufgehoben – meine Kinder gingen nach einem Sommer, in dem wir viele Projekte und gemeinsame Reisen unternommen hatten, wieder zur Schule, und wir hatten gute Standards für gemeinsame Qualitätszeit etabliert. Die Familie auf Platz zwei zu verschieben bedeutete nicht, sie zu ignorieren; es bedeutete lediglich, ehrlich zu mir selbst zu sein, was die Notwendigkeit zur Fokussierung betraf.

4. Bündeln Sie Kleinkram

Es kann schwierig sein, sich auf Ihr Highlight zu konzentrieren, wenn Sie wissen, dass es Dutzende an Aufgaben gibt, die kein Highlight sind und die sich unerledigt aufstapeln. Wir haben das gleiche Problem.

Tatsächlich ist JZs heutiges Highlight, den Entwurf für diese Taktik fertigzustellen, aber zu irgendeinem Zeitpunkt in dieser Woche musste er auch seine aufgelaufenen E-Mails abarbeiten (da er letzte Woche auf Reisen war, ist er im Verzug) und einige Anrufe erwidern.

Glücklicherweise haben wir hierfür eine Lösung: Bündeln Sie die vielen kleinen Aufgaben und erledigen Sie sie alle zusammen in einer einzigen Highlight-Session. In anderen Worten: Machen Sie ein Bündel kleiner Aufgaben zu einer großen Aufgabe. An irgendeinem Tag in dieser Woche wird JZs Highlight lauten: »E-Mails bearbeiten« oder »Anrufe erwidern«.

Dieser Kleinkram klingt vielleicht nicht gerade nach einem highlightfähigen Punkt – niemand wünscht sich, er könne sich Zeit für die Beantwortung von E-Mails freischaufeln –, aber die Erledigung solcher Pflichten kann ein überraschendes Zufriedenheitsgefühl auslösen. Und wenn Sie alles auf einmal erledigen, anstatt ständig zu versuchen, Ihren E-Mail-Eingang oder Ihre To-do-Liste abzuarbeiten, ist das wirklich ein großartiges Gefühl.

Sie sollten das nur nicht jeden Tag machen. Das ist eine Taktik für ab und zu, die dazu dient, die notwendigen Pflichten und Aufgaben zu erledigen, die sich ansonsten an Ihrem Tag breitmachen. Die wahre Macht dieser Taktik werden Sie an den Tagen spüren, an denen Sie sie nicht anwenden – in dem Wissen, dass Sie kleine, nicht dringende Aufgaben ignorieren und sich aufhäufen lassen können, während Sie sich auf Ihr Highlight konzentrieren. Schließlich haben Sie mit der Bündelung des Kleinkrams eine gute Taktik, um später wieder aufzuholen und alles auf einmal zu erledigen.

Taktische Schlacht: To-do-Listen
Denken Sie daran, dass nicht alle Taktiken für alle Leute funktionieren. Das gilt auch für uns beide. Manchmal sind wir uns nicht einig, ob eine Taktik wirklich funktioniert hat (habe ich mehr Energie, weil ich einen Koffein-Nap gemacht habe – Taktik Nr. 72 – oder weil ich einfach eine Siesta gemacht habe?). Manchmal verfolgen wir ganz unterschiedliche objektive Ergebnisse. Aber anstatt unsere Meinungen gegenseitig anzugreifen, präsentieren wir unsere gegensätzlichen Ratschläge so, wie sie sind, und dann können Sie sie selber ausprobieren und entscheiden, ob sie sich bewähren.

Hier ist eine Sache, über die wir uns einig sind: Wir hassen To-do-Listen. Aufgaben als erledigt abhaken zu können fühlt sich gut an, aber der falsche Glanz dieser Leistungen verschleiert eine hässliche Wahrheit: Die meisten Aufgaben sind einfach Reaktionen auf die Prioritäten anderer Leute und nicht Ihre eigenen. Und egal wie viele Aufgaben Sie erledigen, es ist unmöglich, die Liste jemals abzuarbeiten. Immer warten neue Aufgaben, um die Liste wieder aufzufüllen. To-do-Listen perpetuieren nur das Gefühl des ewigen »Unerledigtseins«, das das moderne Leben prägt.

Außerdem können To-do-Listen verschleiern, was wirklich wichtig ist. Wir sind alle anfällig dafür, den Weg des geringsten Widerstands zu wählen, vor allem wenn wir müde, gestresst, überfordert oder einfach nur wahnsinnig beschäftigt sind. To-do-Listen verschlimmern dieses Gefühl, weil sie einfache Aufgaben mit anstrengenden, aber wichtigen Aufgaben vermischen. Wenn Sie To-do-Listen verwenden, geraten Sie in die Versuchung, die wichtigen Dinge hintanzustellen und stattdessen alle einfachen Aufgaben zu erledigen.

To-do-Listen sind aber nicht nur schlecht. Sie halten damit Dinge fest, die Sie anschließend nicht mehr im Kopf behalten müssen, und sie geben Ihnen eine Übersicht auf einen Blick. Sie sind ein notwendiges Übel.

So sehr wir sie auch verabscheuen, sind wir auf sie angewiesen. Im Verlauf der Jahre haben wir beide unsere ganz spezielle To-do-Listen-Technik entwickelt. Natürlich glauben wir beide, dass unsere jeweilige Lösung die beste ist, also lassen wir Sie entscheiden.

5. Die Vielleicht-Liste

JZ

Meine Lösung für das To-do-Listen-Problem besteht darin, die Entscheidung, was ich tun will, von der eigentlichen Umsetzung zu trennen. Ich bezeichne meinen Ansatz als Vielleicht-Liste. Sie ist genau das, wonach sie klingt: eine Liste an Dingen, die ich vielleicht machen werde. Die Aufgaben stehen so lange auf dieser Liste, bis ich beschließe, sie zu meinem Highlight zu machen und sie in meinen Terminkalender einzuplanen. Und so fügen sich die Teile zusammen:

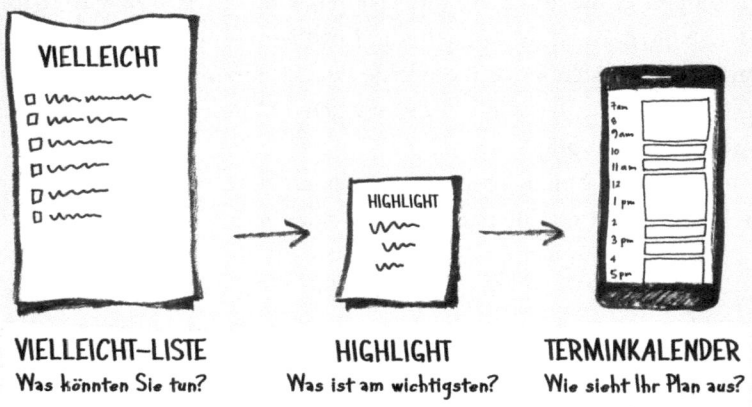

| **VIELLEICHT-LISTE** | **HIGHLIGHT** | **TERMINKALENDER** |
| Was könnten Sie tun? | Was ist am wichtigsten? | Wie sieht Ihr Plan aus? |

Wenn Sie nicht planen, sind Sie besonders anfällig für den Weg des geringsten Widerstands. Wenn Sie jedoch eine wichtige Aufgabe aus Ihrer Vielleicht-Liste zu Ihrem Highlight des Tages machen und sie in Ihren Terminkalender eintragen, wissen Sie, dass Sie eine wohlüberlegte Entscheidung getroffen haben, wie Sie Ihre Zeit verbringen wollen, und Sie können Ihre Energie auf diese Aufgabe richten.

Eine Vielleicht-Liste kann Ihnen dabei helfen, die Tretmühle der beruflichen und privaten To-do-Listen zu vermeiden. Im Jahr 2012 kauften meine Frau und ich gemeinsam unser erstes Segelboot. 2016 verkauften wir es und kauften ein anderes. Jedes Mal handelten wir uns nicht nur ein Boot, sondern auch ein großes Projekt ein. Es gab buchstäblich Hunderte von Aufgaben, die notwendig waren, um das Boot segeltauglich zu machen – von trivialen Dingen (Anbringen von Handtuchhaken) bis zu aufwendigen (Sterilisierung der Wasserrohre für Trinkwasserqualität). Hätten wir direkt von unserer To-do-Liste aus gearbeitet, hätten wir uns wahrscheinlich überfordert gefühlt. Stattdessen verwendeten wir Vielleicht-Listen, die uns dabei halfen, organisiert (und geistig gesund!) zu bleiben und zu gewährleisten, dass wir uns die Zeit für wichtige Aufgaben reservierten, anstatt Tag für Tag mit dem Kleinkram zu vertun.

Und so funktionierte es: Bevor wir einen Arbeitstag auf dem Boot begannen, saßen wir über einer Vielleicht-Liste und besprachen alle Dinge, die wir womöglich tun konnten. Dafür verwendeten wir die drei Highlight-Kriterien – Dringlichkeit, Zufriedenheit, Freude –, um zu bestimmen, welche Arbeit heute für uns am wichtigsten war. Dann trugen wir sie in unsere Terminkalender ein, wobei wir eine möglichst genaue Schätzung des erforderlichen Zeitaufwands trafen. Wenn der Zeitpunkt gekommen war, trafen wir uns auf unserem Boot, mit Werkzeug und Kaffee und einem Plan für den Tag. Das half uns dabei, bewusste, fokussierte Entscheidungen zu treffen, und ermöglichte uns, jeden Tag mit einem tiefen Gefühl der Zufriedenheit über die geleistete Arbeit zu beenden.

6. Die Burner-Liste

Jake

Ich finde JZs Idee einer Vielleicht-Liste super, aber ich persönlich brauche eine detailliertere Liste, um das wichtigste Highlight auszuwählen und zu verfolgen. Meine Methode bezeichne ich als Burner-Liste. Sie wird nicht jedes Detail eines jeden Projekts nachverfolgen oder Ihnen dabei helfen, eine Million Aufgaben zu jonglieren. Aber das ist genau der Punkt. Die Burner-Liste ist ganz bewusst begrenzt. Das zwingt Sie anzuerkennen, dass Sie nicht jedes Projekt oder jede Aufgabe verfolgen können, über die Sie stolpern. Genau wie Zeit und geistige Energie ist auch die Burner-Liste begrenzt, was Sie dazu zwingt, bei Bedarf Nein zu sagen und den Fokus auf Ihre oberste Priorität zu wahren. Und so funktioniert es:

Highlight

1. Teilen Sie ein Blatt Papier in zwei Säulen ein
Nehmen Sie ein Blatt Papier und ziehen Sie in der Mitte eine vertikale Linie. Die linke Seite ist Ihr *Front Burner* – Ihre vordere Herdplatte – und die rechte Seite Ihr *Back Burner* – die hintere Herdplatte.

2. Platzieren Sie Ihre wichtigsten Projekte auf der vorderen Herdplatte
Sie dürfen nur ein einziges Projekt, Ziel oder eine Aktivität auf der vorderen Herdplatte platzieren. Nicht zwei oder drei – nur eines.

In die linke obere Ecke schreiben Sie den Namen Ihres wichtigsten Projekts und unterstreichen ihn. Dann schreiben Sie die ganzen Aufgaben für dieses Topprojekt auf. Dazu sollten alle Aufgaben gehören, die Sie in den nächsten paar Tagen tun können, um das Projekt voranzubringen.

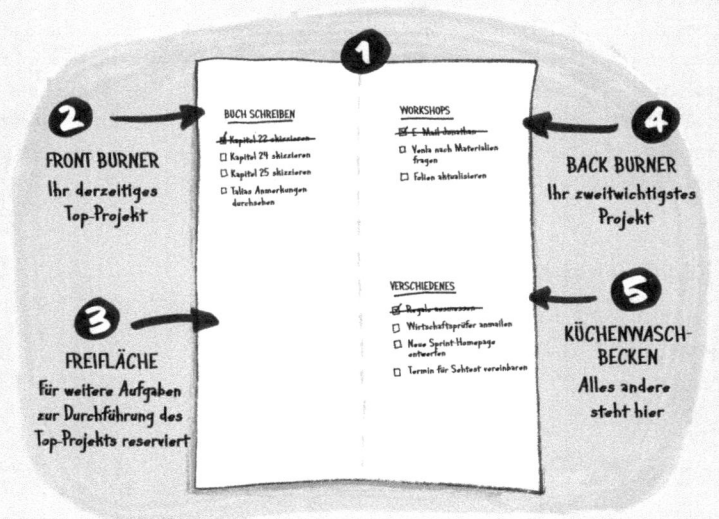

3. Lassen Sie ein wenig Freifläche
Lassen Sie den Rest der linken Säule leer. Vielleicht sind Sie versucht, den Raum mit allen erdenklichen Aufgaben zu füllen, aber die Burner-Liste dient nicht dazu, das Blatt Papier randvoll zu beschriften, sondern zu gewährleisten, dass Sie Ihre Zeit und Energie richtig nutzen. Die Freiflächen bieten Ihnen den Raum, weitere Aufgaben für das Top-Projekt einzutragen, falls sie im Verlauf auftauchen. Was aber genauso wichtig ist, ist die Tatsache, dass die Leerfläche eine Fokussierung auf die wichtigen Aufgaben erleichtert.

4. Platzieren Sie Ihr zweitwichtigstes Projekt auf die hintere Herdplatte – den Back Burner

Auf der oberen Seite der rechten Säule schreiben Sie den Namen Ihres zweitwichtigsten Projekts und unterstreichen ihn. Und dann notieren Sie darunter die damit verbundenen Aufgaben.

Die Idee ist, Ihre Zeit und Aufmerksamkeit so zu dirigieren, wie Sie mit Kochtöpfen verfahren würden, wenn Sie eine Mahlzeit zubereiten. Natürlich würden Sie den größten Teil Ihrer Aufmerksamkeit auf die vordere Herdplatte richten. Selbstverständlich vergessen Sie dabei nicht den Topf, dessen Inhalt auf der auf der hinteren Herdplatte köchelt, und rühren den Inhalt ab und zu um oder drehen den Pfannkuchen um, aber die eigentliche Aktion spielt sich auf der vorderen Herdplatte ab.

5. Sammeln Sie alles andere im Küchenwaschbecken

Und schließlich schreiben Sie im unteren Teil der rechten Säule alle Aufgaben auf, die Sie tun müssen, die aber nichts mit Ihrem wichtigsten oder zweitwichtigsten Projekt zu tun haben. Es spielt keine Rolle, ob diese Aufgaben mit Projekt 3 oder 4 zu tun haben oder ob es sich um völlig andere Dinge handelt. Sie werden einfach mit allem anderen im Küchenwaschbecken gesammelt.

Auf der Burner-Liste hat nicht alles Platz, und das bedeutet, dass Sie Dinge loslassen müssen, die nicht so wichtig sind. Aber um es noch einmal zu sagen: Genau darum geht es. Ich habe festgestellt, dass ein großes Projekt, ein kleines Projekt und eine kurze Liste an allgemeinen Aufgaben alles ist, was ich auf einmal bewältigen kann (und sollte!). Wenn es nicht auf ein Blatt Papier passt, passt es nicht in mein Leben.

Die Burner-Liste ist eine Wegwerfliste, die immer dann obsolet ist, wenn ich einige Aufgaben abgehakt habe. Im Allgemeinen verbrauche ich alle paar Tage eine Liste, und dann erstelle ich sie neu. Der Akt der Neugestaltung dieser Liste ist wichtig. Dadurch kann ich mir unerledigte Aufgaben, die nicht mehr wichtig sind, vom Hals schaffen. Außerdem kann ich dann jedes Mal neu überlegen, welche Projekte *hier und jetzt* auf die vordere Herdplatte gehören und welche ich nach hinten verschieben kann. Manchmal ist es ein berufliches Projekt, das höchste Priorität genießt, und manchmal ein privates Projekt. Es ist vollkommen natürlich und in Ordnung, dass sich die Dinge bewegen und verändern. Wichtig ist, dass immer nur ein Projekt auf der vorderen Herdplatte kochen kann.

Und jetzt schwingen Sie den Kochlöffel!

7. Führen Sie einen persönlichen Sprint durch

Immer wenn Sie ein neues Projekt in Angriff nehmen, ist Ihr Gehirn wie ein Computer, den Sie gerade angeschaltet haben. Sie laden relevante Informationen, Regeln und Prozesse in Ihren Arbeitsspeicher. Dieses »Hochfahren« dauert seine Zeit und Sie müssen bei jedem neuen Prozessbeginn in gewisser Hinsicht einen Neustart machen.

Aus diesem Grund arbeiten die Teams bei unseren Design-Sprints fünf Tage lang an demselben Projekt. Die Informationen bleiben von einem Tag zum anderen im Arbeitsspeicher der Beteiligten haften, was ihnen ermöglicht, sich immer weiter in die Herausforderung zu vertiefen. Mit dieser konzentrierten Arbeit an einer Sache können wir deutlich mehr erreichen, als wenn wir dieselben Arbeitsstunden über Wochen und Monate verteilen würden.

Diese Art Sprint ist aber nicht nur für Teams gemacht. Sie können auch Ihren ganz persönlichen Sprint durchführen. Ob es darum geht, Ihr Wohnzimmer zu streichen, das Jonglieren zu lernen oder einen Bericht für einen neuen Kunden zu erstellen: Wenn Sie mehrere Tage komprimiert und konzentriert an einem Projekt arbeiten, leisten Sie bessere Arbeit und erzielen schneller Fortschritte. Wählen Sie einfach für mehrere aufeinanderfolgende Tage dasselbe Highlight aus (und brechen Sie es, falls nötig, in tägliche Einzelschritte herunter) und halten Sie Ihren geistigen Computer auf Trab.

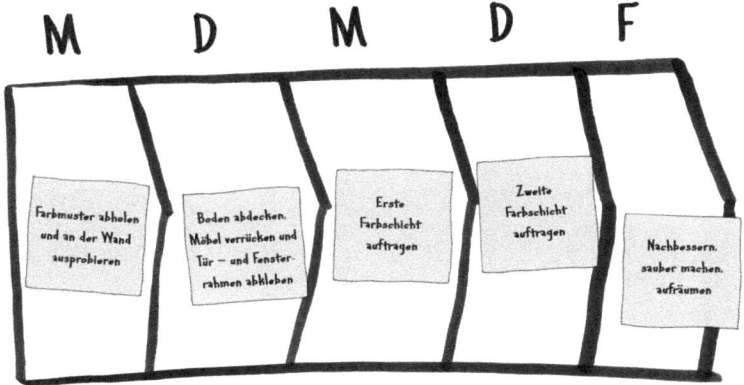

Jake

Ich habe die Wirkung beim Schreiben erlebt. Am ersten Tag nach einer längeren Pause fällt es mir schwer, den Einstieg zu finden. Möglicherweise schreibe ich nicht viel, fühle mich frustriert und schlecht gelaunt. Am zweiten Tag bin ich immer noch langsam, aber ich merke, wie ich in Fahrt komme. Am dritten und vierten Tag bin ich im Flow und tue, was ich kann, um die Eigendynamik beizubehalten.

Nehmen Sie sich Zeit für Ihr Highlight

8. Planen Sie Ihr Highlight zeitlich ein
9. Blockieren Sie Zeit in Ihrem Terminkalender
10. Komprimieren und schieben Sie Ihre Termine
11. Sagen Sie im Notfall kurzfristig ab
12. Sagen Sie einfach Nein
13. Strukturieren Sie Ihren Tag
14. Werden Sie ein Morgenmensch
15. Spätabends ist eine gute Zeit für Ihr Highlight
16. Setzen Sie sich ein Limit und gehen Sie nach Hause

8. Planen Sie Ihr Highlight zeitlich ein

Wenn Sie Zeit für Ihr Highlight freisetzen wollen, beginnen Sie mit Ihrem Terminkalender. Diese Taktik ist genauso einfach wie das Aufschreiben Ihres Highlights (Nr. 1):

1. Überlegen Sie sich, wie viel Zeit Sie auf Ihr Highlight verwenden wollen.
2. Überlegen Sie sich, wann Sie sich Ihrem Highlight widmen wollen.
3. Tragen Sie Ihr Highlight in den Terminkalender ein.

Wenn Sie etwas in Ihren Terminkalender eintragen, dann treffen Sie eine Vereinbarung mit sich selbst, indem Sie sich selber die kurze Botschaft senden: »Ich mache das.« Ihr Highlight einzuplanen hat aber noch einen weiteren wichtigen Nutzen: Es zwingt Sie, sich den Kompromissen zu stellen, die Sie in Bezug auf Ihre verfügbare Zeit machen müssen. Stellen Sie sich vor, Ihr heutiges Highlight würde lauten, für Ihre Familie das Abendessen zu kochen und alles Nötige dafür einzukaufen. Sie denken: »Das Abendessen sollte um 19:00 Uhr fertig sein, sonst kommen die Kinder nicht rechtzeitig ins Bett. Dann muss ich um 18:00 Uhr anfangen zu kochen, was bedeutet, dass ich um fünf das Büro verlassen muss, damit ich Zeit habe, auf dem Nachhauseweg einzukaufen.« Also tragen Sie um 17:00 Uhr einen Termin in Ihren Kalender ein und benennen ihn »Büro verlassen«.

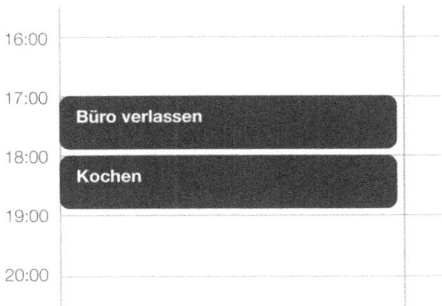

Sobald Sie Ihr Highlight eingetragen haben, ist diese Zeit blockiert. Sie können in dieser Zeit keine Besprechungen ansetzen oder irgendeine andere Aktivität planen. Falls andere Dinge auftauchen, müssen Sie sich entscheiden, ob Sie sie in der verbleibenden Zeit vor oder nach Ihrem Highlight einplanen wollen oder ob sie warten können. Auf diese Weise können Sie sehen, wie Ihre Prioritäten in Ihrem Terminkalender Gestalt annehmen.

JZ

Zu Beginn meiner Karriere hatte ich noch nicht so viele Meetings und brauchte keinen Terminkalender. Aber ich hatte eine To-do-Liste. Jeden Tag blickte ich bei Arbeitsbeginn auf diese Liste und dachte: »Was sollte ich heute erledigen? Oh, dies hier!« Ich wählte Aufgaben aus der Liste aus, die leicht zu erledigen und zeitkritisch waren, und machte mich an die Arbeit. Aber am Ende des Tages war ich oft enttäuscht: Ich hatte nicht unbedingt die wichtigsten Dinge erledigt, und irgendwie schaffte ich es nie, meine To-do-Liste komplett abzuarbeiten.

Später arbeitete ich bei Google. Sie können nicht bei Google arbeiten und keinen gemeinsamen Terminkalender verwenden. Nicht nur müssen Sie Ihre eigenen Meetings verfolgen (und davon gibt es viele), die Kollegen haben ebenfalls Einblick in Ihren Terminkalender und laden Sie zu ihren Meetings ein, indem sie diese direkt mit Ihrem Kalender verknüpfen.

Ironischerweise waren es Googles stressige, besprechungslastige Kultur und die unabdingbare Verwendung eines Terminkalenders, die mir halfen, Zeit für die Dinge freizusetzen, die mir wichtig waren. An meinem Terminkalender konnte ich ablesen, wie ich meine Zeit verbrachte, und meine Kollegen konnten es ebenfalls sehen. Mit der wachsenden Zahl an Terminverpflichtungen wurde mir klar, dass ich mein Highlight aktiv einplanen musste, wenn ich Zeit dafür haben wollte.

9. Blockieren Sie Zeit in Ihrem Terminkalender

Wenn Sie mit einem leeren Terminkalender beginnen, können Sie für Ihr Highlight die ideale Zeit auswählen, wenn Ihr Energiepegel am höchsten und Ihr Fokus am schärfsten ist. Für die meisten von uns gilt jedoch, dass ein leerer Kalender so unwahrscheinlich ist, wie dass man einen 500-Euro-Schein am Wegesrand findet. Theoretisch *könnte* das natürlich passieren, aber es ist besser, sich nicht darauf zu verlassen. Und wenn Sie in einem Büro mit geteilten Terminkalendern arbeiten, in dem Ihre Kollegen Meetings in Ihren Kalender eintragen können, vergessen Sie es einfach. Sie werden einen anderen Ansatz finden müssen. **Blocken Sie einfach jeden Tag Zeit in Ihrem Kalender, um sich Raum für Ihr Highlight zu schaffen.**

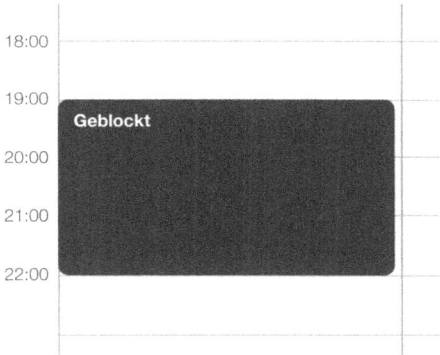

JZ lernte diesen Trick von seinem Freund Graham Jenkin. In den Jahren 2007 und 2008 war Graham JZs Vorgesetzter bei Google, und auf JZ wirkte es so, als schaffe Graham einfach alles. An ihn berichteten ungefähr 20 Mitarbeiter, und jedem gab er persönliche Aufmerksamkeit und echte Unterstützung. Außerdem war er für die Neugestaltung von AdWords, Googles wichtigstem Werbeprodukt, verantwortlich. Das bedeutete, dass er in alles involviert war, vom Design der Nutzeroberfläche über Kundentests und die Überprüfung der Spezifikationen bis zur Koordination mit den Ingenieuren. Alle fragten sich, wie Graham es machte, für alles Zeit zu finden, und die meisten Leute (einschließlich JZ) glaubten, er arbeite bis spät in die Nacht. Sie lagen falsch.

In vielerlei Hinsicht hatte Graham den typischen Terminkalender eines viel beschäftigten Managers. Jeder Tag war mit Meetings vollgestopft. Sein Kalender wies aber eine Besonderheit auf: Von 6:00 bis 11:00 Uhr morgens hatte Graham jeden Tag Zeit für sich selbst blockiert.

»Das ist meine Zeit. Ich stehe früh auf, gehe früh ins Büro, gehe ins Fitnessstudio, frühstücke und arbeite dann einige Stunden, bevor meine Meetings beginnen«, sagte Graham.

»Und niemand trägt in der Zeit einfach Termine ein?«, fragte JZ.

»Manchmal versuchen sie es, aber ich sage dann immer, dass ich bereits verplant bin.«

Zehn Jahre später verwenden wir Grahams Trick immer noch, um Zeit für unser Highlight zu schaffen. Und daneben haben wir auch noch einige andere Tipps aufgelesen.

Spielen Sie auf Angriff, nicht auf Verteidigung. Blockieren Sie nicht pauschal Zeit, um mögliche Terminanfragen Ihrer Kollegen von vornherein abzuwehren oder einen Vorwand zu haben, um Meetings vorzeitig verlassen zu können. Blockieren Sie die Zeit ganz bewusst für ein konkretes Vorhaben und verwandeln Sie den Zeitblock in energiegeladene Zeit (siehe S. 177) beziehungsweise Zeit für Ihr Highlight.

Übertreiben Sie es nicht. Sie sollten Zeit in Ihrem Kalender blockieren, aber ihn nicht völlig verplanen. Es ist gut, Raum für andere Dinge zu lassen, und Ihre Kollegen werden Ihre Verfügbarkeit zu schätzen wissen. Wenn Sie mit dieser Taktik beginnen, könnten Sie mit der Blockierung von ein oder zwei Stunden pro Tag beginnen und nach Bedarf Anpassungen vornehmen.

Nehmen Sie es ernst. Wenn Sie diese Selbstverpflichtung nicht ernst nehmen, wird es auch niemand sonst tun. Behandeln Sie diese Zeitblöcke wie ein wichtiges Meeting, und wenn andere versuchen sollten, Sie in dieser Zeit für andere Aktivitäten einzuplanen, denken Sie an Grahams schlichte und effektive Antwort: »Ich bin bereits verplant.«

10. Komprimieren und schieben Sie Ihre Termine

Wenn Sie keine Zeit in Ihrem Terminkalender blockieren können, gibt es noch einen anderen Weg, um Zeit für Ihr Highlight freizusetzen: Komprimieren und schieben Sie Ihre anderen Termine.

Stellen Sie sich einen Schneepflug in Miniaturausgabe vor, der sich durch Ihren Kalender pflügt und alle Termine beiseiteräumt. Er könnte zum Beispiel ein Meeting um 15 und ein anderes um 30 Minuten verkürzen. Er könnte eines Ihrer persönlichen Gespräche vom Vormittag auf den Nachmittag oder Ihre Mittagspause um eine halbe Stunde nach hinten verschieben, damit Sie ganze zwei Stunden an Ihrem Highlight arbeiten können. Der imaginäre Schneepflug könnte sogar alle Ihre Meetings auf einen oder zwei Tage Ihrer Arbeitswoche zusammendrängen und so die anderen Tage für individuelle Arbeit freischaufeln.

Diese Methode ist zugegebenermaßen einfacher, wenn Sie der Boss sind und nicht der Praktikant,[6] aber möglicherweise haben Sie mehr Kontrolle über Ihre Termine, als Sie glauben. Es macht überhaupt nichts, wenn Sie den Leuten sagen, es sei Ihnen etwas Wichtiges dazwischengekommen und ob es ihnen etwas ausmachen würde, wenn Sie sich ein wenig früher oder später zusammensetzten, oder die Besprechung von 60 auf 45 Minuten verkürzen. Wenn Meetings verkürzt oder abgeblasen werden, sind die meisten Leute sogar froh.

Wir alle versuchen, Besprechungsanfragen positiv zu beantworten, weil das der Standard in fast jeder Unternehmenskultur ist. Gehen Sie aber nicht automatisch davon aus, dass hinter der angesetzten Dauer eines Meetings oder auch nur hinter der Anfrage nach Ihrer Teilnahme ein guter Grund steckt. Bürotermine werden nicht von einem groß angelegten Design geleitet; sie häufen sich auf organische Weise an, so wie Schlacke in einem Teich. Es ist völlig in Ordnung, ein wenig sauber zu machen.

---

[6] Sollte es Ihnen allerdings gelingen, den CEO dazu zu bewegen, die Quartalsversammlung zu verschieben, damit Sie Zeit für Ihren Power-Nap haben, hey, dann sind Sie nicht ganz machtlos.

11. Sagen Sie im Notfall kurzfristig ab

Es wird Tage geben, an denen Sie sich so gestresst und doppelt und dreifach verplant fühlen, dass Sie sich nicht vorstellen können, wie Sie Zeit für Ihr Highlight freimachen können. Wenn das passiert, fragen Sie sich, was Sie streichen können. Können Sie ein Meeting auslassen, eine Frist hinausschieben oder die Pläne mit einem Freund über den Haufen werfen?

Ja, wir wissen es. Eine solche Einstellung klingt äußerst verwerflich. Selbst die *New York Times* beklagte die heutige Kultur der Absagen in letzter Minute und bezeichnete dieses Phänomen als »das Goldene Zeitalter der Unzuverlässigkeit«.

Aber wissen Sie was? Wir finden, dass es okay ist, wenn Sie sich in letzter Minute aus einer Verpflichtung herauswinden, vorausgesetzt, Sie tun in der Zeit etwas Lohnenswertes. Natürlich können Sie sich nicht immer aus allem herauswinden, aber es gibt einen mittleren Bereich zwischen der roboterhaften Abarbeitung Ihres Terminkalenders und dem Ruf, ein unzuverlässiges Subjekt zu sein.

Seien Sie einfach ehrlich, erklären Sie, warum Sie in letzter Minute absagen, und lassen Sie den Termin sausen. Das ist langfristig natürlich keine gute Strategie; im Verlauf der Zeit werden Sie ein Gespür dafür entwickeln, wie viele Verpflichtungen Sie sich aufladen können, um daneben noch Zeit für Ihr Highlight zu haben. In der Zwischenzeit ist es jedoch besser, ein paar Leute zu irritieren, als Ihre Prioritäten ständig auf »irgendwann« zu verschieben. Gehen Sie los und sagen Sie ab. Sie müssen sich nicht schlecht fühlen. Und wenn jemand meckert, dann sagen Sie ihm oder ihr, wir hätten gesagt, das sei in Ordnung.

12. Sagen Sie einfach Nein

Blockieren, komprimieren, schieben und absagen sind großartige Methoden, um Zeit für Ihr Highlight zu schaffen. Die beste Methode, um sich von unwichtigen Verpflichtungen zu befreien, ist jedoch, sie gar nicht erst zu übernehmen.

Uns beiden fällt es von Haus aus schwer, Nein zu sagen. Wir gehören zu den Menschen, die standardmäßig erst einmal Ja sagen. Das geschieht zum Teil aus Nettigkeit – wir würden es gerne allen recht machen und wir möchten hilfsbereit sein. Und zum Teil – das muss der Ehrlichkeit halber gesagt werden – liegt es an fehlendem Mut. Es ist so viel einfacher, Ja zu sagen. Eine Einladung oder die Teilnahme an einem neuen Projekt abzulehnen ist unangenehm. Wir haben viele Stunden, Tage und sogar Wochen an Highlight-Zeit verloren, nur weil wir nicht den Mut hatten, ein Ansinnen von vornherein abzulehnen.

Aber wir haben daran gearbeitet und festgestellt, dass wir viel glücklicher und zufriedener sind, wenn wir standardmäßig Nein sagen. Was uns geholfen hat, auf Nein umzuschalten, war ein Skript, das wir für verschiedene Situationen entwickelt haben, sodass wir immer wussten, *wie* wir Nein sagen konnten.

Sind Sie bereits voll auf Ihr Highlight konzentriert und haben wirklich keine Zeit? »Tut mir leid, aber ich bin mit einigen Großprojekten so ausgelastet, dass ich einfach keine Zeit für weitere Projekte habe.«

Könnten Sie ein neues Projekt noch in Ihren Kalender hineinquetschen, befürchten aber, dass Sie sich nicht genügend darum kümmern könnten? »Leider habe ich nicht die Zeit, um einen wirklich guten Job bei diesem Projekt zu machen.«

Sie sind zu einer Aktivität oder Veranstaltung eingeladen, auf die Sie überhaupt keine Lust haben? »Vielen Dank für die Einladung, aber Softball ist nicht wirklich meine Leidenschaft.«[7]

Kurzum, **seien Sie freundlich, aber ehrlich.** Im Verlauf der Jahre haben wir von vielen trickreichen Techniken gehört, mit denen sich Einladungen und andere Ansinnen abbiegen lassen, indem man Ausreden erfindet oder jemanden immer wieder auf unbestimmte Zeit vertröstet, und einige haben wir selber ausprobiert. Aber wir haben uns dabei unwohl gefühlt, und außerdem sind sie unehrlich. Schlimmer noch, am Ende verschiebt man die unangenehme Entscheidung immer nur auf später, und diese Halbherzigkeit belastet und klebt an einem wie Kaugummi an der Schuhsohle. Verzichten Sie also auf Tricks, befreien Sie sich von dem klebrigen Zeug, und sagen Sie einfach die Wahrheit.

Nur weil Sie eine bestimmte Bitte ablehnen, heißt das nicht, dass Sie in der Zukunft nicht Ja sagen können. Aber machen Sie das nur,

---

[7] Wenn Sie zu einem Freund Nein sagen müssen, können Sie zu humorvoller Unverblümtheit greifen. Freund: »Hast du Lust, morgen vor der Arbeit Zeitstrecken auf der Leichtathletikbahn zu laufen?« Sie: »OH GOTT, NEIN.«

wenn Sie es auch so meinen. »Ich weiß diese Einladung sehr zu schätzen und würde gerne an einem anderen Tag darauf zurückkommen.« Oder: »Ich weiß es sehr zu schätzen, dass Sie mich um Hilfe gebeten haben, und ich hoffe, dass sich in der Zukunft eine Gelegenheit zur Zusammenarbeit ergibt.«

Unsere Freundin Kristen Brillantes verwendet eine Neinsage-Taktik, die sie in Anlehnung an die gleichnamigen mit süßsaurem Zucker überzogenen Weingummifiguren als Sour-Patch-Kid-Methode bezeichnet: Ihre Antworten sind am Anfang sauer und am Ende süß. Zum Beispiel: »Leider kann mein Team nicht teilnehmen. Aber Sie könnten Team X fragen; es wäre für diese Art Veranstaltung perfekt.« Laut Kristen liegt der Schlüssel darin, darauf zu achten, dass das süße Ende authentisch ist und keine leere Formel. Wenn sie kann, bietet sie an, den Kontakt zu einer anderen Person herzustellen, die die Kapazitäten oder das Interesse hat und für die die Einladung eine großartige Gelegenheit sein könnte. Und wenn nicht, zeigt sie sich dankbar und aufmunternd. Eine so einfach Antwort wie »Danke, dass Sie an mich gedacht haben; das klingt wirklich nach einer Menge Spaß«, kann viel bewirken.

13. Strukturieren Sie Ihren Tag

Bei unseren Design Sprints für Google Ventures war jeder Tag bis auf die Minute verplant. Jeder Sprint war eine weitere Gelegenheit, unsere Formel zu perfektionieren. Über den Verlauf eines Tages verfolgten wir die Fluktuation des Arbeitsaufkommens, die Energiekurve der Teilnehmer und die Zeitpunkte, an denen sich die Dinge zu schnell oder zu langsam bewegten – und nahmen entsprechende Anpassungen vor.

Zeit in Ihrem Terminkalender zu blockieren und Ihr Highlight einzuplanen ist eine hervorragende Methode zur Zeitgewinnung. Sie können diese proaktive, bewusste Haltung aber weiterentwickeln, indem Sie von unseren Sprints lernen und Ihren *gesamten* Tag strukturieren. JZ macht das seit Jahren, indem er die Zeit in seinem Terminkalender folgendermaßen aufteilt:

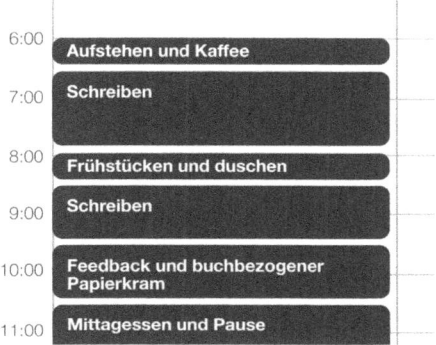

Ja, das ist wirklich detailliert. Sehr detailliert. Er blockiert sogar Zeit fürs Kaffeekochen und Duschen! Auf diese Weise strukturiert JZ fast jeden Tag seine Zeit. Abends blickt er zurück und nimmt eine kurze Bewertung seines Zeitplans vor, um zu überprüfen, was funktioniert hat und was nicht, und gleicht seinen Plan mit der tatsächlich verbrachten Zeit ab. Und dann passt er seinen zukünftigen Zeitplan entsprechend an.

Seine Zeit auf diese Weise zu verplanen, mag nervig klingen: »Mann, wo bleiben da Freiheit und Spontanität?« Aber in Wirklichkeit schafft ein strukturierter Tag Freiheit. Wenn Sie keinen Plan haben, müssen Sie ständig entscheiden, was Sie als Nächstes tun wollen, und dann zerstreut sich womöglich Ihre Konzentration, wenn Sie über all die Dinge nachdenken, die Sie tun könnten oder sollten. Ein komplett verplanter Tag bietet dagegen die Freiheit, sich auf den Augenblick zu konzentrieren. Anstatt darüber nachzudenken, *was* Sie als Nächstes tun sollten, sind sie frei, darüber nachzudenken, *wie* Sie etwas tun wollen. Dann können Sie im Flow sein, weil Sie dem Plan vertrauen, den Sie sich selber verordnet haben. Wann ist der beste Zeitpunkt, um Ihre E-Mails zu lesen und zu beantworten? Wie viel Zeit wollen Sie dafür einräumen? Sie können die Antworten vorab festlegen, anstatt spontan und planlos auf die eingehenden Nachrichten zu reagieren.

Highlight

Jake

Sarah Cooper ist eines meiner Vorbilder. Vor einigen Jahren hängte sie ihren Job bei Google an den Nagel, um ausschließlich als Autorin und Komikerin zu arbeiten. Kurz darauf postete sie unheimlich witzige Beiträge auf ihrer Website *The Cooper Review*, hatte im Nu Millionen von Lesern und unterschrieb einen Vertrag für drei Bücher. Als ich bei Google aufhörte, ging ich also zu Sarah, um mir Rat zu holen. Ich wollte wissen, wie sie ihre Zeit plante, seit sie nicht mehr in einem Büro arbeitete.

Sarahs Geheimnis bestand darin, einen soliden, vorhersagbaren Zeitplan zu erstellen, indem sie jede Stunde des Tages plante. Dazu benutzte sie ihr Notebook und bewertete anschließend, was sich bewährt und was sich nicht bewährt hatte. »Dadurch wurde mir klar, dass der Tag wirklich genügend Stunden hat, um Dinge zu erledigen. Anstatt To-do-Listen zu schreiben, plane ich meinen Tag in Halbe-Stunden-Schritten.«

Mir gefiel diese Idee und ich kannte JZs Obsession, seinen Terminkalender bis ins letzte Detail zu planen, nur zu gut, also probierte ich es aus. Allerdings verwendete ich statt eines Kalenders oder Notizbuches einen Ansatz, den Cal Newport in *Konzentriert arbeiten* empfohlen hatte: Ich schrieb meinen Tagesplan auf ein Blatt Papier und passte die Planung dann im Lauf des Tages an die Entwicklungen und Änderungen an, die sich ergaben. Das Ganze sah ungefähr so aus:

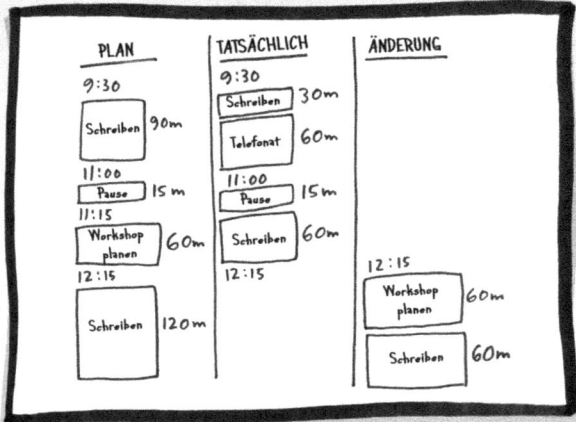

Es funktionierte. Durch die ständige Umgestaltung des ursprünglichen Plans wurde mir klar, wie ich meine Zeit tatsächlich verbrachte; ich erkannte, welches meine beste Zeit zum Schreiben war, und das half mir, eine Routine zu etablieren. Wenn ich jetzt also das Gefühl habe, dass die Dinge aus dem Ruder laufen, dann weiß ich, was ich tun muss: meinen Tag neu strukturieren.

Taktische Schlacht: Morgenmensch versus Nachtmensch
Wenn Sie tagsüber keine Zeit für Ihr Highlight einräumen können, wollen Sie vielleicht versuchen, sich in aller Frühe oder spätabends Zeit dafür zu schaffen. JZ ist eine Nachteule, der sich bewusst in einen Morgenmensch verwandelt hat. Jake gelang das nicht, daher optimierte er seine Nächte. Und hier sind unsere jeweiligen Strategien.

14. Werden Sie ein Morgenmensch

JZ

Im Jahr 2012 beschloss ich, ein Morgenmensch zu werden.

Das fiel mir nicht leicht. Wann immer ich im Leben früh aufstehen musste – für ein Meeting, eine Veranstaltung oder Unterricht –, hatte ich Mühe, aus dem Bett zu finden. Irgendwie war ich immer in Eile und immer spät dran, und diese umnebelte, zombiehafte Müdigkeit hing mir den ganzen Tag nach wie ein Kater.

Dabei faszinierte mich das Potenzial der Morgenstunden. Sie erschienen mir wie ein Geschenk: ein paar »freie« Stunden, an denen ich an meinem Highlight arbeiten und mich auf den Tag vorbereiten konnte. Wenn ich die Morgenstunden besser nutzen würde, konnte ich auch mehr Zeit mit meiner Frau verbringen, die in einem Unternehmen arbeitete, in dem Meetings am Morgen die Norm waren. Ich hasste es, mit einem anderen Zeitplan zu leben als Michelle, und das ging auch zulasten unserer gemeinsamen Zeit.

Als natürlicher Morgenmensch wusste ich, dass ich einen Plan brauchte, wenn ich dieses Gefühl, groggy und unkonzentriert zu sein, das mich immer befiel, wenn ich früh aufstehen musste, loswerden wollte. Daher beschloss ich zu recherchieren, wie andere es gemacht hatten, und einige einfache Experimente anzustellen.

Es funktionierte. Mithilfe einiger simpler Tricks tauschte ich mein typisches Nachteulenverhalten – bis Mitternacht oder später aufzubleiben, auf einen Bildschirm zu starren, Designarbeit zu erledigen, zu schreiben, zu codieren – gegen eine ungewohnte Routine ein, in der ich früh schlafen ging, früh aufstand und die stillen Morgenstunden oft für mein tägliches Highlight verwendete.

Und hier die Tricks, die ich gerne jeder Nachteule verrate, die ihren Tag früh beginnen möchte.

Beginnen Sie mit viel Licht, Kaffee und Aktivität

Unterschätzen Sie nicht die Bedeutung von Licht für das Aufwachen. Menschen sind von Natur aus so programmiert, dass sie aufwachen, wenn es hell wird, und müde werden, wenn es dunkel wird. Wenn Sie vor Arbeitsbeginn Zeit für Ihr Highlight schaffen wollen, können Sie nicht bis zum Sonnenaufgang warten, denn die meiste Zeit des Jahres müssen Sie im Dunkeln aufstehen. Wenn ich aufwache, mache ich als Erstes das Licht in der ganzen Wohnung an (oder auf dem Boot, wenn wir unterwegs sind). Und ich versuche immer, den Sonnenaufgang zu beobachten, selbst wenn es ein oder zwei Stunden nach dem Aufstehen ist. Wenn ich sehe, wie sich der Himmel allmählich erhellt, erinnert mich das daran, dass es Zeit für den Übergang von der Nacht zum Tag ist.

Auch Kaffee ist überaus wichtig für mich. Das Koffein spielt natürlich auch eine Rolle, aber das Zubereitungsritual ist für meine Morgenroutine wichtig. Ich brauche ungefähr 15 Minuten, weil ich eine simple Brühmethode verwende: Wasser kochen, Kaffeebohnen mahlen, Filter vorbereiten, Kaffeepulver einfüllen, Wasser aufgießen. Dieser Prozess ist aufwendiger als den Kaffee mit einer Kaffeemaschine zuzubereiten, aber genau darum geht es. Mein langsames Kaffeeritual hält mich während der willensschwachen Phase beschäftigt, weil ich ansonsten meine E-Mails checken oder kurz meinen Twitter-Account ansehen würde. Beides würde mich wahrscheinlich in einen reaktiven Sog der Unproduktivität ziehen. Stattdessen stehe ich in der Küche, wache langsam auf, denke über meinen Tag nach und genieße eine Tasse frisch aufgebrühten Kaffee, während ich mich darauf vorbereite, an meinem Highlight zu arbeiten.

Sich morgens mit etwas zu beschäftigen, wird Ihnen dabei helfen, früh aufzustehen. Für mich sind morgendliche Aktivitäten umgekehrt aber auch der Grund für das frühe Aufstehen. Selbst an den Tagen, an denen ich nicht als Erstes an meinem täglichen Highlight arbeite, finde ich Gründe, in diesen frühen Morgenstunden Zeit für wichtige Dinge freizusetzen. Sport ist eine großartige Morgenaktivität. Selbst so profane Dinge wie Abwasch, Bügeln oder Aufräumen helfen mir dabei, aufzuwachen und mich produktiv zu fühlen, noch bevor der Tag begonnen hat.

Doch selbst mit Licht, Kaffee und Aktivität fällt es mitunter schwer, früh aufzustehen, ohne einige Anpassungen an Ihrer abendlichen Routine vorzunehmen.

Machen Sie einen Plan für den Abend zuvor
Beginnen Sie mit einer aufrichtigen Einschätzung, wie viel Schlaf Sie brauchen und wie viel Schlaf Sie tatsächlich bekommen. Ich fühle mich am besten nach sieben bis acht Stunden Schlaf (manchmal auch neun, vor allem im Winter). An den meisten Tagen wache ich gegen 5:30 Uhr auf, was bedeutet, dass ich gegen 21:30 Uhr ins Bett gehen muss. Wenn Sie eine Nachteule sind, glauben Sie vielleicht, dass Sie unmöglich so früh einschlafen können. Das dachte ich auch. Für die meisten von uns ist es aber die Gesellschaft und nicht der Körper, die unsere Standardschlafenszeit diktiert. Wenn Sie versuchen wollen, dieses Standardmuster zu ändern, habe ich hier einige Tipps für Sie.

Achten Sie darauf, wie sich Ihr Essverhalten auf Ihren Schlaf auswirkt. Es gibt zahlreiche Hinweise darauf, dass Alkohol nicht förderlich für die Schlafqualität ist, auch wenn es sich anders anfühlen mag. Ganz besonders negativ wirkt sich Alkohol auf den REM-Schlaf aus. Ich esse nach dem Abendessen gerne dunkle Schokolade (siehe Nr. 68), erfuhr aber auf schmerzhafte Weise von ihrem überraschend hohen Koffeingehalt.

Und schließlich müssen Sie Ihre Umgebung auf Ruhe und Entspannung umstellen und Ihrem Körper um diese Zeit signalisieren, dass es Zeit zum Schlafen ist. Ich begann, das Licht zu dämpfen. Als Erstes schalte ich das Hintergrundlicht in der Küche und im Flur aus und mache im Wohn- und Schlafzimmer Bodenlampen an. Meine – mit Abstand dämlichste – Lieblingsroutine besteht in einem Do-it-yourself-Nachtservice. Jeden Abend gegen 19:00 Uhr ziehe ich die Vorhänge im Schlafzimmer zu, nehme die Dekokissen und die Tagesdecke vom Bett (siehe Nr. 84: »Simulieren Sie die einsetzende Dämmerung«, für weitere Details).

Es fällt mir nicht immer leicht, um 5:30 Uhr aufzustehen, aber ich habe gelernt, die frühen Morgenstunden zu lieben. Und der Lohn ist immens: An den meisten Tagen habe ich gegen 9:30 Uhr bereits produktive Arbeit geleistet, bin geduscht und angezogen, zwei Meilen gelaufen, habe gefrühstückt und zwei Tassen Kaffee genossen.

Sich in einen Morgenmenschen zu verwandeln klappt nicht bei allen Menschen. Einige werden erfolgreicher sein, wenn sie sich abends Zeit schaffen. Dennoch lohnt es sich, es zu versuchen. Immerhin wusste ich nicht einmal, dass ich ein Morgenmensch sein konnte, bis ich es ausprobierte. Manchmal wissen wir nicht, was wir alles können, bis wir einige simple Taktiken anwenden und uns eine experimentierfreudige Haltung zulegen.

15. Spätabends ist eine gute Zeit für Ihr Highlight

Jake

Wir sind genetisch als Morgen- oder Nachtmenschen vorprogrammiert. Diese Überzeugung gründe ich nicht auf Wissenschaft, sondern auf die unmittelbare Beobachtung meiner Söhne über mehrere Jahre.

Mein älterer Sohn Luke ist ein Morgenmensch, der schon beim Aufstehen anfängt zu singen. Beim Frühstück kann er bereits rund 2600 Wörter pro Minute von sich geben, und das ohne Kaffee. Mein Sohn Flynn dagegen ist ein Nachtmensch. Morgens ist er verwirrt und mürrisch, und wenn ich versuche, vor 7:00 Uhr mit ihm zu sprechen, versetzt er mir einen Schlag in die noblen Teile.

Ich verstehe das, denn ich bin auch ein Nachtmensch. Ich habe versucht, JZs Taktiken auszuprobieren, um mich in einen Morgenmensch zu verwandeln, wurde aber von meinen Kindern immer wieder unterbrochen. Es war frustrierend. Mit einer Familie und einem Vollzeitjob war es oft unmöglich, tagsüber ungestörte Zeit freizusetzen, um mich mit meinem Highlight zu beschäftigen. Wenn die Morgenstunden nicht verfügbar waren, musste ich diese Zeit wann anders finden.

Und so beschloss ich, einfach ein effizienterer Nachtmensch zu werden. Mir wurde klar, dass die Zeit zwischen 21:30 Uhr (wenn meine Kinder ins Bett gegangen sind) und 23:30 Uhr (wenn ich schlafen gehe), die perfekte Zeit zur Fokussierung sein könnte. Zuvor hatte ich die Nachtstunden nie wirklich ernsthaft betrachtet, aber da waren diese zwei freien Stunden, die ich einfach nur effektiv nutzen musste.

Die größte Herausforderung bestand darin, dass ich zwar leicht bis 23:30 Uhr aufbleiben konnte, aber häufig keine Energie mehr hatte, um konzentriert zu arbeiten. Und so hatte ich die Gewohnheit entwickelt, diese wertvollen Stunden auf wenig nutzbringende, aber auch wenig energieaufwendige Aktivitäten wie die Überprüfung meiner E-Mails und die Lektüre über die Seattle Seahawks zu verwenden.

Ich brauchte eine Weile, um herauszufinden, wie ich diese Herausforderung bewältigen konnte, aber am Ende entwickelte ich eine dreiteilige Strategie, um die späten Abendstunden in Highlight-Zeit zu verwandeln:

Tanken Sie zuerst Energie
Wenn ich plane, abends lange aufzubleiben und an einem Projekt zu arbeiten, »lüfte« ich zuerst mein Gehirn mit einer echten Pause (Nr. 80). Wenn mein jüngerer Sohn im Bett liegt (gegen 20:30 Uhr), setze ich mich vielleicht mit meiner Frau und meinem älteren Sohn zusammen, und wir sehen uns gemeinsam einen Film an. Oder ich lese einige Seiten in einem Roman oder mache die Küche sauber und räume die Spielsachen im Wohnzimmer auf. Mit diesen Aktivitäten schalte ich mein Gehirn ab und lade meine Batterien neu auf – das ist etwas ganz anderes, als hektisch E-Mails zu checken, mich von Clickbaits ködern zu lassen oder eine spannende Fernsehsendung zu sehen, die mich am Ende in das schwarze Loch eines Fernsehrausches hineinzieht.[8]

Gehen Sie offline
Gegen 21:30 Uhr schalte ich in den Highlight-Modus, üblicherweise um zu schreiben, aber gelegentlich auch, um eine Präsentation oder einen Workshop vorzubereiten. Selbst wenn ich schnell Energie getankt habe, kann ich mich nicht immer hundertprozentig konzentrieren, daher deaktiviere ich das Internet mit einer Zeitschaltuhr (Nr. 28). Auf diese Weise kann ich mich mit minimaler Willenskraft auf das Schreiben fokussieren.

---

[8] Für einen erkenntnisreichen Einblick in die Wissenschaft des rauschhaften Fernsehens und sogenannte Cliffhanger werfen Sie einen Blick in Adam Alters Buch *Unwiderstehlich*.

> **Entspannen nicht vergessen**
> Ich musste auf die harte Tour lernen, dass ich mein Gehirn nach spätabendlicher Arbeit zur Ruhe bringen muss, wenn ich nicht mit massiven Schlafproblemen kämpfen will. Das Licht zu dämpfen hilft (Nr. 84), aber das Wichtigste ist, ins Bett zu gehen, bevor ich vollkommen hundemüde bin. Für mich ist die magische Uhrzeit 23:30 Uhr, nicht Mitternacht, und wenn ich um diese Uhrzeit nicht schlafen gehe, bin ich am nächsten Tag vollkommen schlapp.

16. Setzen Sie sich ein Limit und gehen Sie nach Hause

Manchmal fällt es schwer, in der Arbeit ein Ende zu finden, weil der Busy Bandwagon Sie ständig dazu anfeuert, »nur noch diese eine Sache« zu erledigen. Nur noch eine weitere E-Mail. Nur noch eine weitere Aufgabe auf der To-do-Liste abhaken. Viele Leute hören erst dann auf, wenn sie einfach zu erschöpft sind, um weiterzumachen, und selbst dann werfen sie noch einen Blick in ihre E-Mails, bevor sie zu Bett gehen.

Hey, wir tappen selber auch in diese Falle. Der Busy Bandwagon manipuliert uns geschickt zu der Überzeugung, dass unsere Anstrengung, »nur noch diese eine Aufgabe« zu erledigen, ein Zeichen einer verantwortlichen und unermüdlichen Arbeitshaltung ist, und oft scheint es auch die einzige Methode zu sein, um nicht in Verzug zu geraten.

Ist es aber nicht. Bis zur Erschöpfung zu arbeiten erhöht im Gegenteil die Wahrscheinlichkeit, dass wir in Verzug geraten, weil dieses Verhalten uns die letzte Energie raubt, die wir brauchen, um unsere Anstrengungen zu priorisieren und unser Bestes zu geben. Der Versuch, immer noch eine weitere Sache zu erledigen, ist so, als würde man ein Auto fahren, dem der Sprit ausgegangen ist. Egal wie stark Sie auf das Gaspedal drücken, wenn der Tank leer ist, kommen Sie nicht mehr voran. Sie müssen anhalten und tanken.

In unseren Design Sprints haben wir festgestellt, dass die Produktivität der Sprint-Woche dramatisch anstieg, wenn wir jeden Arbeitstag beendeten, bevor wir alle erschöpft waren. Schon eine Verkürzung des Arbeitstags um 30 Minuten bewirkte einen großen Unterschied.

Wann ist der Zeitpunkt gekommen, um den Arbeitstag abzuschließen? Anstatt zu versuchen, jede E-Mail zu beantworten (schaffen Sie sowieso nicht) und auch noch die letzte Aufgabe zu erledigen (träumen Sie weiter), müssen Sie selber einen täglichen Schlussstrich ziehen. Vielleicht können Sie den perfekten Zeitpunkt dafür finden, so wie es uns bei den Design Sprints gelungen ist.

Oder Sie können Ihre Highlights verwenden. Wenn sich der Zeitpunkt aufzuhören nähert, überlegen Sie, ob Sie Ihr Highlight fertiggestellt haben. Wenn ja, können Sie sich in dem Wissen ausruhen, dass Sie sich Zeit für die wichtigste Aufgabe des Tages genommen haben. Egal wie viel Sie geschafft oder nicht geschafft haben oder wie viele Stunden Sie gearbeitet oder nicht gearbeitet haben, werden Sie mit einem freudigen Gefühl, mit Zufriedenheit und dem Eindruck, etwas geleistet zu haben, auf den Tag zurückblicken können.

Und wenn Sie Ihr Highlight *nicht* beenden konnten, mussten Sie es (hoffentlich) für ein unvorhergesehenes superwichtiges Projekt beiseitelegen. Wenn das der Fall ist, können Sie sich immer noch zufrieden fühlen, weil Sie wissen, dass Sie etwas Wichtiges und Notwendiges erledigt haben. Gute Arbeit! Und jetzt ignorieren Sie einfach Ihren E-Mail-Eingang und machen Sie Schluss für heute.

> **JZ**
>
> Im Jahr 2005 begann ich bei einem Start-up in Chicago zu arbeiten. Es war mein erster Vollzeitbürojob und das erste Mal, dass ich mir überlegen musste, wie ich im Verlauf eines langen Arbeitstages mit meiner Energie haushalte. Schnell fand ich heraus, dass es mir leichter fiel, mich am Vormittag zu konzentrieren. Wenn ich mich dann später am Tag mit einer nicht so heiklen Aufgabe abmühte, genehmigte ich mir, sie zu beenden und die Arbeit am nächsten Morgen fortzusetzen. Fast immer hatte ich dann mehr Energie und konnte die Aufgabe in einem Bruchteil der Zeit fertigstellen, als wenn ich es am Vorabend versucht hätte. Anstatt zu versuchen durchzupowern, als ich bereits auf Reserve lief, tankte ich Energie auf, indem ich einfach aufhörte und die Fertigstellung auf den nächsten Tag verschob.

Laserstrahl-modus

| HIGHLIGHT | **LASERSTRAHL-MODUS** | RÜCKBLICKENDE BETRACHTUNG |

ENERGIE TANKEN

> Aufmerksam zu sein ist unsere dauerhafte Aufgabe.
> MARY OLIVER

Okay, Sie haben ein Highlight für den heutigen Tag gewählt und Sie haben dafür Zeit in Ihrem Terminkalender eingeplant. Nun ist es so weit, und Sie müssen sich konzentrieren. Das ist allerdings nicht so einfach.

In diesem Kapitel geht es um einen geistigen Zustand, den wir als Laserstrahlmodus bezeichnen. Wenn Sie sich in diesem Zustand befinden, ist Ihre Aufmerksamkeit wie ein Laserstrahl auf den gegenwärtigen Moment konzentriert. Sie befinden sich im Flow, sind voll bei der Sache und völlig in den Moment vertieft. Wenn Sie sich wie ein Laserstrahl auf Ihr Highlight konzentrieren, fühlt sich das fantastisch an, und das ist die Belohnung dafür, dass Sie proaktiv entschieden haben, was Ihnen wichtig ist.

Das Wort *Laserstrahl* mag aggressiv und anstrengend klingen, aber wenn Sie ein Highlight ausgewählt und dafür Zeit freigesetzt haben, dann ist daran nichts anstrengend oder hart. Wenn Sie etwas tun, das Ihnen wichtig ist, und Sie die Energie besitzen, sich voll und ganz darauf zu konzentrieren, ist der Laserstrahlmodus ein natürliches Phänomen.

Außer ... Sie lassen sich ablenken. Ablenkung ist das Gegenteil eines Laserstrahls. Sie ist wie eine gigantische Discokugel, die das Licht in alle Richtungen zerstreut: Das Licht gleißt und funkelt überall, anstatt sich zielgerichtet und gebündelt auf Ihr Highlight zu richten. Wenn das passiert, droht die Gefahr, dass Sie Ihr Highlight nicht fertigstellen.

Wir kennen Sie nicht, aber wir beide sind anfällig für Ablenkung, und zwar sehr. Wir lassen uns von E-Mails ablenken, von Twitter, von Facebook, von Sportnachrichten und politischen Nachrichten, von technischen Nachrichten und der Suche nach dem perfekt animierten GIF. Wir haben uns sogar ablenken lassen, als wir an *diesem* Kapitel schrieben.[9]

Wir hoffen, dass Sie deswegen nicht zu hart mit uns ins Gericht gehen. Immerhin ist die Welt wirklich voller Ablenkungen. Ständig treffen neue E-Mails ein, ständig gibt es neue Nachrichten im Internet oder auf dem glänzenden Smartphone in Ihrer Hosentasche, und wir können diesen ganzen Versuchungen einfach nicht widerstehen: Apple berichtet, seine Smartphone-Kunden würden ihre iPhones im Schnitt 80-mal pro Tag benutzen, und in einer Studie von 2016, die ein Unternehmen mit dem Namen Dscout durchgeführt hat, wurde festgestellt, dass die Menschen ihr Smartphone im Durchschnitt 2617 Mal pro Tag berühren. Ablenkung ist der neue Standard.

In einer Welt voller Ablenkungen reicht die Willenskraft alleine nicht aus, um Ihre Konzentrationsfähigkeit zu schützen. Wir sagen das nicht, weil wir kein Vertrauen in Sie hätten oder nur unsere eigene Schwäche rechtfertigen wollen. Wir sagen das, weil wir genau wissen, gegen welchen Feind Sie kämpfen. Vergessen Sie nicht, dass wir dabei geholfen haben, zwei der ablenkungsstärksten Infinity Pools zu entwickeln. Wir kennen die Ablenkungsindustrie wie unsere eigene Westentasche und haben eine ziemlich gute Vorstellung davon, wie dieses ganze Zeug angelegt ist, um Ihre Aufmerksamkeit zu stehlen. Wir wissen, warum das alles so unwiderstehlich ist und wie Sie Ihren Umgang mit Technologie so gestalten können, dass Sie die Kontrolle zurückgewinnen. Und hier kommen unsere jeweiligen Geschichten:

---

[9] Haben es am Ende aber doch geschafft.

Verliebt in die E-Mail

Jake

Vom ersten Moment, als ich es entdeckte – ich war damals im Jahr 1992 in meinem ersten Highschool-Jahr –, fand ich, E-Mail sei ungefähr das Coolste der Welt. Eine Nachricht schreiben, auf »versenden« klicken, und schon reisten die Worte in Lichtgeschwindigkeit durch das Universum und landeten umgehend auf einem anderen Computer – egal ob dieser zwei Häuser weiter stand oder auf der anderen Welthalbkugel. Beeindruckend!

Damals, als das noch eine ziemliche Nischentechnologie war, die nur wenige Leute kannten, versuchte ich, Mädchen zu beeindrucken, indem ich ihnen E-Mail vorstellte. »Hey, Ladys«, sagte ich, »hier habt ihr eine coole, futuristische Kommunikationsform. Sendet mir ein E-Mail, und ich sende euch eine zurück!« Erstaunlicherweise war diese Strategie nicht sehr erfolgreich, und für lange Zeit konnte ich mit E-Mails (und Mädchen) nichts anderes machen, als über die Möglichkeiten in hemmungslose Begeisterung auszubrechen.

Schließlich wurde E-Mail zu einem Massenphänomen. Im Jahr 2000, als ich meine erste Vollzeitstelle antrat, war es die vorrangige Kommunikationsform. Obwohl ich E-Mails zumeist für langweilige Arbeitsangelegenheiten benutzte, fand ich immer noch, es habe etwas Magisches an sich, elektronische Nachrichten um die Welt zu jagen.

Als ich 2007 bei Google anfing und die Chance erhielt, das Gmail-Team zu verstärken, konnte ich mein Glück kaum fassen. Wenn ich einen Job als Astronaut bekommen hätte, hätte meine Begeisterung nicht größer sein können.

Fleißig arbeitete ich daran, Gmail immer besser und bedienungsfreundlicher zu machen. Ich arbeitete an funktionalen Aspekten wie einem System zur automatischen Mail-Organisation, aber auch an lustigen Dingen wie einem Tool, mit dem man den Nachrichten Emojis hinzufügen konnte, und visuellen Themen, damit die Nutzer ihren Posteingang personalisieren konnten.

Wir wollten, dass Gmail der beste E-Mail-Dienst der Welt wäre. Der sicherste Weg, um unsere Fortschritte zu messen, bestand darin zu überprüfen, wie viele Menschen Gmail benutzten und wie oft. Wenn Leute ein neues Gmail-Konto eröffneten: Blieben sie dabei oder wechselten sie zu einem anderen Anbieter? Benutzten Sie Gmail oft genug, sodass wir sicher sein konnten, dass ihnen dieser Dienst zusagte? Waren die coolen Merkmale, die wir entwickelt hatten, nützlich? Mithilfe gigantischer aggregierter Datenmengen konnten wir diese Fragen beantworten.

Im Verlauf der Zeit sahen wir, dass Gmail wuchs, und wir konnten sehen, ob unsere Experimente das Produkt attraktiv – im Branchenjargon »sticky« – genug machten, um die Nutzer bei der Stange zu halten. Ich liebte diese Arbeit. Jeder Tag war aufregend. Jede Verbesserung besaß das Potenzial, das Leben von Millionen von Menschen ein kleines bisschen einfacher zu machen. So kitschig es auch klingen mag, ich glaubte, dass ich einen Beitrag dazu leistete, die Welt ein klein wenig besser zu machen.

Die Neuausrichtung von YouTube

JZ

Im Jahr 2009 war mir YouTube bestens als Kanal bekannt, auf dem witzige Katzenvideos und Videoclips von skateboardfahrenden Hunden gepostet wurden. Und um ganz ehrlich zu sein: Als mir das erste Mal angeboten wurde, als Designer für das YouTube-Team zu arbeiten, war ich nicht besonders interessiert. Ich wusste, dass YouTube beliebt war, aber ich konnte nicht erkennen, dass es jemals etwas anderes sein würde als eine schräge Website.

In dem Maße, wie ich mehr darüber erfuhr, stieg jedoch auch meine Begeisterung. Die Führungskräfte erklärten ihre Vision, eine neue Form des Fernsehens zu entwickeln, mit Tausenden oder Millionen von Kanälen über jedes erdenkliche Thema. Anstatt sich mit einem festen Programm zufriedenzugeben, würde YouTube Kanäle anbieten, die perfekt auf die Interessen seiner Nutzer abgestimmt waren. Außerdem konnte jeder seine eigenen Videos einstellen, sodass YouTube zu einer Plattform für angehende Filmemacher, Musiker und andere Künstler werden würde, die ihre Projekte vorstellen wollen. Auf YouTube würde jeder »entdeckt« werden können.

Das schien eine großartige Chance zu sein, und so beschloss ich, das Angebot anzunehmen. Im Januar 2010 zogen meine Frau und ich nach San Francisco, und ich begann bei YouTube.

Dort lernte ich, wie YouTubes neue Vision unsere Erfolgsmessung bestimmte. Im Zeitalter der skateboardfahrenden Hunde ging es um Views.

Wie viele Videos sahen sich die Nutzer an? Wie oft klicken sie auf ähnliche Videos auf der Seitenleiste? Mit unserem Fokus auf Kanäle begannen wir uns aber stärker für die Details zu interessieren: Wie viel Zeit verbrachten die Nutzer auf YouTube? Blieben Sie auf der Seite, um sich die nachfolgenden Videos anzusehen? Das war eine ganz neue Art zu denken.

In meinem neuen Job lernte ich zudem, wie wichtig diese Arbeit dem Unternehmen war. Meine Wahrnehmung von YouTube als schräge Videowebsite passte nicht zu unseren riesigen Büroräumen, den vielen Hundert talentierten Mitarbeitern und der ausgeprägten Fokussierung unserer Führungskräfte. Das wurde mir so richtig klar, als meinem neuen Team, das gebildet wurde, um YouTube neu zu gestalten und »kanalorientierter« zu machen, das Büro unseres CEOs als »Kommandozentrale« zur Verfügung gestellt wurde. Das Büro des CEOs! Ihm war es so wichtig, YouTube zu verbessern und noch unwiderstehlicher zu machen, dass er sogar bereit war, auf sein Büro zu verzichten, wenn das unsere Erfolgschancen erhöhen würde.

Unsere Anstrengungen zahlten sich aus. Ende 2011 stellten wir unser großes Redesign vor, und die Nutzer begannen, Kanäle zu abonnieren und mehr Zeit damit zu verbringen, sich Videos anzusehen. Anfang 2012 berichtete die Presse über die Ergebnisse. Die britische Zeitung *Daily Mail* schrieb zum Beispiel: »YouTube ist dabei, sich in einen echten Web-TV-Dienst zu verwandeln«, und nannte Daten, die belegten, dass die Nutzer 60 Prozent mehr Zeit auf YouTube verbrachten als noch im Jahr zuvor. Die Analyse der *Daily Mail* versetzte unsere Herzen in Schwingung: »Diese Veränderung wird YouTubes kürzlich erfolgtem Relaunch zugeschrieben, der diesem Dienst eine Fokussierung auf TV-ähnliche ›Kanäle‹ und längere Videos verpasst hat.«

Wir fühlten uns großartig. Unsere Neuausrichtung von YouTube war ein seltenes Projekt, in dem Vision, Strategie und Ausführung genauso zusammengespielt hatten, wie wir es uns erhofft hatten. Genau wie Jake liebten meine Kollegen und ich unsere Arbeit. In jeder Minute brachten wir ein wenig Spaß und Freude in den Alltag der Menschen.

Warum Infinity Pools so unwiderstehlich sind

Okay, das sind unsere Geschichten. Was ist Ihnen daran aufgefallen? Natürlich enthalten sie ein stereotypes Silicon-Valley-Narrativ: eine Horde idealistischer Nerds, die wie besessen daran arbeitet, eine coole Technologie zu entwickeln und die Welt zu verändern. Aber wenn Sie die Storys ein wenig näher betrachten, werden Sie die geheimen

Zutaten entdecken, die erklären, warum Infinity Pools so unwiderstehlich sind.

Erstens die Leidenschaft für Technologie. Das war nicht vorgetäuscht – wir empfanden sie damals, und wir empfinden sie heute. Multiplizieren Sie diese Leidenschaft mit Tausenden an technischen Mitarbeitern, und Sie erhalten eine Vorstellung davon, wie diese Industrie ständig und immer schneller ausgefeilte Geräte und Technologien ausspuckt. Die Menschen, die dieses Zeug entwickeln, lieben ihre Arbeit und können es gar nicht erwarten, die nächste futuristische Sache auf den Markt zu bringen. Sie glauben ernsthaft daran, dass ihre Technologie die Welt verändert. Und wenn Menschen das, was sie tun, mit Leidenschaft machen, leisten sie herausragende Arbeit. Die erste geheime Zutat, die Infinity Pools wie E-Mails und Onlinevideos so unwiderstehlich machen, ist, dass sie mit Liebe gemacht werden.

Als Nächstes kommt es auf eine ausgefeilte Erfolgsmessung und die Fähigkeit zur ständigen Verbesserung an. Bei Google mussten wir uns nicht auf unseren Instinkt verlassen, was Nutzerwünsche anging, sondern konnten Experimente durchführen und erhielten quantitative Antworten. Mit welcher Art Videos verbrachten die Nutzer mehr Zeit, mit diesen oder jenen? Nutzten Sie Gmail jeden Tag? Stiegen die Zahlen, funktionierten die Verbesserungen und unsere Kunden waren zufrieden. Falls nicht, konnten wir etwas anderes ausprobieren. Eine Software umzugestalten und neu auf den Markt zu bringen ist nicht ganz einfach, geht aber wesentlich schneller, als – sagen wir – ein neues Fahrzeugmodell auf den Markt zu bringen. **Die zweite Zutat ist also Evolution:** Technologische Produkte verbessern sich von Jahr zu Jahr dramatisch.

Wir beide wechselten irgendwann zu anderen Unternehmen, aber aus der Entfernung beobachteten wir weiterhin, wie diese Produkte mit zunehmendem Wettbewerb immer besser und attraktiver wurden. Zunächst musste Gmail gegen webbasierte E-Mail-Dienste wie Hotmail und Yahoo konkurrieren. Und als die Nutzer dazu übergingen, ihre Nachrichten über soziale Netze zu versenden, konkurrierte Gmail mit Facebook. Als sich iPhones und Android-basierte Smartphones durchsetzten, musste Gmail außerdem mit Smartphone-Apps konkurrieren.

Für YouTube war dieser Wettbewerbsdruck noch größer, weil es nicht nur mit anderen Video-Websites konkurriert, sondern im Kampf um die Zeit und Aufmerksamkeit der Nutzer auch mit Musik- und Filmdiensten, Videospielen, Twitter, Facebook und Instagram konkurriert. Und natürlich konkurriert es auch mit dem traditionellen Fernsehen. Der durchschnittliche Amerikaner verbringt nach wie vor 4,3 Stunden pro Tag vor dem guten alten Fernseher.[10] Weit davon entfernt auszusterben, werden die Fernsehprogramme immer besser. Das ist das Ergebnis eines erbitterten Kampfes um die besten Serien mit dem größten Suchtpotenzial.

Gmail und YouTube haben diesen Kampf nicht »gewonnen«, aber der Wettbewerbsdruck hat sie gezwungen, sich weiterzuentwickeln und zu wachsen. Im Jahr 2016 zählte Gmail eine Milliarde Nutzer. Im Jahr 2017 verkündete YouTube, dass es 1,5 Milliarden Nutzer erreicht habe und diese durchschnittlich eine Stunde pro Tag Videos ansehen.[11]

Inzwischen wird der Konkurrenzkampf um die Aufmerksamkeit der Leute immer härter. 2016 gab Facebook bekannt, dass 1,65 Milliarden Nutzer täglich durchschnittlich 50 Minuten mit dem Besuch von Facebook verbringen. Im selben Jahr verkündete der relative Neuling Snapchat, dass 100 Millionen Nutzer durchschnittlich 25 bis 30 Minuten täglich die Snapchat-App verwenden. Von anderen Apps und Webseiten wollen wir erst gar nicht anfangen. Zusammengenommen haben Studien ergeben, dass 2017 die amerikanische Bevölkerung ihr Smartphone mehr als vier Stunden pro Tag benutzt hat.[12]

---

[10] Achten Sie auf die Vergleichszahlen anderer Länder, bevor Sie sich über uns Amerikaner lustig machen. Laut dem Bericht für 2015 des britischen Regulierers der Telekommunikationsindustrie Ofcom sehen Briten 3,6 Stunden fern pro Tag, die Koreaner 3,2 Stunden, Schweden 2,5 Stunden und Brasilianer 3,7 Stunden. Im 15-Länder-Vergleich ergab sich eine durchschnittliche tägliche Fernsehzeit von drei Stunden und 41 Minuten. Die USA belegen zwar den ersten Platz ... aber Sie folgen kurz dahinter.

[11] Hier noch eine lustige Anmerkung: Das bedeutet, dass die Menschheit sich täglich über 1,5 Millionen Stunden lang YouTube-Videos ansieht. Würde man alle diese Videos hintereinander abspielen, bräuchte man über 173 000 Jahre, was Schätzungen nach in etwa der Zeitspanne entspricht, die der *Homo sapiens* bereits auf Erden wandelt. Oder, um es anders auszudrücken: Das ist eine ganze Menge »Gangnam Style«.

[12] Eine Studie von 2017, die von einem Unternehmen namens Flurry durchgeführt wurde, ergab, dass die Nutzer mehr als fünf Stunden pro Tag mit ihren Smartphones verbringen. Da die Studien in ihren Ergebnissen variieren, haben wir uns an die eher konservativen Zahlen von Hacker Noon

Dieser intensive **Wettbewerb ist die die dritte geheime Zutat,** die moderne Technologie so faszinierend macht. Immer wenn ein Dienst ein neues unwiderstehliches Merkmal oder eine neue Verbesserung einführt, hebt er die Messlatte für seine Wettbewerber an. Wenn eine App oder Site oder ein Videospiel Sie langweilt, haben Sie zwei Klicks entfernt zahllose andere Alternativen. Alle und alles konkurriert zu jedem Zeitpunkt mit allem anderen. Das ist eine Art natürliche Selektion, in der nur die Besten überleben.

Der vierte Grund, warum Infinity Pools so eine große Sogwirkung haben? Alle diese Technologien machen sich die natürliche Funktionsweise unseres Gehirns zunutze, das sich in einer Welt ohne Mikrochips weiterentwickelt hat. Wir sind natürlicherweise ablenkbar, weil uns das vor Gefahren schützt (achten Sie auf Dinge, die in Ihrem äußersten Blickwinkel vorbeiziehen – es könnte ein umstürzender Baum oder ein lauernder Tiger sein!). Wir lieben Mysterien und Geschichten, weil sie uns dabei helfen zu lernen und zu kommunizieren. Wir lieben lange Gespräche und suchen sozialen Status, weil uns das ermöglicht, Stämme mit engmaschigen schützenden Beziehungsgeflechten zu bilden. Und wir haben gelernt, unvorhergesehene Belohnungen zu lieben, ob es ein unverhofft entdeckter Heidelbeerstrauch oder eine Smartphone-Nachricht ist, weil die Möglichkeit einer solchen positiven Überraschung uns dazu veranlasste, weiterzujagen und zu suchen, auch wenn wir am Ende mit leeren Händen nach Hause kehrten. **Unser Höhlenmenschenhirn ist die vierte geheime Zutat.** Daher lieben wir natürlicherweise E-Mails, Videospiele, Facebook, Twitter, Instagram und Snapchat – das ist buchstäblich genetisch einprogrammiert.

Warten Sie nicht darauf, dass die Technologie Ihnen Ihre Zeit zurückgibt

Ja, wir lieben Technologie. Aber hier gibt es ein ernstes Problem. Kombinieren Sie die vier Stunden oder mehr, die der durchschnittliche

---

gehalten, die entsprechende Studien von Nielsen, comScore und dem Pew Research Center (unter anderem) analysiert haben und auf »mehr als vier Stunden« kamen.

Mensch mit seinem Smartphone verbringt, mit den vier Stunden plus, die der durchschnittliche Mensch fernsieht, und schon wird die Ablenkung zu einem Vollzeitjob. Und hier die (offensichtliche) fünfte geheime Zutat: **Technologieunternehmen verdienen Geld, wenn Sie ihre Produkte verwenden.** Freiwillig werden sie Ihnen ihr Produkt nicht in homöopathischen Dosen verabreichen, sondern Sie damit bombardieren. Und wenn diese Infinity Pools heute schon unwiderstehlich sind, werden sie morgen noch unwiderstehlicher sein.

Um es klar zu sagen: Dahinter steckt kein böses Imperium. Wir glauben nicht daran, dass das eine »wir gegen die«-Situation ist, in der kalt kalkulierende Technologieunternehmen ein Komplott schmieden, um ihre wehrlosen Kunden zu manipulieren, während sie sich über selbige totlachen. Wir halten dieses Szenario für holzschnittartig vereinfacht, und es spiegelt gewiss nicht unsere Erfahrung wider. Wir haben in solchen Unternehmen gearbeitet und sie von innen gesehen, und darin bewegen sich wohlmeinende Nerds, die einfach Ihren Alltag verbessern wollen. Zum größten Teil machen sie genau das, weil das Beste der modernen Technologie wirklich bemerkenswert *ist* und Freude bereitet, und das macht unser Leben *tatsächlich* bequemer und unterhaltsamer. Wenn wir uns mithilfe unseres Smartphones in einer unbekannten Stadt bewegen oder mit einem Freund per Videocall telefonieren oder in wenigen Sekunden ein ganzes Buch herunterladen, ist das so, als besitze man Supermacht.[13]

Standardmäßig erhalten wir aber nicht nur das Beste der modernen Technologie, sondern undifferenziert *alles*, und das immer und ständig. Futuristische Supermacht und Ablenkung mit Suchtpotenzial treten immer zusammen auf. Je besser die Technologie wird, desto cooler wird unsere Supermacht und desto mehr Zeit und Aufmerksamkeit werden uns die Geräte stehlen.

Wir glauben immer noch an die Nerds und wir hoffen, dass sie kreative Lösungen finden werden, um noch mehr tolle Neuerungen zu entwickeln, die weniger Ablenkungen mit sich bringen. Aber unabhängig davon, was Apple noch für das iPhone oder Google noch für

---

[13] Für eine andere, kritischere Betrachtung der Abseiten der Technologie empfehlen wir auch hier Adam Alters *Unwiderstehlich* und Tristan Harris' Website timewellspent.io. Werfen Sie auch einen Blick auf unsere Buchempfehlungen auf S. 269.

Android aus dem Hut zaubern wird, es wird immer einen harten Konkurrenzkampf um unsere Aufmerksamkeit geben. Sie sollten nicht darauf warten, dass Unternehmen oder staatliche Regulatoren Ihnen Ihre Konzentration auf das Wichtige wiedergeben. Wenn Sie hier und jetzt die Kontrolle wiedergewinnen wollen, müssen Sie Ihre Beziehung zu Technologie selber definieren und neu ausrichten.

Errichten Sie Ablenkungsbarrieren

Produktdesigner wie wir haben Jahrzehnte damit verbracht, Barrieren abzubauen, um diese Produkte möglichst zugänglich und nutzerfreundlich zu gestalten. Der Schlüssel, um in den Laserstrahlmodus zu wechseln und sich auf Ihr Highlight zu konzentrieren, liegt darin, *diese Barrieren wieder zu errichten.*

Auf den folgenden Seiten stellen wir Ihnen eine Reihe von Taktiken vor, mit denen Sie sich leichter in den Laserstrahlmodus versetzen und ihn beibehalten können – von der Einrichtung eines ablenkungsfreien Smartphones bis zur Umgestaltung Ihres Wohnzimmers, um das Fernsehen unbequemer zu machen.

Diese Taktiken basieren alle auf derselben Philosophie: Der beste Weg, um Ablenkungen zu umschiffen, ist, den Zugang zu ihnen zu erschweren. Indem Sie einige wenige Schritte einbauen, die es umständlicher machen, Ihre Facebook-Site anzusehen, die neuesten Nachrichten zu lesen oder fernzusehen, können Sie den suchtauslösenden Kreislauf aus dem Gleichgewicht bringen. Schon nach wenigen Tagen werden Sie eine Reihe neuer Standards haben: Sie werden fokussiert statt abgelenkt sein, bewusst und proaktiv statt reaktiv handeln und die Kontrolle haben, anstatt sich überfordert und fremdbestimmt zu fühlen. Dafür müssen Sie nur ein wenig Unbequemlichkeit erzeugen. Wenn der Zugang zu bestimmten Ablenkungen schwierig oder umständlich ist, haben Sie damit einen zuverlässigen Verbündeten für Ihre Willenskraft. Und dann können Sie Ihre Energie so kanalisieren, dass Sie Ihre Zeit sinnvoll und produktiv nutzen und nicht an unwichtige Dinge verschwenden.

Wenn Sie sich ganz in den Laserstrahlmodus vertiefen, anstatt zwischen Ablenkung und Konzentration hin und her zu schwanken, schaffen Sie nicht nur Zeit für die wichtigsten Dinge, sondern verleihen der Zeit auch eine *höhere Qualität*. Jede Ablenkung geht zulasten der Intensität Ihrer Fokussierung. Wenn Ihr Gehirn von einem Kontext zu einem anderen wechselt – zum Beispiel wenn Sie ein Bild malen, Ihre Arbeit unterbrechen, um eine Textnachricht zu beantworten, und anschließend weitermalen –, sind damit Kosten verbunden. Ihr Gehirn muss die verschiedenen Regeln und Informationen für jeden neuen Kontext in seinen Arbeitsspeicher laden. Dieser geistige Ladevorgang dauert mindestens einige Minuten; bei komplexen Aufgaben kann er sogar länger dauern. Wir beide haben festgestellt, dass wir mehrere Stunden ununterbrochen schreiben müssen, um wirklich unsere beste Leistung zu erbringen. Manchmal dauert es sogar mehrere aufeinanderfolgende *Tage*, bevor wir richtig »drin« sind.

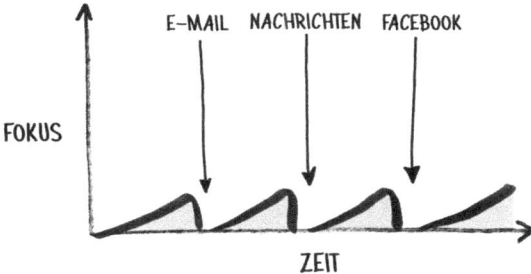

Das funktioniert nach dem gleichen Prinzip wie die Aufzinsung. Je länger Sie auf Ihr Highlight fokussiert bleiben, desto faszinierender werden Sie es finden und desto besser wird Ihre Arbeit (oder Privatzeit) sein.

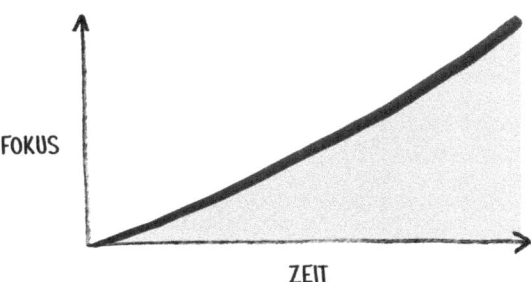

Die Nutzen des Laserstrahlmodus reichen aber weit über individuelle Personen und Highlights hinaus. Wir sind zum Teil auch deswegen so anfällig für Ablenkungen, weil es ein gesellschaftliches Phänomen ist: *Alle anderen* sind es auch. Es ist die Angst, etwas zu verpassen, und die haben wir alle. Wie sollen wir Small Talk machen, wenn wir die neueste HBO-Serie nicht gesehen haben, Trumps neueste Tweets nicht gelesen haben oder die coolen Merkmale des brandneuen iPhones nicht kennen? Alle anderen machen das, und wir wollen keine Außenseiter sein.

Wir wollen Sie dazu ermutigen, das Ganze etwas anders zu betrachten: als eine Chance, sich auf positive Weise abzuheben. Wenn Sie Ihre Prioritäten verändern, werden es die Leute bemerken. Ihr Verhalten zeigt anderen, was Ihnen wichtig ist. Wenn Ihre Freunde, Kollegen und Ihre Familie sehen, dass Sie ganz bewusst mit Ihrer Zeit umgehen, haben sie das Gefühl, sie *dürften* ihr eigenes auf ständigen Empfang gerichtetes Standardverhalten auch hinterfragen und Abstand von Infinity Pools nehmen. Sie setzen nicht nur Zeit für sich und Ihre eigenen Highlights frei, sondern gehen auch mit gutem Beispiel voran.

Als Nächstes folgen unsere Lasertaktiken: Methoden, mit denen Sie die Kontrolle über Ihr Smartphone, Ihre Apps, Ihre elektronischen Postfächer und den Fernseher zurückgewinnen, sowie Tricks, mit denen Sie sich in den Laserstrahlmodus versetzen und darin verharren, damit Sie sich uneingeschränkt auf Ihr Highlight konzentrieren und es genießen können.

Sie bestimmen über Ihr Smartphone

17. Probieren Sie das ablenkungsfreie Smartphone aus
18. Loggen Sie sich aus
19. Deaktivieren Sie die Benachrichtigungsfunktion
20. Bereinigen Sie Ihren Homescreen
21. Tragen Sie eine Armbanduhr
22. Lassen Sie Ihre technischen Geräte im Büro

17. Probieren Sie das ablenkungsfreie Smartphone aus

Und dennoch wäre es gewissermaßen eine Erleichterung, ihn einfach los zu sein ... manchmal hatte ich das Gefühl, er sei wie ein Auge, das mich ständig beobachtet ... ich merkte, dass ich keine Ruhe hatte, wenn er nicht in meiner Tasche war.

BILBO BEUTLIN

Die Deinstallierung von E-Mail-Programmen und anderen Infinity Pools von unseren Smartphones ist wahrscheinlich die einfachste und wirksamste Veränderung gewesen, die wir vorgenommen haben, um wieder Herr über unsere Zeit und Aufmerksamkeit zu werden. Seit 2012 haben wir beide ein ablenkungsfreies Smartphone und haben nicht nur überlebt, sondern es ist uns richtig gut damit gegangen – wir arbeiten effektiver und können allgemein jeden Tag besser genießen.

Jake

Mein Mobiltelefon rief mich von meiner Hosentasche aus, wie der Ring Bilbo Beutlin rief. Sobald ich auch nur die leiseste Anwandlung von Langeweile verspürte, hatte ich wie durch Zauberei plötzlich mein Smartphone in der Hand. Jetzt, ohne die Infinity-Pool-Apps, verspüre ich nicht mehr diesen inneren Drang. In den Momenten, in denen ich instinktiv nach meinem Smartphone griff, bin ich gezwungen innezuhalten – und wie sich herausstellt, sind diese Momente gar nicht so langweilig.

Laserstrahlmodus

JZ
Ein ablenkungsfreies Smartphone gibt einem das Gefühl von Ruhe zurück. Die Verlangsamung der Aufmerksamkeit ist nicht nur nützlich, wenn ich versuche, mich in den Laserstrahlmodus zu versetzen; es ist außerdem eine angenehmere Art und Weise, seine Zeit zu verbringen.

Wenn andere Leute von unserem Lebensstil hören, der von der modernen Norm abweicht, halten sie uns oft für verrückt. Warum sparen wir nicht einfach Geld und benutzen ein einfaches Klapphandy?

Nun, das hat Gründe: Selbst wenn Sie alle Infinity Pools entfernt haben, sind Smartphones *immer* noch magische Geräte. Von Straßenkarten und Navigationshilfen über Musik und Podcasts bis zur Kamera und dem Terminkalender gibt es zahlreiche Apps, die uns den Alltag erleichtern, ohne uns Zeit zu stehlen.

Und seien wir ehrlich: Wir finden Smartphones cool. Abgesehen davon, dass wir von dem Thema Zeit besessen sind, lieben wir technische Spielereien. Im Jahr 2007 wartete JZ in einer langen Schlange, um sein erstes iPhone zu erstehen. Zehn Jahre später blieb Jake bis in die frühen Morgenstunden wach, um direkt nach seiner Markteinführung ein iPhone X zu bestellen. Wir lieben unsere Smartphones – wir wollen nur nicht rund um die Uhr alles, was sie bieten. Mit einem ablenkungsfreien Smartphone können wir die Uhr (ein klein wenig) zurückstellen zu einer unkomplizierteren Zeit, als es noch einfacher war, sich auszuklinken, seine Aufmerksamkeit zu bündeln und gleichzeitig das Beste der modernen Technologie zu genießen.

Natürlich ist ein ablenkungsfreies Smartphone nicht für jeden geeignet. Einigen Menschen erscheint die Vorstellung eines Smartphones ohne soziale Medien, Webbrowser und E-Mail einfach durchgeknallt, und wir geben gerne zu, dass es womöglich Leute gibt, die eine bessere Selbstkontrolle haben als wir. Vielleicht empfinden Sie nicht den ständigen überwältigenden Drang, Ihr Smartphone hervorzuholen. Vielleicht haben Sie die volle Kontrolle über Ihre E-Mails und Newsfeeds, und nicht umgekehrt.

Wie auch immer, wir glauben, dass jeder auf irgendeine Weise einen kognitiven Preis für die ständige Aktualisierung von Informationen zahlt, die nur eine Wischbewegung entfernt sind. Vielleicht leiden Sie nicht unter dem eklatanten Ablenkungsproblem, unter dem wir leiden, aber es besteht eine gute Chance, dass sich die Standardeinstellungen Ihres Mobiltelefons auf eine bessere Fokussierung ausrichten lassen. Das heißt, selbst wenn Sie das Gefühl haben, Sie hätten Ihr Smartphone im Griff, ermutigen wir Sie dazu, es auszuprobieren und zumindest vorübergehend ablenkungsfrei zu machen.

Nachfolgend ein kurzer Überblick, wie Sie Ihr eigenes ablenkungsfreies Smartphone einrichten können. (Auf maketimebook.com finden Sie zudem eine ausführliche Anleitung mit Screenshots für iPhones und Android-basierte Smartphones.)

1. Deinstallieren Sie soziale Apps

Deinstallieren Sie als Erstes Facebook, Instagram, Twitter, Snapchat etc. (einschließlich aller anderen sozialen Netze, die seit der Veröffentlichung dieses Buches entstanden sind). Machen Sie sich keine Sorgen. Wenn Sie später Ihre Meinung ändern, können Sie diese Apps ganz leicht wieder installieren.

2. Deinstallieren Sie alle anderen Infinity Pools

Alle Dienste, die unaufhörlich interessante Inhalte bieten, sollten ebenfalls gelöscht beziehungsweise deinstalliert werden. Dazu gehören Spiele, neue Apps und Videostreaming-Dienste wie YouTube. Falls Sie sie ständig aktualisieren und/oder unbewusst viel Zeit damit verlieren, löschen Sie sie.

3. Deinstallieren Sie E-Mail-Dienste und löschen Sie Ihr Konto

E-Mail ist ein verführerischer Infinity Pool *und* der Motor des Busy Bandwagon. Weil es außerdem schwierig sein kann, auf dem Smartphone angemessene Antworten auf eingehende E-Mails zu schreiben (aufgrund zeitlicher Beschränkungen und der Unbequemlichkeit, auf einem Touchscreen zu schreiben), führen E-Mails oft zu innerer Anspannung. Wir überprüfen den E-Mail-Eingang auf unserem Smartphone, um auf dem Laufenden zu bleiben, aber das Ergebnis ist üblicherweise, dass es uns lediglich daran erinnert, dass wir mit der Beantwortung im Verzug sind. Deinstallieren Sie Ihren E-Mail-Dienst vom Smartphone, und Sie entledigen sich damit einer Menge Stress.

E-Mail-Konten sind üblicherweise tief in das Gerät eingebettet, daher müssen Sie neben der Deinstallierung der E-Mail-App oft noch zur Funktion Einstellungen wechseln und Ihr E-Mail-Konto löschen. Ihr Smartphone wird Ihnen eine eindringliche Warnbotschaft senden (»Sind Sie sicher, dass Sie Ihr E-Mail-Konto löschen möchten?«). Lassen Sie sich davon jedoch nicht abschrecken. Auch hier gilt: Wenn Sie es sich später anders überlegen, können Sie einfach Ihre Log-in-Info wiederherstellen.

4. Deinstallieren Sie den Webbrowser

Und schließlich müssen Sie das Schweizer Messer der Ablenkung deinstallieren: den Webbrowser. Wahrscheinlich müssen Sie das unter der Funktion Einstellungen machen.

5. Behalten Sie alles andere bei

Wie wir zuvor schon erwähnt haben, gibt es daneben noch eine Menge toller Apps, die *keine* Infinity Pools sind, und zwar solche, die unser Leben fraglos bequemer machen, ohne uns in den Sog der Ablenkung hineinzuziehen. Stadtpläne zum Beispiel enthalten unendlich viele Inhalte, aber nur wenige Menschen fühlen sich versucht, ständig die Stadtpläne wildfremder Städte zu studieren. Selbst Apps wie Spotify und Apple Music sind relativ harmlos. Sicher, sie bieten Zugriff auf eine endlose Zahl an Songs und Podcasts, aber es ist nicht sehr wahrscheinlich, dass Sie von dem Drang überwältigt werden, durch sämtliche alte Beatles-Alben zu surfen. Das Gleiche gilt für Lyft, Uber, Apps für Lieferservices, Kalender-Apps, Wetter-Apps, Apps zur Produktivitätssteigerung und Reise-Apps. Unterm Strich gilt: Wenn eine App ein nützliches Tool ist beziehungsweise keinen suchtartigen Drang auslöst, dann können Sie sie behalten.

Ihr ablenkungsfreies Smartphone kann durchaus als Experiment dienen; Sie müssen sich nicht für den Rest Ihres Lebens darauf verpflichten. Geben Sie ihm 24 Stunden, eine Woche oder sogar einen Monat. Natürlich wird es Zeiten geben, in denen Sie Ihre E-Mail-App tatsächlich benutzen möchten, und wenn das passiert, können Sie die Apps, die Sie für die vorliegende Aufgabe benötigen, vorübergehend wieder installieren. Der Schlüssel liegt darin, dass Sie Ihr Smartphone ganz bewusst verwenden, und nicht, dass Sie sein Sklave sind. Und wenn Sie fertig sind, setzen Sie den Standard wieder auf »deaktiviert«.

Wir glauben, dass Sie ein Leben mit einem ablenkungsfreien Smartphone lieben werden. Ein Leser, der es gerade ausprobiert, sagte: »Ich habe die gesamte letzte Woche mit einem ablenkungsfreien iPhone verbracht, und es war GROSSARTIG. Ich dachte, ich würde all diese Apps vermissen, aber das war nicht so.« Eine andere Leserin verwendete eine Time-Tracking-App, um ihre iPhone-Nutzung vor und nach der Deinstallierung aller ablenkenden Apps zu verfolgen, und war über das Ergebnis schockiert: »Durch die Deinstallierung der E-Mail-Funktion und des Webbrowsers Safari habe ich konsistent zusätzliche 2,5 Stunden pro Tag gewonnen, und an einigen Tagen sogar noch mehr.« Das ist ziemlich beeindruckend. Stellen Sie sich vor, Sie würden mit so einfachen Mitteln jeden Tag zwei Stunden Zeit gewinnen!

Die größte Belohnung eines ablenkungsfreien Smartphones liegt darin, dass Sie die Kontrolle zurückgewinnen. Sobald Sie Ihren Standard selbst bestimmen, sind Sie der Boss. Und so sollte es sein.

18. Loggen Sie sich aus

Den Nutzernamen und das Passwort einzugeben ist lästig. Daher bieten Ihnen Websites und Apps die Möglichkeit, ständig eingeloggt zu bleiben, und lassen auf diese Weise das Tor für Ablenkungen weit offen.

Sie können diese Standardeinstellung aber verändern. Wenn Sie mit E-Mail, Twitter und Facebook oder was auch immer fertig sind, melden Sie sich ab. Diese Option steht Ihnen auf jeder Website und bei jeder Smartphone-App zur Verfügung. Vielleicht erschließt sie sich nicht auf den ersten Blick, aber es ist immer möglich. Und das nächste Mal, wenn Sie gefragt werden, ob sich der Dienst Ihr Passwort merken soll, klicken Sie auf »nein«.

JZ

Die Hürde, mich auszuloggen, war für mein ablenkbares Gehirn nicht hoch genug, daher verstärkte ich diese Taktik, indem ich meine Passwörter so auswählte, dass sie möglichst umständlich, lästig und schwer zu merken waren. Mir persönlich gefällt e$yQK@iYu7Mc8W, aber damit bin ich wohl alleine. Ich verwalte meine Passwörter mit einem Passwortmanager, sodass ich mich bei Bedarf anmelden kann, aber ich mache diesen Vorgang bewusst aufwendig und lästig. Denken Sie daran, Aufwand und Lästigkeit sind der Schlüssel zur Vermeidung von Infinity Pools und zur Wahrung des Laserstrahlmodus.

19. Deaktivieren Sie die Benachrichtigungsfunktion

Diesen hab ich nicht so gern. Er schreit und schreit und macht viel Lärm ... Dieser ist still wie eine Maus. Den hab ich gern im Haus.

DR. SEUSS

App-Entwickler sind sehr aufdringlich mit ihren unaufgeforderten Benachrichtigungen. Aber wer könnte es ihnen verdenken? Alle anderen Apps machen das auch. Und da so viele Dinge gleichzeitig um Ihre Aufmerksamkeit buhlen, würden Sie sich an ihre App erinnern, wenn sie nicht ständig von alleine auf sich aufmerksam machen würde? Wahrscheinlich würden Sie sie nur benutzen, wenn Sie sie tatsächlich *brauchen*. So eine verflixte Schande![14]

Benachrichtigungen sind nicht Ihre Freunde. Das sind ununterbrochene Aufmerksamkeitsdiebe. Ob Sie nun ein störungsfreies Telefon ausprobieren oder nicht, Sie sollten zumindest fast alle Benachrichtigungen abschalten. Hier zeigen wir Ihnen, wie.

1. Gehen Sie in »Einstellungen«, suchen Sie die Liste der Benachrichtigungen und deaktivieren Sie alle.
2. Lassen Sie nur die wirklich wichtigen und nützlichen Benachrichtigungen aktiviert, zum Beispiel Terminerinnerungen und Textnachrichten.
3. Deaktivieren Sie E-Mail- und Instant-Messaging-Benachrichtigungen. Sie fühlen sich wichtig an, was sie noch viel hinterhältiger macht, aber in Wahrheit können die meisten von uns ohne sie leben. Versuchen Sie, anderen nur einen einzigen Weg offenzuhalten (Textnachrichten zum Beispiel), um Sie mit dringenden Benachrichtigungen zu stören.
4. Wann immer eine App fragt: »Möchten Sie, dass Benachrichtigungen angezeigt werden?«, wählen Sie »nein«.

---

[14] Falls es nicht angekommen ist: Das war sarkastisch gemeint.

5. Versuchen Sie das über 48 Stunden oder eine Woche und beobachten Sie, wie Sie sich fühlen.

Wenn Sie die Benachrichtigungsfunktionen deaktivieren, bringen Sie Ihrem Smartphone Manieren bei und machen aus einer unaufhörlich vor sich hin plappernden Schnattertasche einen höflichen Überbringer wichtiger Nachrichten – die Art von Freund, den Sie in Ihrem Leben eigentlich brauchen.

20. Bereinigen Sie Ihren Homescreen

Ihr Smartphone ist auf Schnelligkeit ausgerichtet. Scannen Sie Ihr Gesicht oder Ihren Fingerabdruck, und Sie sind schneller drin, als Sie »Muh« sagen können. Die meisten Menschen haben ihre Apps für einen direkten Zugriff auf ihrem Homescreen. *Scannen, berühren, App!* Dieser mühelose Prozess ist großartig, wenn Sie im Navigationssystem eine Adresse suchen, aber wenn Sie versuchen, sich in den Laserstrahlmodus zu versetzen, ist das eine Schnellautobahn zur Ablenkung.

Um die Zeit zu entschleunigen, versuchen Sie, Ihren Homescreen leer zu halten. Verschieben Sie alle Icons auf den nächsten Screen (und von dem zweiten auf den dritten und so weiter). Lassen Sie nichts auf dem Homescreen als eine schöne klare Sicht auf Ihren wunderschönen Bildschirmschoner.

Ein leerer Homescreen bietet Ihnen einen winzigen Moment der Ruhe, wenn Sie Ihr Smartphone benutzen. Es ist eine ganz bewusste Unbequemlichkeit, eine kleine Pause – ein Puffer, der die Ablenkungen einen Schritt entfernt hält. Wenn Sie Ihr Smartphone reflexhaft entsperren, bietet Ihnen der leere Homescreen einen Moment der Nachdenklichkeit, damit Sie sich fragen: »Will ich in diesem Moment *wirklich* abgelenkt werden?«

Jake
Ich gehe gerne noch einen Schritt weiter und behalte nur eine Reihe Apps auf jedem Screen (siehe oben). Wahrscheinlich hängt das damit zusammen, dass ich ein Ordnungsfreak bin. Die Einfachheit verleiht mir einfach mehr Ruhe und das Gefühl, alles unter Kontrolle zu haben. Außerdem ist es immer witzig, wenn mir jemand über die Schulter sieht und sagt: »Ach du meine Güte! Was ist denn mit deinem Telefon los?«

21. Tragen Sie eine Armbanduhr

Im Jahr 1714 bot die britische Regierung einen Preis von 20 000 Pfund Sterling für denjenigen an, der eine tragbare Uhr entwickeln konnte, die an Bord von Schiffen verwendet werden konnte. Es dauerte fast 50 Jahre und nahm Dutzende von Prototypen in Anspruch, bis John Harrison im Jahr 1761 schließlich den ersten »Chronometer« erfand. Das war ein technologisches Wunder, das die Welt veränderte, obwohl der Chronometer kaum tragbar war. Die Uhr musste in ein spezielles Möbel installiert und für ihre Jungfernfahrt über den Atlantik an Bord der HMS *Deptford* unter Deck verstaut werden.[15]

Heute können Sie eine tragbare Uhr – eine digitale Quarzarmbanduhr – für 10 Dollar kaufen. Und sie zeigt immer zuverlässig die genaue Uhrzeit an. Außerdem ist sie leicht und wasserdicht. Sie kann Sie nach einer Siesta wecken oder Sie daran erinnern, das Abendessen aus dem Ofen zu holen. Die Armbanduhr ist ein beeindruckendes technologisches Gerät.

Wir tragen gerne Armbanduhren, allerdings aus einem völlig anderen Grund: Eine Armbanduhr erübrigt den ständigen Blick auf das

---

[15] Vor der Erfindung des Chronometers hatten Schiffe keine Möglichkeit, auf langen Reisen die Zeit – und damit ihre Ost-West-Position – zu verfolgen. Die historische Atlantiküberquerung an Bord der *Deptford* war ein riesiger Erfolg. Der Schiffsnavigator sagte den Landfall bis auf eine Meile voraus.

Smartphone, wenn Sie wissen wollen, wie spät es ist. Und wenn Sie auch nur halbwegs so geartet sind wie wir, zieht ein schneller Blick auf die Uhrzeit auf Ihrem Smartphone Sie oft in den Sog eines Infinity Pools, vor allem, wenn auf dem Bildschirm eine neue Nachricht auftaucht. Wenn Sie eine Armbanduhr tragen, können Sie Ihr Smartphone außerhalb Ihres Blickfelds platzieren. Und wenn es aus den Augen ist, ist es auch leichter aus dem Sinn.

JZ

Im Jahr 2010 kaufte ich eine schlichte Timex aus dem Sonderangeboteregal eines Sportwarengeschäfts, um sie beim Segeln zu tragen. Aber nachdem ich sie angelegt hatte, wollte ich sie nicht mehr ablegen. Diese 17-Dollar-Uhr war einfach so nützlich – in vielerlei Hinsicht sogar nützlicher als ein Smartphone –, weil das Uhrenglas nicht kaputtging und die Batterie praktisch ewig hielt.

22. Lassen Sie Ihre technischen Geräte im Büro

Zweimal pro Woche lässt unser Freund Chris Palmieri seinen Laptop und sein Smartphone im Büro und geht ohne seine technischen Geräte nach Hause. Chris leitet eine viel beschäftigte Beratungsagentur in Tokio, aber an diesen zwei Abenden kann er seine E-Mail nicht checken. Er kann nicht einmal Textnachrichten versenden. Bis zum nächsten Morgen ist er einfach von aller elektronischen Kommunikation abgeschnitten.

Unbequem? Definitiv. Aber Chris sagt, die vorübergehende Isolierung werde durch eine verbesserte Fokussierung kompensiert – und einen besseren Schlaf. An seinen gerätefreien Abenden schläft er früher ein (um 23:30 Uhr statt um 1:00 Uhr morgens), schläft tiefer und wacht selten mitten in der Nacht auf. Er erinnert sich morgens sogar an seine Träume ... was eine gute Sache ist, wie wir annehmen.

Ihre technischen Geräte im Büro zu lassen ist eine hilfreiche Taktik, wenn Sie Zeit für »Offline«-Highlights freisetzen wollen, wie zum Beispiel Ihren Kindern etwas vorzulesen oder an einem manuellen Projekt zu arbeiten. Wenn die Idee, Ihr Smartphone im Büro zu lassen, allerdings Furcht einflößend klingt (oder wenn Sie ein legitimes Bedürfnis haben, es zu benutzen, wie zum Beispiel in einem Notfall), können Sie das zugrunde liegende Prinzip des Verzichts auf technische Geräte auch mit weniger extremen Methoden umsetzen. Anstatt das Smartphone zu Hause immer neben sich liegen zu haben, legen Sie es in eine Schublade oder ins Regal oder – besser noch – Sie legen es in Ihre Tasche und schließen die Tasche im Kleiderschrank ein.

JZ

Wenn ich unterwegs bin, trage ich mein Smartphone üblicherweise in meiner Tasche. Wenn ich zu Hause ankomme, lege ich die Tasche in ein Regal und kümmere mich um andere Dinge. Manchmal vergesse ich mein Smartphone für mehrere Stunden. Das ist eine kleine tägliche Erinnerung, dass das Leben auch ohne mein Smartphone weitergeht.

Halten Sie sich von Infinity Pools fern

23. Melden Sie sich morgens nicht an
24. Blockieren Sie Ablenkungskryptonit
25. Ignorieren Sie die Nachrichten
26. Legen Sie Ihr Spielzeug weg
27. Verzichten Sie im Flugzeug auf WLAN
28. Verwenden Sie eine Zeitschaltuhr für das Internet
29. Deaktivieren Sie das Internet
30. Vorsicht vor Zeitkratern
31. Tauschen Sie vermeintliche gegen echte Gewinne ein
32. Verwandeln Sie Ablenkung in nützliche Tools
33. Werden Sie zu einem Gelegenheitsfan

23. Melden Sie sich morgens nicht an

Wenn Sie morgens aufwachen, egal ob Sie fünf oder zehn Stunden geschlafen haben, hatten Sie eine schöne lange Pause vom Busy Bandwagon und den Infinity Pools. Das ist ein goldener Moment. Der Tag ist jung, Ihr Gehirn ausgeruht und *Sie haben noch keinen Grund, sich abgelenkt zu fühlen* – keine neuen Aufgaben, von denen Sie sich stressen lassen, und keine beruflichen E-Mails, über die Sie brüten müssen.

Genießen Sie diesen Moment. Widerstehen Sie der Versuchung, als Erstes Ihr E-Mail-, Twitter- oder Facebook-Konto zu öffnen oder die Nachrichten zu lesen. Die Versuchung ist groß, denn *irgendetwas* ist über Nacht auf der Welt bestimmt passiert. Aber sobald Sie sich einklinken, beginnt der Kampf zwischen dem gegenwärtigen Augenblick und allem anderen, das im Internet auf Sie wartet, um Ihre Aufmerksamkeit.

Verschieben Sie es. Je länger Sie das morgendliche Einloggen aufschieben – bis 9:00 Uhr, 10:00 Uhr oder bis nach dem Mittagessen –, desto länger bewahren Sie das Gefühl von Ausgeruhtheit und desto leichter ist es, sich in den Laserstrahlmodus zu versetzen.

JZ

Der Verzicht auf das morgendliche Einloggen ist ein grundlegender Teil meiner Morgenroutine (beschrieben in Taktik Nr. 23). Der Morgen ist sozusagen die Prime Time für mein Highlight, das üblicherweise meinen Computer einschließt. Jeden Abend tue ich mir daher selbst den Gefallen und schließe alle meine Browser (Nr. 26) und melde mich bei Twitter und Facebook ab (Nr. 18). Nachdem ich aufgestanden bin und Kaffee gemacht habe, bin ich bereit, mich ohne jede Ablenkung meinem Highlight zu widmen.

24. Blockieren Sie Ablenkungskryptonit

Die meisten von uns haben einen besonders suchtauslösenden Infinity Pool, dem sie einfach nicht widerstehen können. Wir bezeichnen ihn als »Ablenkungskryptonit«. So wie das Original-Kryptonit Superman überwältigt, besiegt das Ablenkungskryptonit unsere Abwehrkräfte und sabotiert unsere Pläne. Ihr Ablenkungskryptonit könnte etwas so Weitverbreitetes und Offensichtliches sein wie Facebook oder, wenn Sie so ein schräger Vogel sind wie Jake, es könnte irgendeine obskure Yahoo-Gruppe für Segelfreaks sein. Hier ein ganz einfacher Lackmustest: Wenn Sie nach einigen Minuten (oder Minuten, die zu Stunden werden, was wesentlich wahrscheinlicher ist), die Sie auf einer Website oder mit einer App verbracht haben, Reue oder Enttäuschung verspüren, weil Sie Ihre Zeit unklug vergeudet haben, dann ist es wahrscheinlich Kryptonit.

Es gibt mehrere Methoden, um Kryptonit zu blockieren, abhängig davon, wie ernst es Ihnen und wie ausgeprägt Ihre Abhängigkeit ist. Wenn Ihr Kryptonit ein soziales Netz, Ihr E-Mail-Account oder irgendetwas anderes ist, das die Eingabe eines Passworts erfordert, dann kann es ausreichen, wenn Sie sich abmelden (Nr. 18). Wenn Ihr Kryptonit eine spezielle Website ist, können Sie sie blockieren (Nr. 28). Sie können auch noch einen Schritt weiter gehen und die App, das Konto oder den Browser von Ihrem Smartphone entfernen (Nr. 17).

Ein Leser namens Francis erzählte uns von seiner Erfahrung mit der Blockierung seines persönlichen Kryptonits, *Hacker News*, einer Website, die mit Storys über Tech-Start-ups angefüllt ist. Als er einen kalten Entzug machte, so Francis, habe er die interessanten Artikel und die intelligenten Diskussionen auf der Kommentarleiste der Website vermisst. Als Belohnung empfand er jedoch eine überraschende Verbesserung seines emotionalen Wohlbefindens: »Ich aktualisiere die Website nicht mehr 40-mal am Tag und habe aufgehört, mich mit den Glanznummern unter den erfolgreichen Start-up-Exits zu vergleichen.«

Eine Leserin namens Harriette lieferte uns eine noch extremere Story. Harriettes Kryptonit war Facebook, wobei dieses soziale Netz für sie mehr als eine Ablenkung war – es war eine ungesunde Sucht. »Ich klebte in einem Zustand der ständigen Anspannung an meinem Smartphone und stand unter dem Zwang, jede Nachricht zu beantworten. Meine Büronische ist offen einsehbar, und ich gab mir nicht einmal mehr die Mühe so zu tun, als würde ich arbeiten.«

Harriette war klar, dass sie damit aufhören musste, denn Facebook hatte die Kontrolle über ihr gesamtes Leben gewonnen. Also beschloss sie, sich eine Woche von Facebook fernzuhalten, und deinstallierte es von allen ihren Geräten. Das war natürlich eine große Herausforderung, aber als die Woche vorbei war, wollte sie Facebook nicht mehr aktivieren. »Der Gedanke, in das soziale Netz zurückzukehren, stieß mich ab, daher beschloss ich, meine Abstinenz um eine Woche zu verlängern. Aus den zwei Wochen wurden zwei Monate, und inzwischen sind es zehn Monate.«

Zugegebenermaßen geschah die Abstinenz von Facebook nicht ohne Rückschläge. Viele ihrer Freunde koordinierten Verabredungen über Facebook und waren zu keiner Ausnahme bereit. »Ich war komplett draußen. Ich habe nur Kontakt zu diesen langjährigen Freunden, wenn ich die Initiative ergreife, und die Gelegenheiten konnte ich in den letzten Monaten an einer Hand abzählen.«

Dennoch machte sie ihre Entscheidung nicht rückgängig. »Trotz der Konsequenzen bin ich heute um ein Vielfaches zufriedener. Unglaublich viel zufriedener. Als ich ›ganz unten‹ war, hatte ich das Gefühl, ich hätte vollkommen die Kontrolle über mein Gehirn verloren. Es gibt keine Social-Media-Meme und keine Planungsbequemlichkeit, die mit dem Gefühl mithalten kann, meinen Verstand wiedergewonnen zu haben.«

Harriette fand heraus, dass, obwohl einige Freundschaften ohne Facebook gescheitert waren, andere stärker wurden. Die Leute, die wirklich Zeit mit ihr verbringen wollten – oder die sie wirklich sehen wollte –, fanden Wege, sie per Telefon, E-Mail oder Textnachricht zu kontaktieren. »Ich bin nicht unbedingt unerreichbar«, sagt Harriette. »Aber ich gehe nicht so bald zurück in den Infinity Pool.«

Harriettes Erfahrung mit Facbook ist gewiss ein extremes Beispiel, aber wir haben zahllose ähnliche Storys gehört. Wenn Sie von Ihren Ablenkungen – dem Kryptonit – Abstand nehmen, kann sich das Gefühl einer echten Katharsis einstellen; ein Gefühl der Freude, der Erleichterung und Befreiung. Wir fürchten, aus der Bahn geworfen und sozial isoliert zu sein, aber sobald wir draußen sind, stellen wir fest, dass es tatsächlich sehr angenehm ist.

25. Ignorieren Sie die Nachrichten

Im Wetterbericht kann ich alle Nachrichten finden, die ich brauche.

PAUL SIMON, »THE ONLY LIVING BOY IN NEW YORK«

Das ganze Konzept der neuesten Nachrichten basiert auf einem sehr mächtigen Mythos: Sie müssen wissen, was auf der Welt passiert, und zwar jetzt gleich. Kluge Köpfe verfolgen die Nachrichten. Verantwortliche Menschen verfolgen die Nachrichten. Erwachsene verfolgen die Nachrichten. Oder etwa nicht?

Wir haben selber neueste Nachrichten für Sie: Das müssen Sie nicht. Die wirklich wichtigen neuen Nachrichten dringen von alleine zu Ihnen durch, und der Rest ist entweder nicht dringend oder einfach unwichtig.

Wenn Sie wissen wollen, was wir damit meinen, schlagen Sie die heutige Zeitung auf. Oder besuchen Sie Ihre bevorzugten Onlinenachrichten. Werfen Sie einen Blick auf die Schlagzeilen und denken Sie kritisch über jede einzelne nach. Wird diese Schlagzeile irgendeine Ihrer heutigen Entscheidungen beeinflussen? Wie viele dieser Schlagzeilen sind morgen, nächste Woche oder nächsten Monat schon nicht mehr aktuell?

Wie viele dieser Schlagzeilen sind darauf ausgerichtet, Sie in Angst und Anspannung zu versetzen? »Skandale und Blut verkaufen sich gut« ist ein Redaktionsklischee, aber es stimmt. Die meisten Nachrichten sind schlechte Nachrichten, und niemand kann dieses unaufhörliche Bombardement mit Berichten über Konflikte, Korruption, Straftaten und menschliches Leid einfach abschütteln, ohne dass es unsere Stimmung und unsere Konzentrationsfähigkeit beeinflusst. Selbst die Nachrichten nur einmal am Tag zu lesen ist eine beharrliche, Angst und Wut auslösende Ablenkung.

Wir sagen damit nicht, dass Sie sich vollkommen ausklinken sollen, sondern empfehlen, dass Sie die Nachrichten einmal pro Woche lesen. Jeder größere Intervall wird Ihnen wahrscheinlich das Gefühl geben,

Sie befänden sich irgendwo auf hoher See, weit weg von jeder menschlichen Zivilisation. Jeder kürzere Intervall wird Ihr Hirn einnebeln, sodass Sie sich nur auf die Nachrichten vor Ihnen konzentrieren können. Dieser Nebel kann Ihnen den Blick auf wichtige Aktivitäten und Personen verstellen, die Sie priorisieren wollen.

JZ hat die Ein-Mal-pro-Woche-Strategie seit 2015 verwendet. Er liest am liebsten *The Economist*, eine Wochenzeitschrift, die die wichtigsten Ereignisse auf 60 bis 80 informationsprallen Seiten zusammenfasst, aber Sie können auch ein anderes Wochenmagazin wählen, zum Beispiel TIME, oder eine Sonntagszeitung abonnieren. Sie können auch jede Woche eine bestimmte Zeit einplanen, in der Sie sich hinsetzen und in Ruhe durch Ihre bevorzugten Onlinenachrichten browsen. Egal wofür Sie sich entscheiden, das Wichtigste ist, dass Sie aus dem Rund-um-die-Uhr-Kreislauf der neuesten Nachrichten ausbrechen. Das kann sich als schwer abzuschüttelnde Ablenkungsgewohnheit erweisen, aber es ist auch eine große Chance, um Zeit (und emotionale Energie) für die wirklich wichtigen Dinge in Ihrem Leben freizusetzen.

JZ

Ich habe mich immer schuldig gefühlt, wenn ich nicht jeden Tag die Nachrichten las. Nach reiflicher Überlegung wurde mir klar, dass es drei Kategorien an Dingen gab, über die ich etwas erfahren wollte. Erstens wollte ich die großen Trends in Wirtschaft, Politik, Unternehmensgeschehen und Wissenschaft verfolgen. Zweitens, und das mag vielleicht egoistisch sein, bin ich an Themen interessiert, die mich unmittelbar betreffen, wie zum Beispiel Veränderungen in der Gesundheitspolitik. Drittens möchte ich über Chancen erfahren, anderen zu helfen, zum Beispiel nach einer Naturkatastrophe. Da wurde mir klar, dass ich dafür nicht täglich Nachrichten lesen muss. Zwischen der Lektüre von *The Economist*, dem Anhören eines wöchentlichen Nachrichten-Podcasts mit meiner Frau und den Alltagskommentaren auf der Straße bin ich mehr als auf dem Laufenden. Und wenn ich aktiv werden muss, kann ich immer weiterführende Recherchen durchführen.

26. Legen Sie Ihr Spielzeug weg

Ihr wahres Leben beginnt, nachdem Sie Ihr Haus in Ordnung gebracht haben.

MARIE KONDO

Stellen Sie sich Folgendes vor: Sie sind bereit, an Ihrem Highlight zu arbeiten. Vielleicht wollen Sie eine Kurzgeschichte schreiben oder ein Angebot aufsetzen, das Sie für Ihren Job fertigstellen müssen. Sie greifen sich also Ihren Laptop, klappen ihn auf und tippen Ihr Passwort ein, und ...

»HIER! HIER! HIER!« Jeder Browser-Tab schreit Sie an. Ihr E-Mail-Posteingang aktualisiert sich automatisch und zeigt ein Dutzend neuer Nachrichten an. Facebook, Twitter, CNN ... Schlagzeilen blitzen auf, Benachrichtigungen erscheinen. Sie können noch nicht an Ihrem Highlight arbeiten; Sie müssen einfach zuerst all diese Benachrichtigungen ansehen und sich über die neuesten Geschehnisse informieren.

Und jetzt stellen Sie sich Folgendes vor: Sie greifen zu Ihrem Laptop, klappen ihn auf und dann ... sehen Sie ein wunderschönes Foto auf dem Bildschirm, sonst nichts. Keine Nachrichten, keine Browser-Tabs. Am Vorabend hatten Sie sich von Ihren E-Mails und Ihren Chats abgemeldet, in dem Vertrauen, dass, falls über Nacht etwas Wichtiges passiert wäre, Sie irgendjemand antexten oder anrufen würde. Die Stille ist ein Segen. Sie sind bereit, sich intensiv zu konzentrieren.

Auf alle sich präsentierenden »Neuigkeiten« zu reagieren ist immer einfacher, als das zu tun, was man eigentlich beabsichtigt hat. Wenn diese Neuigkeiten Ihnen auch noch so richtig ins Gesicht starren, *fühlen* sich Aufgaben wie den E-Mail-Eingang zu überprüfen, auf einen Chat zu antworten und die Nachrichten zu lesen dringend und wichtig an. Das sind sie aber nur selten. Wenn Sie sich schneller in den Laserstrahlmodus versetzen wollen, empfehlen wir Ihnen, die Spielzeuge wegzulegen.

Das bedeutet, sich jeden Abend bei Twitter und Facebook abzumelden, die zusätzlichen Tabs zu schließen und die Chats und die E-Mail-Funktion auszuschalten. Wie ein gut erzogenes Kind räumen Sie einfach auf, wenn Sie fertig mit Spielen sind. Gehen Sie noch einen Schritt weiter und verstecken Sie die Bookmarks-Leiste in Ihrem Browser (wir wissen, dass Sie da eine Reihe von Infinity Pools aufbewahren) und konfigurieren Sie Ihre Browser-Einstellungen so, dass Ihre Homepage unaufdringlich (wie eine Armbanduhr) und keine lärmende Ablenkung (wie eine Sammlung an oft besuchten Websites) ist.

Betrachten Sie die zwei Minuten, die Sie brauchen, um hinter sich aufzuräumen, als kleine Investition in Ihre zukünftige Fähigkeit, proaktiv – und nicht reaktiv – mit Ihrer Zeit umzugehen.

27. Verzichten Sie im Flugzeug auf WLAN

Ich habe immer gefunden, dass Flugzeuge ein großartiger Ort sind, um zu schreiben, zu lesen, zu zeichnen und nachzudenken, weil man buchstäblich am Sitz festgeschnallt ist.

AUSTIN KLEON

Eines der Dinge, die uns an Flugzeugen am meisten gefallen (wenn man von dem echten Wunder absieht, einfach durch die Luft fliegen zu können), ist der Zwang zur Fokussierung. Während eines Flugs kann man nichts tun und nirgendwohin, und selbst wenn man es könnte, zwingt einen das Anschnallzeichen, seine vier Buchstaben auf dem Sitz zu halten. Das merkwürdige Paralleluniversum einer Flugzeugkabine kann die perfekte Gelegenheit sein, um zu lesen, zu stricken, nachzudenken oder sich einfach auf gute Weise zu langweilen.

Aber selbst in einem Flugzeug müssen Sie einige Standards verändern, um Zeit zu gewinnen. Erstens schalten Sie den Bildschirm ab, falls Ihr Sitz einen persönlichen Bildschirm hat. Und wenn das Flugzeug WLAN bietet, dann verzichten Sie darauf, einen Zugangscode zu kaufen. Treffen Sie diese Entscheidung bei Flugbeginn, schnallen Sie sich an und genießen Sie den Laserstrahlmodus in 11 000 Metern Höhe.[16]

Jake

In den zehn Jahren, die ich bei Google gearbeitet habe, bin ich viel gereist, habe mir aber immer fest vorgenommen, nicht im Flugzeug zu arbeiten. Die Flugzeit war meine Zeit, und ich habe sie dem Schreiben gewidmet. In zehn Jahren habe ich eine Menge Abenteuerromane in der Luft geschrieben, und das war äußerst befriedigend. Und meine Kollegen haben sich nie darüber beschwert, dass ich offline war. Vielleicht dachten sie, irgendein Satellitenausfall oder ein gesprächiger Sitznachbar habe mich vom Arbeiten abgehalten. Oder vielleicht verstanden sie so wie ich die Magie, während eines Flugs offline zu sein.

28. Verwenden Sie eine Zeitschaltuhr für das Internet

Als wir noch jung waren, mussten wir uns über eine Telefonverbindung ins Internet einwählen (verrückt, nicht?). Die Downloadgeschwindigkeit war lahm und wir bezahlten für das Internet nach Stunden. Es war eine tierisch nervige Angelegenheit.

Sich einwählen zu müssen hatte jedoch einen gewaltigen Vorteil. Es zwang uns, das Internet ganz bewusst zu nutzen. Bei all dem Aufwand,

---

[16] Diese Taktik geht davon aus, dass Sie ohne Kinder reisen. Wenn Sie Kinder dabeihaben, viel Glück. Wahrscheinlich brauchen Sie jede Ablenkung, die sich bietet.

um ins Internet zu kommen, hatte man besser eine genaue Vorstellung, was man da eigentlich wollte. Und wenn man sich schließlich eingewählt hatte, konzentrierte man sich auf seine Aufgabe, um kein unnötiges Geld zu verschwenden.

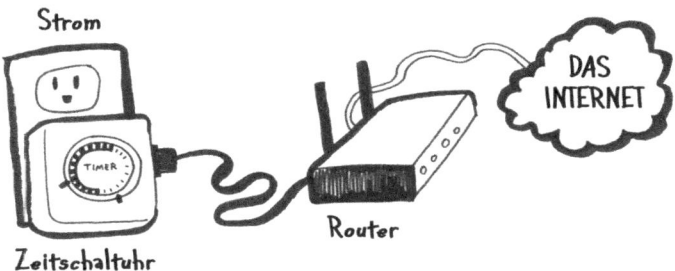

Das heutige stets aktivierte superschnelle Internet ist eine wunderbare Sache, aber es ist auch der größte Infinity Pool der Welt. Es kann schwierig sein, den Laserstrahlmodus beizubehalten, wenn man weiß, dass die endlosen Möglichkeiten, die das Internet bietet, nur Millisekunden entfernt sind.

Das Internet *muss* aber nicht die ganze Zeit aktiviert sein. Das ist auch nichts anderes als eine Standardeinstellung. Wenn Sie sich in den Laserstrahlmodus versetzen müssen, versuchen Sie, das Internet auszuschalten. Die einfachste Methode ist, das WLAN Ihres Computers auszuschalten und Ihr Smartphone in den Flugzeugmodus zu versetzen. Allerdings kann man das auch ganz leicht rückgängig machen. Viel effektiver ist es, sich selber auszusperren.

Es gibt zahlreiche Softwaretools, mit denen Sie das Internet vorübergehend blockieren können. Sie können Browser-Erweiterungen und andere Apps verwenden, um die Zeit, die Sie auf einer spezifischen Website verbringen, zu begrenzen oder alles für eine vorbestimmte Zeit zu deaktivieren. Es kommen ständig neue Versionen dieser Tools auf den Markt. Unsere Favoriten finden Sie auf maketimebook.com.

Oder Sie schalten das WLAN an der Quelle aus. Verbinden Sie Ihren Internetrouter mit einer simplen Zeitschaltuhr (so wie die Zeitschaltuhren, die während Ihres Urlaubs in unregelmäßigen Abständen das Licht ein- und ausschalten, um Einbrecher fernzuhalten) und stellen Sie sie so ein, dass sich das Internet während der vorbestimmten Zeit, in der Sie an Ihrem Highlight arbeiten wollen, abschaltet.

Oder Sie kaufen ein gebrauchtes DeLorean-Coupé, bauen einen Fluxkompensator, besorgen sich ein wenig Plutonium und reisen zurück in das Jahr 1994, um das Einwahlverfahren zu genießen. Aber vertrauen Sie uns, die Zeitschaltuhr ist wesentlich unkomplizierter.

Jake

Auf Seite 30 habe ich beschrieben, wie ich mir spätabends Zeit für mein Highlight freimache. Das war zu der Zeit, als ich an dem Buch *Sprint* arbeitete und meinen Abenteuerroman schrieb. Ohne meine Zeitschaltuhr wäre mir das nie gelungen.

Immer wenn ich mich abends zum Schreiben hinsetzte, ließ ich mich am Ende vom Internet ablenken. In meinem Fall sind die Hauptschuldigen E-Mails und Sportnachrichten. *Sollte ich mit dem Schreiben anfangen ... oder sollte ich noch schnell die neuesten Nachrichten über die Seahawks lesen? Sollte ich diesen Absatz noch mal überarbeiten? Umpf, das ist anstrengend ... da sehe ich doch lieber mal nach, wer mir eine E-Mail gesendet hat ... hmmm, neue Benachrichtigungen von LinkedIn .... ich speichere das ... klick!*

Klick für Klick schwanden mein guter Vorsatz und die Zeit, die ich mir für das Schreiben reserviert hatte. Nachdem zwei verschwommene Stunden wie im Nu verflogen waren, ging ich missmutig ins Bett, denn ich war eigentlich für nichts und wieder nichts so lange aufgeblieben. Schließlich wurde mir klar, dass ich mich entweder stärker disziplinieren (keine Chance) oder das Internet abschalten musste, wenn ich abends irgendetwas erledigen wollte. Daraufhin kaufte ich für 10 Dollar eine Zeitschaltuhr, stellte sie so ein, dass sie pünktlich um 21:00 Uhr das Internet ausschaltete, und steckte meinen Internetrouter in die Zeitschaltvorrichtung ein.

Und siehe da! Um 21:30 Uhr schliefen die Kinder und die Haushaltspflichten waren erledigt. Die Zeitschaltuhr klickte, und ... plötzlich gab es keinen Posteingang und keine Seahawks, kein Netflix, kein Twitter und kein MacRumors. Mein Laptop verwandelte sich in eine einsame Insel, und – mein Gott, war das schön!

29. Deaktivieren Sie das Internet

Eine Leserin namens Chryssa sandte uns eine extreme Taktik, um sich in den Laserstrahlmodus zu versetzen. Sie hat zu Hause *überhaupt keinen* Internetanschluss. Ja, richtig – kein Internet. Yeah. Wow. Und Chryssas Ergebnisse sprechen für sich. In dem Jahr, seit sie uns von dieser Taktik berichtete, nutzte sie ihre ablenkungsfreie Zeit, um einen Roman zu schreiben, eine neue Art von Pillenflasche zu entwerfen und eine Spielzeuglinie zu entwickeln. Sie ist fokussiert und äußerst produktiv.

Das Internet abzuschalten ist nicht ganz so extrem, wie es klingt, weil Sie immer noch online gehen können, indem Sie Ihr Smartphone als Hotspot verwenden. Aber es ist laaaaangsam, eher teuer und ein ziemlicher Aufwand. Chryssa sagt: »Dafür muss ich auf zwei Geräten in den Einstellungen herumfummeln. Diese kleine Abschreckung reicht allerdings aus, um es zu 99 Prozent der Zeit einfach zu lassen.«

Interessiert und neugierig, aber noch nicht ganz bereit, Ihr Internet komplett abzuschalten? Um diese Taktik auch ohne ein vollständiges Commitment nutzen zu können, bitten Sie einen tapferen Freund, Ihr WLAN-Passwort zu ändern und es die nächsten 24 Stunden vor Ihnen geheim zu halten.

30. Vorsicht vor Zeitkratern

Als Jake noch ein Kind war, unternahm seine Familie einen Ausflug an einen Ort namens Meteor Crater (auch Barringer-Krater), Arizona. Meteor Crater ist nicht nur ein cooler Name, sondern auch ein echter Meteoritenkrater mitten in der Wüste. Vor vielen Zehntausend Jahren schlug ein Meteoritbrocken mit einem Durchmesser von 45 Metern auf die Erde auf und verursachte einen Krater mit einem Durchmesser von einer Meile. Der kleine Jake stand am Rand des 180 Meter tiefen Kraters und stellte sich die beeindruckende Kraft eines solchen Aufpralls vor. Der Krater ist 50-mal so groß wie der Meteoritbrocken! Es ist verrückt, dass ein – gemessen an der Größe des Kraters – relativ kleines Objekt ein so gewaltiges Loch reißen kann.

Vielleicht ist es aber auch nicht so verrückt. Schließlich passiert das Gleiche in unserem Alltag. Kleine Ablenkungen reißen große Löcher in unseren Tag. Wir bezeichnen diese Löcher als »Zeitkrater«, und sie funktionieren so:

- ▶ Jake postet einen Tweet (90 Sekunden).
- ▶ In den folgenden zwei Stunden kehrt Jake viermal zu Twitter zurück, um zu sehen, was mit seinem Tweet passiert. Jedes Mal sieht er sich den Newsfeed an. Zweimal liest er einen Artikel, den jemand anderes geteilt hat (26 Minuten).
- ▶ Jakes Tweet erhält einige Retweets, was sich gut anfühlt, und so beginnt er im Geiste, seinen nächsten Text-Tweet zu entwerfen. (2 Minuten hier, 3 Minuten dort, und so weiter.)
- ▶ Jake postet einen weiteren Tweet, und der ganze Kreislauf beginnt von vorne.

Ein kurzer Tweet kann mit Leichtigkeit einen 30-Minuten-Zeitkrater in Ihren Tag reißen, und dabei sind die Umstellungskosten noch gar nicht eingerechnet. Jedes Mal, wenn Jake Twitter verlässt und zu seinem Highlight zurückkehrt, muss er den gesamten Kontext wieder in seinen geistigen Arbeitsspeicher laden, bevor er sich wieder im Laserstrahlmodus befindet.[17] Das heißt, der tatsächliche Zeitkrater könnte 45 Minuten, eine Stunde oder mehr betragen.

Es sind aber nicht nur die Infinity Pools, die Zeitkrater reißen. Auch die Erholungszeit trägt zum Zeitkrater bei. Ein »schneller« 15-minütiger Burrito-Lunch kann zusätzliche drei Stunden an verdauungsbedingter geistiger Schwerfälligkeit bedeuten. Spätabendliches Fernsehen kann Sie eine Stunde Extraschlaf am Morgen und einen ganzen Tag auf energetischer Sparflamme kosten. Und dann ist da noch die Antizipation. Wenn Sie gar nicht erst mit Ihrem Highlight beginnen, weil Sie in 30 Minuten ein Meeting haben, dann ist auch das ein Zeitkrater.

Wo befinden sich die Zeitkrater in Ihrem Leben? Das müssen Sie herausfinden. Sie können sie nicht alle vermeiden, aber einige können Sie definitiv umgehen, und jedes Mal, wenn Ihnen das gelingt, gewinnen Sie Zeit.

---

[17] In einer unserer absoluten Lieblingsstudien aller Zeiten stellte Gloria Mark von der University of California fest, dass Menschen 23 Minuten und 15 Sekunden brauchen, um sich nach einer Unterbrechung wieder voll auf ihre Aufgabe zu konzentrieren.

31. Tauschen Sie vermeintliche gegen echte Gewinne ein

Tweets, Facebook-Updates und Instagram-Fotos zu teilen kann zu einem echten Zeitkrater werden, aber gefährlich sind sie aus einem anderen Grund: Es sind falsche Gewinne.

Zu einem internetbasierten Gespräch beizutragen fühlt sich wie eine Leistung an. Unser Gehirn signalisiert uns: »Wir haben Arbeit erledigt!« In 99 von 100 Fällen handelt es sich dabei aber um völlig unbedeutende Beiträge, die obendrein mit einem riesigen Preisschild behaftet sind, denn sie rauben Zeit und Energie, die Sie für Ihr Highlight hätten verwenden können. Falsche Gewinne halten Sie davon ab, sich auf das zu konzentrieren, was Sie wirklich tun wollen.

Genau wie Zeitkrater nehmen falsche Gewinne alle erdenklichen Formen und Größen an. Eine Excel-Tabelle zu aktualisieren ist ein falscher Gewinn, wenn es Ihnen dabei hilft, das anstrengendere, aber bedeutungsvollere Projekt, das Sie zu Ihrem Highlight gemacht haben, zu verzögern. Die Küche zu putzen ist ein falscher Gewinn, wenn Sie damit die Zeit verbrauchen, in der Sie eigentlich mit Ihren Kindern spielen wollten. Und der E-Mail-Posteingang ist eine nie enden wollende Quelle von falschen Gewinnen. E-Mails zu checken fühlt sich immer wie eine Leistung an, selbst wenn gar keine neuen eingegangen sind. »Gut«, signalisiert Ihnen Ihr Gehirn, »ich bin auf dem Laufenden!«

Wenn die Zeit für den Laserstrahlmodus gekommen ist, erinnern Sie sich daran: Ihr Highlight ist der echte Gewinn.

32. Verwandeln Sie Ablenkung in nützliche Tools

Infinity Pools wie Facebook, Twitter, E-Mail und Nachrichten sind Ablenkungen, aber das heißt nicht, dass sie keinen Wert besäßen. Wir alle haben einen Grund, weshalb wir sie verwenden. Gewiss, an einem bestimmten Punkt setzte die Gewohnheit ein und die ständige Überprüfung dieser Apps wurde zu unserem Standardverhaltensmuster. Hinter der automatischen Routine birgt jede Infinity-Pool-App jedoch auch einen echten Zweck und Nutzen. Der Trick besteht darin, sie ganz bewusst und absichtsvoll zu benutzen, und nicht aus reiner Gedankenlosigkeit.

Wenn Sie sich auf den Zweck einer App fokussieren, können Sie Ihre Beziehung zu ihr verändern. Anstatt auf einen Auslösereiz, eine Aufforderung oder eine Unterbrechung zu reagieren, können Sie Ihre bevorzugten Apps – sogar ablenkende Infinity Pools – proaktiv als Tools nutzen. Und das geht so:

1. Beginnen Sie mit der Bestimmung, warum Sie eine spezielle App verwenden. Zu reinen Unterhaltungszwecken? Um mit Freunden und Familie in Kontakt zu bleiben? Um über bestimmte wichtige neue Nachrichten auf dem Laufenden zu sein? Und wenn ja, generiert sie einen Mehrwert für Ihr Leben?
2. Als Nächstes überlegen Sie, wie viel Zeit – pro Tag, pro Woche, pro Monat – Sie mit dieser Aktivität verbringen wollen. Und überlegen Sie sich auch, ob diese App die beste Methode dafür ist. Zum Beispiel könnten Sie Facebook verwenden, um mit Ihrer Familie in Kontakt zu bleiben. Aber ist das auch die beste Methode, um Ihre Kontakte zu pflegen? Vielleicht wäre es besser, wenn Sie mit Ihrer Familie telefonieren würden?
3. Und schließlich müssen Sie sich überlegen, wann und wie Sie diese App verwenden möchten, um Ihr Ziel zu erreichen. Vielleicht erkennen Sie, dass es reicht, wenn Sie die Nachrichten einmal pro Woche lesen (Nr. 25) oder dass Sie die Überprüfung Ihrer E-Mails für den Abend aufsparen können (Nr. 34). Vielleicht beschließen Sie, Facebook nur noch zu verwenden, um Babyfotos zu teilen. Sobald Sie eine Entscheidung treffen, können Ihnen viele der Taktiken zur Zeitgewinnung dabei helfen, Ihren Plan umzusetzen, indem sie Ihren Zugang zu den Ablenkungsfaktoren beschränken.

Halten Sie sich von Infinity Pools fern

JZ

Ich verbrachte gewöhnlich viel zu viel Zeit mit Twitter, bis ich beschloss, es als nützliches Tool zu betrachten und diesen Dienst dazu zu nutzen, meine Arbeit bekannt zu machen und Fragen von Lesern zu beantworten. Mir wurde klar, dass das nicht viel Zeit in Anspruch nahm und ich nicht unbedingt den Main Feed sehen musste. Heute benutze ich Twitter nur auf meinem Laptop – nicht auf meinem Smartphone – und ich beschränke mich auf 30 Minuten pro Tag. Um diese Zeit wirklich gut zu nutzen, gehe ich direkt zu Twitters Benachrichtigungsscreen (indem ich die URL eingebe) und lasse die ablenkenden Feeds aus. Wenn ich fertig bin, melde ich mich ab (Nr. 18), bis am nächsten Tag wieder Twitter-Time ist.

Jake

Ich habe nicht so viel Selbstdisziplin wie JZ, daher verwende ich ein Browser-Plugin, um mich auf *vier* Minuten pro Tag zu beschränken, und zwar für Twitter und Facebook zusammen. Diese Beschränkung hat mich darauf trainiert, schnell zu sein. Einige Male pro Woche entferne ich mein Browser-Plug-in und nehme mir die Zeit, um die wichtigsten Nachrichten zu beantworten ... und, okay, vielleicht einige Tweets zu lesen. (Für unsere Softwareempfehlungen verweisen wir wie immer auf maketimebook.com.)

33. Werden Sie zu einem Gelegenheitsfan

Wie viel Zeit nimmt es in Anspruch, ein Sportfan zu sein? Nun, wie viel Zeit haben Sie? Heutzutage können Sie jedes Spiel Ihres Lieblingsteams in der Vorsaison, der regulären Saison, die Play-offs und auch alle Spiele aller anderen Mannschaften sehen, und das alles im Komfort Ihres eigenen Wohnzimmers. Die Versorgung mit Nachrichten, Gerüchten, Verhandlungen, Spielertransfers, Blogs und Prognosen ist grenzenlos und findet 365 Tage im Jahr rund um die Uhr statt. Das hat kein Ende. Wahrscheinlich könnten Sie 24 Stunden am Tag damit verbringen, sich auf den neuesten Stand zu bringen, und wären trotzdem nie auf dem Laufenden.

Sportfan zu sein ist nicht nur zeitaufwendig, es beansprucht auch emotionale Energie. Wenn Ihre Mannschaft verliert, fühlen Sie sich missmutig und niedergeschlagen. Das kann Sie richtiggehend ausknocken und Ihre Energie über Stunden oder sogar Tage dämpfen.[18] Und selbst wenn Ihr Team gewinnt, erzeugt die Euphorie einen Zeitkrater (Nr. 31), weil Sie der Versuchung erliegen, die Highlights immer wieder anzusehen und die anschließenden Analysen zu lesen.

Sport hat uns fest im Griff. Sport befriedigt unseren angeborenen Stammesdrang. Wir wachsen damit auf, gemeinsam mit unseren Eltern, Familien und Freunden ins Stadion zu gehen und mit lokalen Sportmannschaften mitzufiebern. Wir diskutieren mit Kollegen und Fremden über Sport. Jedes Spiel und jede Saison hat eine unvorhersehbare Storyline, aber anders als im echten Leben enden sie immer mit einem klaren Sieg oder einer Niederlage, und das empfinden wir als zutiefst befriedigend.

Wir fordern Sie nicht auf, völlig darauf zu verzichten. Wir schlagen nur vor, dass Sie einfach ein Gelegenheitsfan werden. Sehen Sie sich die Spiele nur bei besonderen Gelegenheiten an, zum Beispiel wenn sich Ihr Team in der Play-off-Runde befindet. Hören Sie auf, die Berichte zu lesen, wenn Ihr Team verloren hat. Sie können Ihr Team immer noch lieben, aber Ihre Zeit auf etwas anderes verwenden.

---

[18] Nachdem die Seattle SuperSonics in den NBA-Playoffs von 1994 gegen die Denver Nuggets verloren hatten, hatte Jake drei Monate lang Schwierigkeiten, ganze Sätze zu bilden, ohne in Schluchzen auszubrechen.

JZ

Meine Großmutter Katy wuchs in Green Bay, Wisconsin, auf, wo die Highschool, die ihr Vater besucht hatte, einen Footballtrainer namens Earl »Curly« Lambeau hatte. NFL-Fans werden seinen Namen wiedererkennen: Die Green Bay Packers spielen in einem Stadion mit dem Namen Lambeau Field, und Curly selbst war einer der Gründer des Teams. Lange bevor American Football ins Fernsehzeitalter einzog, war meine Großmama Cheerleader der Packers – als »Leihgabe« des Sportteams der Green Bay East High School, die sie besuchte.

Man könnte also sagen, dass es Teil meiner DNA ist, ein Packers-Fan zu sein, und das macht es mir besonders schwer, ein Gelegenheitsfan zu sein. Ich versuche es daher mit einem leicht abgewandelten Ansatz: Ich konzentriere mich auf die Aspekte meiner Eigenschaft als Packers-Fan, die mir wirklich echten Spaß bringen. Für mich bedeutet das, Spiele mit Freunden anzusehen (vorzugsweise begleitet von viel Bier und Bratwurst), und alle paar Jahre gehe ich auch ins eiskalte Stadion Lambeau Field, um mir ein Heimspiel anzusehen.

Ich könnte natürlich mehr Zeit damit verbringen, die Packers zu verfolgen. Ich könnte die Teamnachrichten lesen, die Hauptspieler analysieren und sie in der Nebensaison ständig beobachten. Und ich könnte die Footballsaison *ein wenig* mehr genießen, aber das würde *wesentlich* mehr Zeit in Anspruch nehmen. Stattdessen fokussiere ich mich auf die Highlights – die Aspekte, die mir echten Spaß bringen – und nutze die restliche Zeit für andere wichtige Dinge.

Bremsen Sie den E-Mail-Verkehr

34. Beantworten Sie E-Mails am Ende des Tages
35. Planen Sie E-Mail-Zeit ein
36. Leeren Sie einmal pro Woche Ihren Posteingang
37. Behandeln Sie elektronische Nachrichten wie Briefe
38. Lassen Sie sich Zeit mit der Beantwortung
39. Dimmen Sie Erwartungen
40. Richten Sie ein E-Mail-Konto nur zum Versand ein
41. Nehmen Sie sich eine Auszeit
42. Sperren Sie sich selbst aus

Jahrelang hielten wir einen leeren Posteingang für das Kennzeichen einer hohen Produktivität. Inspiriert von Experten wie David Allen und Merlin Mann machten wir es uns zu unserem täglichen Ziel, jede einzelne Nachricht noch am selben Tag zu beantworten. Jake ging so weit, bei Google einen Workshop für E-Mail-Management zu organisieren und Hunderte von Kollegen in den Tugenden eines leeren Posteingangs zu schulen.

Die Technik des leeren Posteingangs basiert auf einer guten Logik: Wenn Sie Ihre Nachrichten beantwortet haben, können sie Sie nicht bei der Arbeit stören. Aus der Inbox, aus dem Sinn. Diese Technik funktioniert gut, wenn Sie nur einige wenige E-Mails pro Tag erhalten. Unser E-Mail-Account entwickelte jedoch ein echtes Eigenleben. Eigentlich war die Idee, den Posteingang zu leeren, damit wir uns auf unsere Arbeit konzentrieren konnten, stattdessen verwandelte sich die Beantwortung der E-Mails an den meisten Tagen in unsere *tatsächliche Arbeit*.[19] Das war ein Teufelskreis; je schneller wir antworteten, desto schneller kamen neue Antworten zurück und desto mehr verstärkten wir die Erwartung der Absender, umgehend eine Antwort zu erhalten.

Als wir anfingen, uns Zeit für die täglichen Highlights zu nehmen, wurde uns klar, dass wir diesen hektischen E-Mail-Verkehr stoppen mussten. Seit einigen Jahren »bremsen« wir also unsere Posteingänge. Es ist nicht einfach. Aber wenn Sie in den Laserstrahlmodus kommen und Ihr Highlight beenden wollen, empfehlen wir Ihnen, sich uns anzuschließen und die Beschäftigung mit Ihrem Posteingang zu minimieren.

Die Vorteile einer selteneren Auseinandersetzung mit E-Mails reichen weit über den Laserstrahlmodus hinaus. Wenn Sie Ihren E-Mail-Eingang seltener überprüfen, so belegen Studien, werden Sie weniger gestresst und dennoch auf dem Laufenden sein. Eine Studie der University of British Columbia aus dem Jahr 2014 stellte fest, dass Menschen, die ihre E-Mails nur dreimal am Tag prüfen (anstatt beliebig oft), einen deutlich geringeren Stresspegel aufwiesen. Die Forscher

---

[19] Eine Studie des McKinsey Global Institute aus dem Jahr 2012 ergab, dass Büromitarbeiter nur 39 Prozent ihrer Zeit mit echter Arbeit verbringen. Die übrigen 61 Prozent entfallen auf Kommunikation und Koordination. In anderen Worten: Es handelt sich um Arbeit zur Arbeit, wobei die Beantwortung von E-Mails fast die Hälfte der Zeit in Anspruch nimmt. Busy Bandwagon, Baby!

Elizabeth Dunn und Kostadin Kushlev sagten dazu: »Sich weniger mit E-Mails zu beschäftigen, hat unter Umständen die gleiche stressabbauende Wirkung, als wenn Sie sich mehrmals am Tag vorstellen würden, in den warmen Gewässern einer tropischen Insel zu baden.« Und was vielleicht noch eine größere Überraschung ist: Als die Teilnehmer an der Studie ihre E-Mails seltener prüften, wurden sie effizienter. In der Woche, in der sie ihre E-Mails dreimal am Tag checkten, beantworteten sie ungefähr dieselbe Zahl an Nachrichten, waren dabei aber um 20 Prozent schneller. Durch die Verringerung der E-Mail-Frequenz *gewannen sie messbar Zeit!*

Der Ehrlichkeit halber muss man allerdings zugeben, dass auch die Veränderung der E-Mail-Gewohnheiten leichter gesagt als getan ist. Glücklicherweise können wir zwei Rekonvaleszenten der E-Mail-Abhängigkeit einige Taktiken vorstellen, mit denen Sie Ihre Beziehung zu Ihrem Posteingang verändern können.

34. Beantworten Sie E-Mails am Ende des Tages

Anstatt morgens als Erstes Ihre E-Mails zu checken, in den E-Mail-Sog zu geraten und zuerst auf die Prioritäten aller anderen Menschen zu reagieren, verschieben Sie die Beschäftigung mit Ihren E-Mails auf das Ende des Tages. Auf diese Weise können Sie die wichtigsten und leistungsfähigsten Stunden auf Ihr Highlight und andere wichtige Arbeit verwenden. Wahrscheinlich haben Sie am Ende des Tages weniger Energie, aber das ist für die Beantwortung von E-Mails sogar von Vorteil: Sie werden weniger versucht sein, sich zu viele Verpflichtungen aufzuladen und jede Anfrage und Bitte mit einer Zusage zu beantworten, und Sie werden wahrscheinlich auch kein mehrseitiges Manifest verfassen, wo es eine kurze, schlichte Antwort auch tun würde.

35. Planen Sie E-Mail-Zeit ein

Um eine neue Routine zu etablieren, die die Beantwortung von E-Mails auf den Nachmittag verschiebt, versuchen Sie, die Zeit dafür in Ihrem Terminkalender einzuplanen. Ja, wir möchten, dass Sie buchstäblich »E-Mail-Zeit« einplanen. Wenn Sie wissen, dass Sie zu einem späteren Zeitpunkt des Tages Zeit dafür reserviert haben, fällt es leichter, sich hier und jetzt auf andere Dinge zu konzentrieren. Und wenn Sie Ihre E-Mail-Zeit vor einem anderen unverrückbaren Termin einplanen, zum Beispiel einem Meeting oder dem Feierabend, dann hat das einen weiteren Nutzen: Wenn die E-Mail-Zeit abgelaufen ist, ist sie abgelaufen. Erledigen Sie in der vorgegebenen Zeit so viel wie möglich, und dann beschäftigen Sie sich mit anderen Dingen.

36. Leeren Sie einmal pro Woche Ihren Posteingang

Wir lieben die Klarheit eines leeren Posteingangs, aber wir mögen nicht den täglichen Zeitaufwand, der damit verbunden ist. JZ macht sich das Leeren seines Posteingangs zu einem Wochenziel: Solange er alle Mails bis Ende der Woche beantwortet hat, ist es okay. Versuchen Sie es. Sie können Ihren Posteingang trotzdem auf der Suche nach Nachrichten überfliegen, die *tatsächlich* eine schnellere Antwort verlangen, aber antworten Sie nur auf diese. Bei anderen dringenden Angelegenheiten können Sie Ihre Freunde und Familie bitten, Sie per Textnachricht oder Anruf zu kontaktieren. Und was alle anderen Nachrichten betrifft, können Ihre Kollegen (und auch alle anderen Absender) lernen, sich in Geduld zu üben und zu warten, bis Sie Zeit für ihre Beantwortung haben (siehe Taktik Nr. 39 für Tipps über eine Steuerung der Erwartungshaltung).

37. Behandeln Sie elektronische Nachrichten wie Briefe

Eine Menge Stress geht auf die Überzeugung zurück, Sie müssten jede neue Nachrichten grundsätzlich sofort lesen und beantworten. Sie werden weitaus weniger gestresst sein, wenn Sie E-Mails wie einen guten alten Brief behandeln – Sie wissen schon, das handschriftliche Schreiben auf Papier mit Kuvert und Briefmarke. Die Schneckenpost wird nur einmal pro Tag ausgetragen. Die meisten Briefe liegen eine Weile auf Ihrem Schreibtisch, bevor Sie sie überhaupt öffnen. Und in 99 Prozent der Fälle ist das überhaupt kein Problem. Versuchen Sie, die Kommunikation zu entschleunigen und Ihre E-Mails als das zu betrachten, was sie eigentlich sind: nichts anderes als eine modische, aufgepuschte Hightech-Version der guten alten Schneckenpost.

38. Lassen Sie sich Zeit mit der Beantwortung

Vor allem aber erfordert die Rückgewinnung der Kontrolle über Ihren Posteingang ein geistiges Umschalten von »so schnell wie möglich« auf »so langsam, wie es irgend geht«. Lassen Sie sich Zeit bei der Beantwortung von E-Mails, Chats, Textnachrichten und anderen Botschaften. Lassen Sie Stunden, Tage und manchmal sogar Wochen verstreichen, bevor Sie sich melden. Das mag total bescheuert klingen, ist es aber nicht.

Im echten Leben antworten Sie sofort, wenn jemand Sie anspricht. Wenn ein Kollege fragt: »Wie war das Meeting?«, antworten Sie umgehend. Einfach vor sich hin zu starren und so zu tun, als habe man die Frage nicht gehört, wäre sehr ungehobelt. In Gesprächen von Angesicht zu Angesicht ist es Standard, unmittelbar zu antworten, weil das respektvoll und hilfreich ist. Wenn Sie diesen Standard jedoch in die digitale Welt übertragen, geraten Sie in Schwierigkeiten.

Online kann *jeder* Sie zu jedem Zeitpunkt ansprechen, nicht nur die wirklich wichtigen Menschen in Ihrer physischen Nähe. Die Absender haben Fragen zu *ihren* Prioritäten, nicht Ihren, und zu einem Zeitpunkt, der für *sie* passend ist, aber nicht für Sie. Jedes Mal, wenn Sie Ihre E-Mails oder einen anderen Messaging-Dienst prüfen, sagen Sie im Wesentlichen: »Möchte irgendeine beliebige Person gerade meine Zeit in Anspruch nehmen?« Und wenn Sie immer sofort antworten, senden Sie sich und den Absendern der Nachrichten ein weiteres Signal, das lautet: »Ich unterbreche immer sofort alles, was ich mache, um die Prioritäten anderer über meine eigenen zu stellen, egal wer es ist und worum es geht.«

Das klingt vollkommen *verrückt*. Der Wahnsinn, alles immer sofort zu beantworten, hat sich in unserer Kultur aber zum Standardverhaltensmuster entwickelt. Das ist einer der Grundpfeiler des Busy Bandwagon.

Diesen absurden Standard können Sie aber verändern. Sie können beschließen, Ihre E-Mails seltener zu überprüfen und die E-Mails sich auftürmen zu lassen, bis Sie Zeit haben, sie alle auf einmal abzuarbeiten (Nr. 4). Sie können sich mit der Beantwortung Zeit lassen, um mehr Zeit für den Laserstrahlmodus zu gewinnen, und wenn Sie befürchten, als Blödmann zu gelten, dann erinnern Sie sich daran, dass Sie als fokussierte und präsente Person für Ihre Kollegen und Freunde an Wert *gewinnen*.

Die Busy-Bandwagon-Kultur der sofortigen Beantwortung jeder eingehenden Nachricht ist mächtig, und Sie brauchen Mut und Vertrauen, um sie zu überwinden und Ihre eigene innere Einstellung zu verändern. Glauben Sie an Ihr Highlight: Es ist es *wert*, ihm Priorität vor jeder beliebigen Unterbrechung einzuräumen. Glauben Sie an den Laserstrahlmodus: Sie werden mit einem zielgerichteten Fokus *mehr* erreichen, als wenn Sie Ihre Energie über alle E-Mails verstreuen. Und glauben Sie an andere Menschen: Wenn ihr Anliegen wirklich dringend und wichtig ist, *werden sie versuchen*, auf andere Weise – persönlich oder telefonisch – zu Ihnen vorzudringen.

39. Dimmen Sie Erwartungen

Wenn Sie die Zeit begrenzen, die Sie mit Ihren E-Mails verbringen, oder sich bei der Beantwortung mehr Zeit lassen, müssen Sie womöglich die Erwartungshaltung Ihrer Kollegen und anderer Leute verändern: Sie könnten ihnen zum Beispiel Folgendes sagen:

»Ich brauche länger, um zu antworten, weil ich einige wichtige Projekte priorisieren muss. Wenn Sie mich dringend erreichen müssen, senden Sie mir eine Textnachricht.«

Diese Botschaft können Sie persönlich, per E-Mail oder sogar in Form einer automatischen Antwort oder Signatur überbringen.[20] Hier kommt es genau auf die Formulierung an. Die Rechtfertigung »weil ich einige wichtige Projekte priorisieren muss« ist völlig nachvollziehbar und zugleich ausreichend vage. Das Angebot, auf eine Textnachricht zu reagieren, bietet wiederum einen Notfallplan für wirklich dringende Angelegenheiten. Da die Hemmschwelle, eine Textnachricht zu senden oder direkt anzurufen, aber höher ist als bei einem Chat oder einer E-Mail, werden Sie wahrscheinlich deutlich seltener unterbrochen werden.[21]

---

[20] Unser Respekt für Tim Ferriss und seinen knallharten Ansatz zu Interaktionen am Arbeitsplatz; er hat uns mit seinem Werk *Die 4-Stunden-Woche* auf diese Ideen gebracht.

[21] Das Wort *weil* hat seine eigene Wirkung. In einer Studie von 1978 experimentierten Harvard-Forscher mit dem Vordrängeln in der Schlange vor dem Kopierer (das war 1978 ...). Wenn der Testteilnehmer die Wartenden vor ihm fragte: »Dürfte ich den Kopierer benutzen?«, wurde er in 60 Prozent der Fälle vorgelassen. Wenn er jedoch fragte: »Dürfte ich den Kopierer benutzen, weil ich Kopien machen muss?«, wurde er in 93 Prozent der Fälle vorgelassen. Das ist verrückt! Alle warteten, um Kopien zu machen; etwas anderes kann man mit einem Kopierer nicht machen. *Weil* ist ein Zauberwort.

Möglicherweise müssen Sie nicht einmal eine explizite Botschaft versenden; Ihr Verhalten kann für sich selbst sprechen. Bei Google Ventures zum Beispiel wussten alle, dass wir beide uns mit der Beantwortung von E-Mails Zeit ließen. Wenn jemand es eilig hatte, sandte er oder sie uns eine Textnachricht oder kam in unser Büro. Dabei haben wir nie ein Memo zu unserer E-Mail-Politik versandt. Wir ließen uns einfach Zeit, und die Leute merkten es. Auf diese Weise gewannen wir Zeit für unsere Design Sprints und Zeit zum Schreiben. In anderen Worten: mehr Zeit für den Laserstrahlmodus und für unsere Highlights.

Einige Dinge – zum Beispiel verkaufsrelevante Angelegenheiten und Kunden-Support – erfordern tatsächlich eine schnelle Reaktion. Für die meisten Jobs gilt jedoch, dass jeder mögliche Reputationsschaden, den Sie erleiden könnten, weil Sie sich Zeit lassen (wahrscheinlich ist er geringer, als Sie glauben), durch die vermehrte Zeit, die Sie für Ihre wichtigsten Projekte gewonnen haben, mehr als wettgemacht wird.

40. Richten Sie ein E-Mail-Konto nur zum Versand ein

Zwar ist es wunderbar, keine E-Mails auf dem Smartphone zu *erhalten*, aber gelegentlich kann es nützlich sein, selber E-Mails *versenden* zu können. Die gute Nachricht: Das geht.

JZ

Im Jahr 2014, als ich beschloss, das ablenkungsfreie iPhone auszuprobieren, war ich überrascht, wie sehr ich die Möglichkeit vermisste, selber E-Mails zu versenden. Ich nehme an, mir war nicht klar, wie oft ich eine kurze Notiz oder eine Erinnerung versandte oder E-Mails verwendete, um Dokumente oder Fotos mit anderen zu teilen. Ich fragte auf Twitter, ob es eine iPhone-App gab, mit der man ausschließlich E-Mails versenden konnte, und erntete viel Spott.

Also bat ich meinen Freund Taylor Hughes (Softwareingenieur), und er half mir dabei, eine einfache Technik zu entwickeln:
1. Einrichtung eines E-Mail-Kontos mit ausschließlicher Sendefunktion. Das können Sie überall einrichten, aber wenn Sie einen der großen E-Mail-Provider wählen, können Sie Ihr Telefon damit verknüpfen.
2. Richten Sie das Konto so ein, dass alle Antworten auf Ihre E-Mails automatisch auf Ihr normales E-Mail-Konto umgeleitet werden, sodass der Posteingang des neuen Kontos immer leer ist.
3. Verknüpfen Sie das neue Konto mit Ihrem Smartphone anstatt mit Ihrem regulären Konto.

Taylors Lösung bewährte sich großartig. Nach einigen Monaten war mein Freund Rizwan Sattar (ein weiterer Softwareingenieur) so von der Idee einer E-Mail-App mit ausschließlicher Sendefunktion begeistert, dass er eine iPhone-App namens Compose entwickelte. Als ich zu Android wechselte, fand ich mehrere Send-Only-Apps, darunter sogar einige, für die man kein neues Konto einrichten muss. Sie können unsere neuesten App-Empfehlungen auf maketimebook.com lesen.

41. Nehmen Sie sich eine Auszeit

Haben Sie jemals eine »Out of office«-Antwort wie diese auf Ihre E-Mail erhalten?

»Ich bin diese Woche im Urlaub und habe keinen Zugang zu meinen E-Mails. Alle eingehenden Nachrichten beantworte ich nach meiner Rückkehr.«

Dieser Satz beschwört Bilder eines Abenteuers an einem abgelegenen Ort herauf: eine öde Wüstenlandschaft, ein frosterstarrter Wald am Yukon oder vielleicht Höhlenforschung. Dabei sagt dieser Satz gar nicht, dass sich die betreffende Person an einem abgelegenen Ort ohne Funktürme befindet; er sagt nur, dass er oder sie eine Woche lang nicht auf das Internet zugreift.

Genau das können Sie auch sagen, wenn Sie Urlaub machen, egal wohin Sie fahren. Sie können einfach beschließen, sich auszuklinken. Das kann schwerfallen, weil in den meisten Firmen die unausgesprochene (und verrückte) Erwartung besteht, dass Sie auch im Urlaub

Ihre E-Mails prüfen. Aber selbst wenn es schwerfällt, üblicherweise ist es möglich.

Und der Aufwand lohnt sich. Selbst im Urlaub ist der Laserstrahlmodus wichtig. Umso mehr, wenn Ihre Urlaubszeit womöglich sehr begrenzt und daher äußerst kostbar ist. Das ist die perfekte Zeit, um Ihre beruflich genutzte E-Mail-App zu deinstallieren (Nr. 24) und Ihren Laptop zu Hause zu lassen (Nr. 22). Sie können und sollten sich an jedem beliebigen Ort ausklinken und sich eine echte Auszeit nehmen.

42. Sperren Sie sich selbst aus

Für einige (hüstel, hüstel, *Jake*) ist das Phänomen E-Mail einfach unwiderstehlich. Möglicherweise lesen Sie diese Taktiken und wollen sie umsetzen, aber bringen nicht die nötige Willenskraft auf. Trotzdem gibt es Hoffnung: Sie können sich einfach aus Ihrem eigenen E-Mail-Konto aussperren.

Jake

Selbst nach all den Jahren und wider besseres Wissen bin ich immer noch hoffnungslos in E-Mails verliebt. Ich prüfe mein Postfach so oft wie möglich, um zu sehen, ob neue spannende Nachrichten eingegangen sind. Da bin ich einfach willenlos.

Ja, meine Willenskraft ist gleich null. Aber ich bin zugleich total streng, was die Begrenzung meiner E-Mail-Zeit angeht. Mein Geheimnis ist eine App namens Freedom. Damit kann ich Zeiten einrichten, in denen ich mich selber aus meinen E-Mails aussperre. Auf diese Weise wende ich die Taktik zur Strukturierung meines Arbeitstags an. Sie hilft mir dabei, einen Plan zu erstellen, wie ich meine Zeit verbringen will, und zwingt mich dann, diesen Plan einzuhalten, anstatt planlos zu improvisieren.

Um einen perfekten E-Mail-Zeitplan auszuarbeiten, stelle ich mir einige Fragen:

Frage: Welches ist morgens die absolut späteste Uhrzeit, um meine E-Mails zu prüfen?

Antwort: 10:30 Uhr. Da ich mit Leuten in Europa zusammenarbeite, kann ich meine E-Mails nicht später als 10:30 Uhr checken, weil ich sonst riskiere, einen ganzen Tag zu verpassen, bevor ich wieder mit ihnen sprechen kann.

Frage: Wie lange brauche ich für meinen ersten E-Mail-Check?

Antwort: 30 Minuten. Wenn ich länger dort verweile, lasse ich mich ernsthaft ablenken. Wenn ich weniger Zeit mit meinen E-Mails verbringe, habe ich unter Umständen nicht die Zeit, auf eine dringende und wichtige Nachricht zu antworten.

Frage: Welches ist der absolut späteste Zeitpunkt für meinen zweiten E-Mail-Check?

Antwort: 15:00 Uhr. Das gibt mir Zeit, um mit meinen Kontakten in den USA zu sprechen. Und vor allem gibt es mir viel Zeit, mich am frühen Nachmittag auf andere Dinge zu fokussieren.

Nachdem ich mir diese Fragen beantwortet habe, richte ich Freedom so ein, dass ich bis 10:30 Uhr morgens keinen Zugang zum Internet habe. Dann habe ich 30 Minuten, um meine E-Mails zu lesen und zu beantworten, bevor mich Freedom von 11:00 bis 15:00 Uhr wieder aussperrt – dieses Mal aus meinem E-Mail-Konto. Zu dieser Uhrzeit habe ich mein Highlight üblicherweise abgeschlossen und es bleibt mir genügend Zeit, vor Ende des Arbeitstages auf alle neuen E-Mails zu antworten.

Das Großartigste ist, dass ich nicht jeden Tag aufs Neue die schwere Entscheidung treffen muss, mich an diesen Zeitplan zu halten. Ich verändere meinen Standard einmal, und dann handelt Freedom für mich und befreit mich von meiner mangelnden Willenskraft.

Wenn Sie so wie ich gegen Ihre E-Mail-Liebe/-Abhängigkeit kämpfen müssen, dann erstellen Sie einen Zeitplan und sperren Sie sich selbst aus. Das Gleiche können Sie übrigens auch mit den Infinity Pools machen (siehe maketimebook.com für unsere neuesten Empfehlungen zu entsprechender Software).

Machen Sie Fernsehen zu einer »besonderen Gelegenheit«

43. Verzichten Sie auf Nachrichtensendungen
44. Verbannen Sie Ihren Fernseher in die Ecke
45. Tauschen Sie Ihren Fernseher gegen einen Projektor aus
46. Sehen Sie selektiv fern und nicht alles, was geboten wird
47. Machen Sie das, was Sie lieben, zu etwas Besonderem

Die zersetzendste Technologie, die ich je erlebt habe, heißt Fernsehen – auf der anderen Seite ist Fernsehen, wenn es richtig gut ist, eine tolle Sache.

STEVE JOBS

Fernsehen, wir lieben dich. Du gibst uns das Gefühl, durch Zeit und Raum zu reisen und in das Leben anderer Menschen einzutauchen. Und wenn unser Gehirn völlig erschöpft ist, dann hilfst du uns zu entspannen und uns zu erholen. Dieser Schritt ist jedoch dabei, unsere Aufmerksamkeit zu beherrschen. Erinnern Sie sich an die Statistik auf S. 99? Amerikaner sehen durchschnittlich 4,3 Stunden am Tag fern – *4,3 Stunden am Tag!* Diese Zahl ist verblüffend. Sorry, Fernsehen, aber wir müssen es mal laut aussprechen: **Du schluckst verdammt noch mal zu viel Zeit.**

Nach unserer Meinung ist diese ganze Fernsehzeit eine Goldmine: eine riesige Menge exzellenter Zeit, die müßig herumliegt – bereit, sinnvoll genutzt zu werden. Und wie üblich müssen Sie dafür nichts anderes machen, als Ihre Standardeinstellung zu ändern.

Dafür müssen Sie Ihren Fernseher nicht wegwerfen. Aber anstatt jeden Tag stundenlang fernzusehen, machen Sie daraus eine Unterhaltung für besondere Gelegenheiten. Oder um einen Ausdruck zu verwenden, mit dem Jake und seine Frau ihren Kindern erklären, warum sie nicht jeden Tag Eis essen können: Machen Sie das Fernsehen zu einer *gelegentlichen Belohnung*.

Diese Veränderung ist nicht einfach. Tägliches Fernsehen ist ein mächtiger Standard, und wenn Ihre Fernsehgewohnheiten auf Autopilot gestellt sind, sind Sie nicht alleine. In den meisten Wohnzimmern bildet der Fernseher der Mittelpunkt des Raums und alle Möbel werden um ihn herum gruppiert. Unsere Abende werden oft rund um die Fernsehzeit geplant. Und in der Arbeit sind Gespräche über bestimmte Fernsehsendungen das Standardthema für Small Talk. Wir alle sind mit Fernsehen aufgewachsen, daher fällt uns gar nicht auf, wie viel Raum der Fernseher in unserem Leben einnimmt.

Wenn Sie sich dieser kulturellen Norm aber widersetzen, können Sie viele Stunden freisetzen. Schon die Reduzierung der Fernsehzeit auf eine Stunde oder weniger pro Tag kann einen Riesenunterschied bewirken. Und es ist nicht nur Zeit, die freigesetzt wird – Sie können auch kreative Energie für Ihr Highlight freisetzen. Wie Jake bei seinen Romanprojekten feststellte, kann es schwierig sein, eigene Ideen zu entwickeln, wenn man ständig den Ideen anderer Leute ausgesetzt ist.

Hier einige Experimente, die Sie ausprobieren können, um die Kontrolle über Ihr Fernsehverhalten zurückzugewinnen.

43. Verzichten Sie auf Nachrichtensendungen

Wenn Sie nur eine Veränderung Ihrer Fernsehgewohnheiten vornehmen, dann verzichten Sie auf Nachrichtensendungen. Fernsehnachrichten sind unglaublich ineffizient. Das sind endlose Schleifen an Gerede, repetitive Geschichten, Werbung und leere Erkennungsmelodien. Anstatt einer Zusammenfassung der wichtigsten Ereignisse des Tages präsentieren die meisten Nachrichtensendungen bewusst und sorgfältig ausgewählte Storys, die Sie in einen Zustand der angespannten Erregung versetzen und Ihre Aufmerksamkeit fesseln sollen. Machen Sie es sich stattdessen zur Gewohnheit, einmal pro Tag oder vielleicht auch nur einmal pro Woche die Nachrichten zu lesen (Nr. 25).

44. Verbannen Sie Ihren Fernseher in die Ecke

Oft sind die Möbel im Wohnzimmer so arrangiert, dass sich alles um den Fernseher dreht. Das sieht ungefähr so aus:

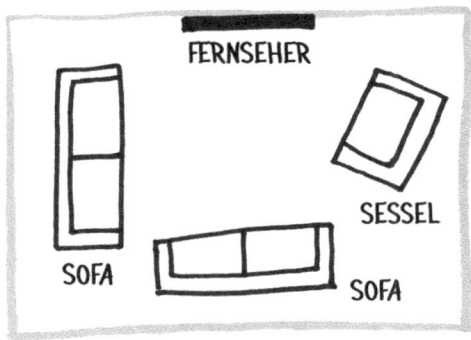

Stellen Sie die Möbel einfach so um, dass Fernsehen zu Unbequemlichkeit zwingt. Auf diese Weise erreichen Sie, dass die Konversation zum Standard wird. Ungefähr so:

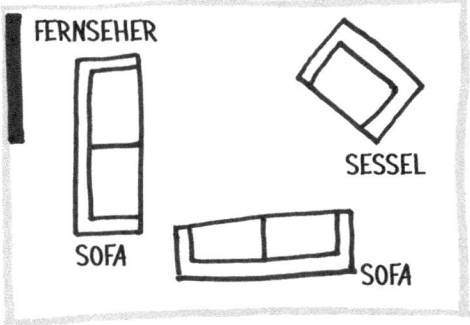

Diese Idee stammt von Jakes Freunden Cindy und Steve, die drei Söhne haben. »Wir können immer noch zusammen fernsehen«, sagt Cindy, »aber die neue Anordnung der Möbel macht eine Unterhaltung viel einfacher. Und dieses schwarze Rechteck schluckt nicht das ganze Licht im Raum.« Cindy hat ganz recht: Ein schwarzer, toter Bildschirm fleht geradezu darum, angeschaltet zu werden. Wenn Sie ihn außerhalb der Sichtweite platzieren, wird es Ihnen wahrscheinlich leichter fallen, seiner Versuchung zu widerstehen.

45. Tauschen Sie Ihren Fernseher gegen einen Projektor aus

Wenn Sie das nächste Mal einen Fernseher kaufen wollen, überlegen Sie sich, ob Sie nicht stattdessen einen Projektor und eine aufrollbare Leinwand kaufen. Das ist eine billigere Methode, um einen Kinoeffekt zu erzielen. Außerdem macht es Mühe, die Leinwand aufzuhängen und den Projektor anzuschließen. Diese Umstände sind eine gute Sache, weil Sie dann standardmäßig eher darauf verzichten werden. Aber wenn Sie sich die Mühe machen, wird das Fernseherlebnis beeindruckend sein! Es ist das Beste aus beiden Welten: ein großartiges Beinahe-Kino-Erlebnis für besondere Gelegenheiten, und mehr freie Zeit in den übrigen Stunden.

46. Sehen Sie selektiv fern und nicht alles, was geboten wird

Das Problem mit Streaming-Abonnements ist, dass es immer irgendeine Sendung zum Streamen gibt. Das ist so, als hätten Sie ein dauerpräsentes All-you-can-eat-Buffet der Ablenkung in Ihrem Wohnzimmer. Probieren Sie, Kabelfernsehen, Netflix und andere Angebote zu stornieren, und leihen oder kaufen Sie stattdessen gelegentlich Filme und Serien, und zwar immer nur eine Folge auf einmal.[22] Die Idee ist, von Ihrem Standardverhaltensmuster »mal sehen, was es so gibt« auf »Ich möchte *diese* Sendung sehen« umzuschalten. Klingt drastisch, kann aber ein zeitlich begrenztes Experiment sein. Wenn Sie zu Ihrer alten Fernsehgewohnheit zurückkehren wollen, machen Ihnen die Bezahldienste die Erneuerung Ihres Abonnements *sehr einfach*.

47. Machen Sie das, was Sie lieben, zu etwas Besonderem

Sie müssen nicht völlig aufs Fernsehen verzichten, aber wenn es Ihnen schwerfällt, Ihren Fernsehkonsum zu beschränken, wollen Sie vielleicht zu einer extremeren Maßnahme greifen und einen Monat lang einen kalten Entzug ausprobieren. Stecken Sie den Fernseher aus, sperren Sie ihn in den Schrank oder in einen gemieteten Lagerraum, der 10 Kilometer entfernt ist, und verstecken Sie den Schlüssel. Tun Sie, was Sie tun müssen, aber verzichten Sie einen Monat lang ganz aufs Fernsehen. Wenn der Monat vorbei ist, denken Sie an alles, das Sie in dieser neu gewonnenen Zeit gemacht haben, und überlegen Sie sich, ob Sie das alles wieder aufgeben und lieber fernsehen wollen.

---

[22] Sie können aber auch auf Netflix selektiv fernsehen. Das ist keine Option, die groß beworben wird, aber Sie können einfach auf eine Serie warten, die Sie wirklich sehen wollen (zum Beispiel *Stranger Things*) und dann ein einmonatiges Abo abschließen und es im Anschluss sofort stornieren. Wenn der bezahlte Monat vorbei ist, haben Sie einfach keinen Zugang mehr zu Netflix. Und Sie haben Ihren Standard von Dauerfernsehen auf gelegentliches Fernsehen geändert.

Jake

Ich änderte meine Fernsehgewohnheiten rein zufällig, als meine Familie und ich 2008 in die Schweiz zogen. Wir beschlossen, unseren alten Fernseher nicht mitzunehmen, und verbrachten schließlich eineinhalb Jahre ohne Fernseher. Allerdings waren wir nicht völlig von aller Zivilisation abgeschnitten: Einige Male pro Woche zahlten wir 99 Cents, um eine Folge von *The Colbert Report* herunterzuladen, und kuschelten uns vor dem Computer zusammen.

Ich bin mit Fernseher aufgewachsen und kann mich nicht erinnern, dass der Fernseher jemals nicht Teil meines Alltags gewesen wäre. Daher war ich überrascht, dass ich ihn überhaupt nicht vermisste. Es gab immer etwas zu tun: Abendessen mit der ganzen Familie, Lego spielen mit meinem Sohn, spazieren gehen oder lesen. Wenn wir wirklich einen Film sehen wollten, konnten wir eine alte DVD ausgraben und sie auf dem Computer abspielen. Das haben wir ab und zu auch gemacht, aber das waren dann besondere Gelegenheiten anstatt tägliche Gewohnheiten.

Nach unserer Rückkehr in die USA dauerte es eine Weile, bis uns klar wurde, dass wir keinen Fernseher mehr hatten! Und als es uns endlich auffiel, zögerten wir mit der Entscheidung, ihn wieder in unser Leben zu integrieren. Wir hatten uns daran gewöhnt, die gewonnene Zeit für andere Aktivitäten zu verwenden. Außerdem wussten wir, dass Dauerfernsehen wieder zu unserem Standard werden würde, wenn wir einen Fernseher kauften.

Fernsehen ist nun seit fast einem Jahrzehnt eine »gelegentliche Belohnung«, und wir fühlen uns damit ziemlich wohl. Ich liebe es immer noch, Filme und Serien anzusehen, aber ich habe das Gefühl, ich habe es besser unter Kontrolle. Und die zusätzlich gewonnene Zeit habe ich mit Schreiben und mit meinen Söhnen verbracht. Genau wie Eis ist auch Fernsehen viel befriedigender, wenn man es zu einer besonderen Belohnung macht, als sich jeden Tag den Bauch vollzuschlagen.

Finden Sie in den Flow-Zustand

48. Schließen Sie die Tür
49. Setzen Sie sich selber eine Frist
50. Zerlegen Sie Ihr Highlight
51. Erstellen Sie Ihren eigenen »Laser-Soundtrack«
52. Machen Sie die Zeit sichtbar
53. Widerstehen Sie der Versuchung ausgefallener Tools
54. Beginnen Sie auf Papier

48. Schließen Sie die Tür

Die geschlossene Tür ist Ihre Art, der Welt und sich selbst mitzuteilen, dass Sie ernsthaft arbeiten.

STEPHEN KING, ON WRITING

Stephen hat recht. Wenn Ihr Highlight fokussierte Arbeit voraussetzt, tun Sie sich einen Gefallen und schließen Sie die Tür. Wenn Sie keinen Raum mit einer Tür zur Verfügung haben, dann suchen Sie sich einen, in dem Sie sich für ein paar Stunden verbarrikadieren können. Und wenn es wirklich keinen gibt, dann setzen Sie Kopfhörer auf – selbst wenn Sie keine Musik hören.

Kopfhörer und geschlossene Türen signalisieren der Umwelt, dass Sie nicht unterbrochen werden möchten, und Sie senden dieses Signal auch an sich selbst: »Das, worauf ich mich konzentrieren muss, liegt hier vor mir.« Damit sagen Sie sich selbst, dass es Zeit für den Laserstrahlmodus ist.

49. Setzen Sie sich selber eine Frist

Nichts ist besser für Fokussierung als eine Frist. Wenn jemand erwartungsvoll einem Ergebnis entgegensieht, ist es *wesentlich* leichter, sich in den Laserstrahlmodus zu versetzen.

Das Problem ist, dass wir Fristen üblicherweise mit Dingen assoziieren, die wir verabscheuen (zum Beispiel unsere Steuererklärung zu machen), und nicht mit Dingen, die wir *gerne* tun (Ukulele üben). Aber dieses Problem lässt sich leicht lösen. Sie können eine Frist erfinden.

Selbst gesetzte Fristen sind die geheime Zutat unserer Design Sprints. Das Team setzt für den Freitag einer Sprint-Woche Kundeninterviews an. Am Montag weiß also bereits jeder, dass die Uhr tickt. Das Team *muss* seine Herausforderung bewältigen und vor Donnerstagabend einen Prototyp erstellt haben. Immerhin tauchen am Freitag all die fremden Leute auf! Diese Frist ist selbst gesetzt, aber sie hilft dem Team, fünf aufeinanderfolgende Tage im Laserstrahlmodus zu verharren.

Auch Sie können sich eine Frist setzen, die Ihnen helfen wird, Zeit für etwas zu gewinnen, das Sie machen wollen. Melden Sie sich für einen Fünf-Kilometer-Lauf an. Laden Sie Ihre Freunde zu einem Pasta-Abend mit selbst gemachten Spaghetti ein, bevor Sie gelernt haben, wie man Pastateig macht. Kündigen Sie eine Kunstausstellung an, bevor Sie die Bilder gemalt haben. Oder sagen Sie einem Freund einfach, welches heute Ihr Highlight ist, und bitten Sie ihn, von Ihnen Rechenschaft über seine Fertigstellung zu verlangen.

JZ

In der Highschool habe ich an Bahn- und Geländeläufen teilgenommen, aber während meiner vier Collegejahre habe ich es nicht geschafft, auch nur ein Mal um den Campus zu joggen. (Klar war ich beschäftigt, aber ich glaube, es hatte mehr mit meinem damaligen Pizza-und-Bier-Lebensstil zu tun.) Als ich meinen Abschluss machte und nach Chicago zog, suchte ich nach einem Weg, wieder Langstrecken zu laufen, aber irgendwie fand ich nie die Zeit dafür.

Im ersten Sommer fragte mich mein Freund Matt Shobe, ob ich nicht an dem Fünf-Kilometer-Lauf Bastille Day in Chicago teilnehmen wolle. Meine erste Reaktion war: »Auf keinen Fall, ich bin nicht vorbereitet«, aber dann merkte ich, dass der Bastille Day mehr als einen Monat entfernt war. Ich hatte genügend Zeit zu trainieren und suchte nach einer Motivation, um laufen zu können. Mann, ja, natürlich würde ich teilnehmen! Diese Selbstverpflichtung war Motivation genug.

Mit einer selbst gesetzten Frist gelang es mir, einen einfachen Trainingsplan einzuhalten, und ich machte mich an die Arbeit. Wie sich herausstellte, war es gar nicht so schwierig, die Zeit für das Training freizusetzen. Der Lauf machte Spaß und ich schaffte es sogar, die Strecke in weniger als 20 Minuten zu absolvieren. Seitdem bin ich ein großer Fan von selbst gesetzten Fristen.

50. Zerlegen Sie Ihr Highlight

Wenn Sie nicht sicher sind, wo und wie Sie anfangen sollen, versuchen Sie, Ihr Highlight in eine Liste mit kleinen, leicht zu bewältigenden Einzelschritten herunterzubrechen. Wenn Ihr Highlight zum Beispiel »Urlaub planen« lautet, können Sie dieses Vorhaben folgendermaßen zerlegen:

> Kalender für den Urlaubstermin prüfen,
> Reisehandbuch überfliegen und eine Liste an möglichen Reisezielen erstellen,
> Reiseziele mit der Familie besprechen und einen Favoriten aussuchen,
> Onlinerecherche über Flugtarife anstellen.

Achten Sie darauf, dass jeder Punkt ein Verb enthält. Jeder beschreibt eine spezifische Aktivität, die nicht aufwendig und relativ einfach durchzuführen ist. Wir haben diese Technik vom Produktivitätsguru David Allen gelernt. Allen beschreibt ihre Wirkung wie folgt:

Wenn Sie Ihren Fokus auf eine Aktivität richten, die Ihre Wahrnehmung für eine überschaubare und machbare Aufgabe hält, werden Sie einen echten Anstieg Ihrer positiven Energie, Ihrer Zielrichtung und Ihrer Motivation erleben.

Im Make-Time-Sprachgebrauch helfen Ihnen übersichtliche und machbare Aufgaben, eine positive Eigendynamik zu entfachen und sich in den Laserstrahlmodus zu versetzen. Wenn Sie sich von Ihrem Highlight überwältigt fühlen, dann knacken Sie es und zerlegen Sie es in Einzelschritte.

51. Erstellen Sie Ihren eigenen »Laser-Soundtrack«

Wenn Sie Mühe haben, in den Laserstrahlmodus zu finden, probieren Sie einen Auslösereiz.
Das kann jeder »Wink« sein, der Sie bewusst oder unbewusst zum Handeln veranlasst. Es ist der erste Schritt in der »Gewohnheitsschleife«, die Charles Duhigg in seinem Buch *Die Macht der Gewohnheit* beschreibt: Zunächst veranlasst ein Auslösereiz Ihr Gehirn, die Schleife

in Gang zu setzen. Der Reiz veranlasst Sie zu einem unbewussten Routineverhalten, einer Art Autopilot. Am Ende erhalten Sie eine Belohnung: einige Ergebnisse, die Ihrem Gehirn ein gutes Gefühl geben und es dazu ermutigen, das nächste Mal, wenn Sie auf diesen Auslösereiz treffen, genauso zu reagieren.

In unserer Umgebung gibt es zahlreiche Auslösereize, die nicht so tolle Verhaltensweisen provozieren, zum Beispiel der Geruch von frischen Pommes, der uns zu einem doppelten Cheeseburger verleitet. Sie können aber auch Ihre eigenen Auslösereize erzeugen, um *gute* Gewohnheiten zu entwickeln, wie zum Beispiel den Laserstrahlmodus.

Wir schlagen vor, dass Sie Musik als Auslösereiz für Ihren Laserstrahlmodus verwenden. Probieren Sie, jedes Mal, wenn Sie mit Ihrem Highlight beginnen, denselben Song oder dasselbe Album abzuspielen, oder wählen Sie einen spezifischen Song oder ein Album für jeden Highlight-Typ aus. Wenn Jake ein superkurzes Work-out beginnt (Nr. 64), spielt er immer Michael Jacksons »Billie Jean« und »Beat It«. Immer wenn er an seinem Abenteuerroman arbeitet, spielt er das Album *Hurry Up, We're Dreaming* von M83.[23] Und immer wenn er mit seinem jüngeren Sohn mit der Eisenbahn spielt, hört er *Currents* von Tame Impala. Nach einigen Songs ist er im Flow. Die Musik erinnert sein Gehirn daran, welche Routine es abspielen muss.

Diese Songs und Alben hört er zu keinen anderen Gelegenheiten; jeder einzelne ist für eine spezielle Aktivität reserviert. Nach einigen Wiederholungen wird die Musik damit zum Teil der Gewohnheitsschleife und zum Auslösereiz für sein Gehirn, sich in eine bestimmte Version des Laserstrahlmodus zu versetzen.

Um Ihren eigenen Soundtrack zu finden, denken Sie an einen Song, der Ihnen sehr gut gefällt, den Sie aber nicht so oft hören. Wenn Sie ihn ausgewählt haben, verpflichten Sie sich dazu, ihn nur zu hören, wenn Sie sich in den Laserstrahlmodus versetzen wollen. Achten Sie darauf, dass Sie den musikalischen Auslösereiz gerne hören. Auf diese Weise ist er Auslösereiz und Belohnung zugleich.

Für alle, die bereit sind zu rocken: Wir grüßen euch!

---

[23] Wenn er Sachbücher schreibt, spielt er *Master of Puppets* von Metallica, aber es ist ihm zu peinlich, um es zuzugeben.

52. Machen Sie die Zeit sichtbar

Zeit ist unsichtbar. Das muss aber nicht so sein.

Wir möchten Ihnen gerne den Time Timer vorstellen. Und wir sollten vorab sagen, dass wir nicht am Umsatz beteiligt sind, weil das, was jetzt folgt, ein astreines Verkaufsgespräch ist.

Wir lieben den Time Timer schlicht und einfach (und wir lieben es, »Time Timer« zu sagen). Wir benutzen ihn in allen unseren Design Sprints. Jake hat zu Hause fünf Time Timer. Der Time Timer ist faszinierend.

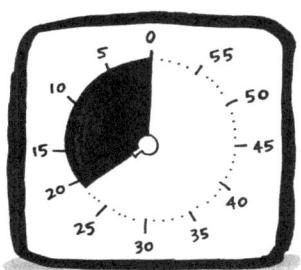

Dabei handelt es sich um eine spezielle Uhr für Kinder. Sie stellen eine Zeitspanne von einer bis 60 Minuten ein, indem Sie eine rote Scheibe gegen den Uhrzeigersinn auf den gewünschten Zeitraum einstellen, und in dem Maße, wie die Zeit abläuft, wird die rote Scheibe immer kleiner, bis sie verschwindet. Wenn sie weg ist und der Timer auf null steht, piepst er. Das ist ganz einfach und zudem genial, weil die Zeit dadurch *sichtbar* wird.

Wenn Sie den Time Timer verwenden, um sich in den Laserstrahlmodus zu versetzen, werden Sie ein sofortiges innerliches Gefühl der Dringlichkeit verspüren. Indem der Time Timer Ihnen anzeigt, wie die Zeit abläuft, hilft er Ihnen, sich auf die vorliegende Arbeit zu konzentrieren.

Jake

Ich stelle den Time Timer oft ein, wenn ich mit meinem jüngeren Sohn spiele. Ich weiß, das klingt furchtbar – verurteilen Sie mich, wenn Sie wollen –, aber es macht ihm deutlich, wie viel Zeit wir haben, und erinnert mich daran, dass diese Zeit kostbar und flüchtig ist und ich mich ganz auf den Moment einlassen und ihn genießen sollte.

53. Widerstehen Sie der Versuchung ausgefallener Tools

Welches ist die beste App für To-do-Listen? Das beste Notepad und der beste Stift, um Notizen und Skizzen zu erstellen? Die beste Smartwatch?

Jeder hat seine Favoriten. Das Internet ist das Zuhause zahlreicher Abhandlungen über das beste Dies und Das oder die coolste, neueste Methode, jenes zu machen.[24] Diese Besessenheit von raffinierten Tools ist allerdings fehlgeleitet. Wenn Sie nicht Schreiner, Mechaniker oder Chirurg sind, ist die Auswahl des perfekten Instruments üblicherweise eine Ablenkung und eine weitere Methode, um sich zu stressen, anstatt einfach die Arbeit zu erledigen, die man erledigen will.

Es ist leichter, eine ausgefeilte Schreibsoftware auf dem Computer zu installieren, als das Drehbuch zu schreiben, von dem Sie immer geträumt haben. Es ist leichter, japanische Notepads und italienische Stifte zu kaufen, als tatsächlich eine Skizze zu erstellen. Und anders als mit Facebook herumzuspielen, von dem jeder weiß, dass es unproduktiv ist, *fühlt* sich die Recherche und das Herumspielen mit ausgefeilten Tools wie echte Arbeit an. Ist es aber meistens nicht.

Es ist viel einfacher, sich in den Laserstrahlmodus zu versetzen, wenn Sie einfache Tools verwenden, die leicht verfügbar und mit allem kompatibel sind. Wenn etwas kaputtgeht oder die Batterie leer ist oder Sie Ihr Spielzeug zu Hause vergessen haben, macht das überhaupt nichts.

JZ

Ich habe genug von modischen Tools. Im Jahr 2006 entdeckte ich die perfekte Produktivitätssoftware: eine einfache, aber wirksame App namens Mori, mit der man seine Notizen und die Ablage auf grenzenlose Weise individualisieren kann.

---

[24] Tatsächlich folgt die Diskussion über technische Geräte, Apps, Tools und Gear – tragbares Internet – gleich auf Katzenvideos, was die Internetpopularität angeht. Quelle: unsere eigene Studie der Links, die wir angeklickt haben.

Ich war begeistert und verbrachte zahllose Stunden damit, Mori auf meinem Laptop zu konfigurieren und alle meine Projekte in das neue Programm zu laden. Und ich hatte recht: Mori war perfekt. Es wurde zur Verlängerung meines Gehirns.

Nach wenigen Monaten begannen aber schon die Probleme. Ich aktualisierte mein Betriebssystem und stellte anschließend fest, dass Mori mit der neuen Version nicht kompatibel war. Ich wollte zu Hause meine Notizen ansehen und merkte, dass ich meinen Laptop in der Arbeit gelassen hatte. Und dann gaben die Entwickler Mori auf. Ich war am Boden zerstört.

Das ist das andere Problem mit besonders raffinierten Tools: Sie sind anfällig. Alles, von einem technischen Ausfall bis zu Ihrer eigenen Vergesslichkeit, kann verhindern, dass Sie in den Laserstrahlmodus finden und sich Ihrem Highlight widmen.

Nachdem Mori von der Bildfläche verschwunden war, begann ich, schlichte, allseits verfügbare Tools zu verwenden, um meine Arbeit zu verwalten: Textarchive auf meinem Computer, Notizen auf meinem Smartphone, die guten alten Haftnotizen, kostenlose Hotelstifte und solche Dinge. Mehr als zehn Jahre später funktionieren meine Alltagswerkzeuge noch immer prächtig. Und wenn ich in Versuchung gerate, ein neues raffiniertes Tool auszuprobieren, denke ich einfach an Mori.

54. Beginnen Sie auf Papier

Bei unseren Design Sprints haben wir festgestellt, dass wir bessere Arbeit leisteten, wenn wir unsere Laptops ausschalteten und stattdessen Papier und Stifte benutzten. Das Gleiche gilt auch für Ihre persönlichen Projekte.

Das Arbeiten auf Papier schärft den Fokus, weil Sie keine Zeit damit verschwenden können, den perfekten Hintergrund zu suchen oder irgendetwas im Internet zu suchen, anstatt an Ihrem Highlight zu arbeiten. Außerdem ist Papier weniger Furcht einflößend. Während der größte Teil der Software so angelegt ist, dass Sie durch eine festgelegte Reihe von Schritten geführt werden, die zu einem fertigen Produkt führen, ermöglicht Papier Ihnen, Ihren eigenen Weg zu einer zusammenhängenden Idee zu finden. Außerdem eröffnet Papier vielfältige Möglichkeiten, wohingegen Word ausschließlich für Textzeilen programmiert ist und PowerPoint für die Erstellung von

Grafiken und Diagrammen. Auf Papier können Sie machen, was Sie wollen.

Wenn Sie das nächste Mal Mühe haben, in den Laserstrahlmodus zu finden, legen Sie Ihren Computer oder Ihr Tablet beiseite und nehmen Sie einen Stift und ein Blatt Papier.

Bleiben Sie im Flow

55. Notieren Sie ablenkende Fragen für später
56. Achten Sie bewusst auf einen Atemzug
57. Seien Sie gelangweilt
58. Innere Blockade? Geben Sie nicht auf
59. Nehmen Sie sich einen freien Tag
60. Engagieren Sie sich mit Leidenschaft

Sich in den Laserstrahlmodus zu versetzen ist nur die halbe Miete. Sie müssen auch im Laserstrahlmodus bleiben und den Fokus auf Ihr Highlight beibehalten. Fokussierung ist harte Arbeit und Sie werden unweigerlich in die Versuchung geraten, sich ablenken zu lassen. Hier einige unserer Lieblingstaktiken, mit denen Sie diesen Versuchungen widerstehen und sich auf das fokussieren können, was wirklich wichtig ist.

55. Notieren Sie ablenkende Fragen für später

Sie werden den natürlichen Drang verspüren, Ihr Smartphone hervorzuholen oder Ihren Browser zu verwenden. Sie werden sich fragen, ob neue E-Mails eingegangen sind.[25] Sie werden den brennenden Wunsch verspüren nachzusehen, *wer dieser Schauspieler in diesem Film noch mal war*.[26]

Anstatt auf jeden Anreiz zu reagieren, schreiben Sie die Fragen, die Ihnen plötzlich in den Sinn kommen, auf. (*Wie viel kosten Wollsocken bei Amazon? Gibt es irgendwelche Status-Updates auf Facebook?*) Dann können Sie mit der Gewissheit im Laserstrahlmodus bleiben, dass Sie diese dringenden Angelegenheiten festgehalten haben, um sich später darum zu kümmern.

56. Achten Sie bewusst auf einen Atemzug

Achten Sie bewusst auf einen Atemzug und spüren Sie Ihren Körper:

1. Atmen Sie durch die Nase ein. Achten Sie darauf, wie die Luft in Ihren Brustkorb strömt und ihn dehnt.
2. Atmen Sie durch den Mund aus. Achten Sie darauf, wie sich Ihr Brustkorb abflacht und die Spannung aus Ihrem Körper weicht.

Sie können das wiederholen, wenn Sie möchten, aber ein einziger Atemzug kann schon genügen, um Ihre Aufmerksamkeit wieder zu zentrieren. Wenn Sie sich kurz auf Ihren Körper konzentrieren,

---

[25] Ja, das werden Sie.
[26] Pierce Brosnan.

schalten Sie den Geräuschpegel und die geistige Ablenkung in Ihrem Gehirn aus. Und selbst eine Pause, die nur einen Atemzug dauert, lenkt Ihre Aufmerksamkeit wieder auf das gewünschte Ziel – Ihr Highlight.

57. Seien Sie gelangweilt

Wenn Sie keine Ablenkung haben, fühlen Sie sich vielleicht gelangweilt. Aber Langeweile, oder besser gesagt Reizarmut – oder auch Unterstimulierung – ist eine gute Sache. Sie gibt Ihren Gedanken die Chance zu wandern, und das führt oft an interessante Orte. In unabhängigen Studien haben Forscher der Penn State University und der University of Central Lancashire festgestellt, dass unterstimulierte Testteilnehmer bessere Ergebnisse in kreativer Problemlösung erzielten als ihre stimulierten Testkollegen.[27] Wenn Sie das nächste Mal einige Minuten lang keinen äußeren Reizen ausgesetzt sind, dann sitzen Sie einfach nur da. Sie haben »lange Weile«? So ein Glück!

58. Innere Blockade? Geben Sie nicht auf

Festzustecken ist etwas anderes als Langeweile. Wenn Sie gelangweilt sind, haben Sie nichts zu tun. Wenn Sie innerlich blockiert sind, wissen Sie eigentlich, was Sie tun wollen, aber Ihr Gehirn weiß nicht genau, wie es vorgehen soll. Vielleicht wissen Sie nicht, was Sie als Nächstes schreiben wollen oder wie Sie mit einem neuen Projekt beginnen sollen.

Der einfachste Weg aus dieser Klemme ist, einfach etwas anderes zu machen. Twitter checken. Eine E-Mail versenden. Den Fernseher anschalten. Das ist leicht gemacht, stiehlt Ihnen aber die Zeit, die Sie für Ihr Highlight reserviert haben. Sie sollten stattdessen einfach akzeptieren, dass Sie gerade feststecken. Geben Sie nicht auf. **Starren Sie auf den leeren Bildschirm oder das Papier oder laufen Sie herum, aber behalten Sie Ihren Fokus auf das vorliegende Projekt**

---

[27] Falls Sie sich wundern, wie die Forscher ihre Testteilnehmer gelangweilt haben (wir fühlten uns jedenfalls gelangweilt): Penn State hat das mit langweiligen Videos geschafft, und die University of Central Lancashire ließ ihre Testteilnehmer Zahlen aus einem Telefonbuch kopieren. Forscher sind schlimme Menschen.

bei. Selbst wenn Sie sich vordergründig frustriert fühlen, wird irgendein stiller Teil Ihres Gehirns arbeiten und Fortschritte machen. Und schließlich löst sich die Blockade, und Sie werden froh sein, dass Sie nicht aufgegeben haben.

59. Nehmen Sie sich einen freien Tag

Wenn Sie diese Techniken ausprobiert haben und es trotzdem nicht schaffen, Ihren Laserstrahlmodus beizubehalten, dann zermartern Sie sich nicht. Vielleicht brauchen Sie einen freien Tag. Energie, vor allem kreative Energie, fließt nicht immer gleichmäßig, und manchmal muss man sie wieder auftanken. Die meisten von uns können sich nicht einfach so einen Tag freinehmen, aber Sie können sich selber die Erlaubnis erteilen, die Dinge langsam anzugehen. Versuchen Sie, im Verlauf des Tages echte Pausen einzulegen (Nr. 80) und sich auf ein Highlight zu konzentrieren, das Ihnen wirklich Spaß macht. Das hilft Ihnen, Ihre Batterien wieder aufzuladen.

60. Engagieren Sie sich mit Leidenschaft

Wir glauben an Erholung, aber hier eine Alternative. Es gibt eine Taktik, die von einem waschechten Benediktinermönch stammt:

> Sie wissen, dass das Gegenmittel für Erschöpfung nicht unbedingt Ruhe sein muss ... das Gegenmittel für Erschöpfung ist leidenschaftliches Engagement.
>
> *BRUDER DAVID STEINDL-RAST*

Okay, sprechen wir über das Konzept des leidenschaftlichen Engagements. Es bedeutet bedingungslosen Einsatz ohne Rückversicherung und Hintertürchen, der es Ihnen ermöglicht, sich voll und ganz auf Ihre Arbeit, eine Beziehung, ein Projekt oder irgendetwas anderes zu konzentrieren. Es bedeutet, sich mit grenzenlosem Enthusiasmus auf den Moment einzulassen.

Wir glauben, dass leidenschaftliches Engagement für alles, wovon dieses Buch handelt, von grundlegender Bedeutung ist: Präsenz, Aufmerksamkeit und Zeit für die Dinge, auf die es ankommt. Und Bruder Davids Argument für leidenschaftliches Engagement ist ein neuer Ansatz (für uns jedenfalls) zur Wahrung des Laserstrahlmodus.

Selbstverständlich sind sowohl die körperliche als auch die geistige Erholung extrem wichtig. Aber wenn Sie sich erschöpft und unkonzentriert fühlen, müssen Sie sich laut Bruder David nicht unbedingt eine Auszeit nehmen. Manchmal ist es sogar leichter, sich zu konzentrieren, wenn man sich im Gegenteil mit voller Leidenschaft auf eine Sache wirft. Möglicherweise stellen Sie dann fest, dass Sie durchaus Energie haben, sie aber einfach nur freigesetzt werden musste.

Das klingt womöglich ein wenig radikal, aber wir haben das schon erlebt. Wir haben bei Design Sprints erlebt, wie Teams, die mit bedingungslosem Engagement an einer Sache arbeiten und sich ganz auf ein Projekt konzentrieren, das ihnen wirklich am Herzen liegt, ungeahnte Energie entwickeln. Und wir persönlich haben es auch schon erlebt.

Jake

Ich habe dieses Gefühl an dem Abend erlebt, als ich alle Apps von meinem Smartphone entfernte. Vorher war meine Aufmerksamkeit zerrissen zwischen meinen Kindern und meinem Telefon. Meine Energie war irgendwie gefangen. Als ich mich jedoch ohne Wenn und Aber auf den Zusammenbau der Holzeisenbahn und das Nachahmen einer Dampflokomotive konzentrierte, war meine Müdigkeit wie weggeblasen.

JZ

Ich empfinde das jedes Mal, wenn ich auf einen Segeltörn gehe. Das kann wirklich ermüdend sein – ständig wachsam sein zu müssen, sich auf einem Boot zu bewegen, das ständig vor sich hin schaukelt, in Schichten von zwei bis drei Stunden zu schlafen –, aber es ist eine Erfahrung, die den vollen Einsatz belohnt. Egal wie ich mich fühle, wenn ich aufs Meer hinausfahre, nehme ich die Herausforderung bedingungslos an. Und dann fällt jedes Gefühl der Erschöpfung, des Stresses oder Unwohlseins von mir ab.

Bedingungsloser Einsatz ist nicht leicht, vor allem, wenn man daran gewöhnt ist, auf Infinity Pools oder den Busy Bandwagon zu reagieren. Und wenn Sie üblicherweise coole Distanz mimen, dann müssen Sie unter Umständen eine Weile üben, bevor Sie sich trauen, sich mit vollem Einsatz und Begeisterung einer Sache zu widmen.

Das größte Hindernis ist aber vielleicht die Halbherzigkeit, das heißt, wenn Sie sich eigentlich nicht mit der vorliegenden Aufgabe identifizieren – zum Beispiel wenn Sie einen Job machen, der eigentlich nicht der richtige für Sie ist. Das war übrigens der Kontext des Zitats von Bruder David: Er gab einem Freund, der einen beruflichen Burn-out hatte, den Rat, den Job an den Nagel zu hängen und sich auf seine Leidenschaft zu konzentrieren. Wir raten Ihnen nicht dazu, Ihren Job aufzugeben, aber wir möchten Sie daran erinnern, dass es wichtig ist, proaktiv zu sein und die Momente zu suchen, in denen Sie sich leidenschaftlich auf Ihre Arbeit konzentrieren können. Wenn Sie beschließen, Ihre Zeit mit spannenden Dingen zu verbringen, fällt es oft gar nicht schwer, leidenschaftliches Engagement zu entwickeln.

Energie tanken

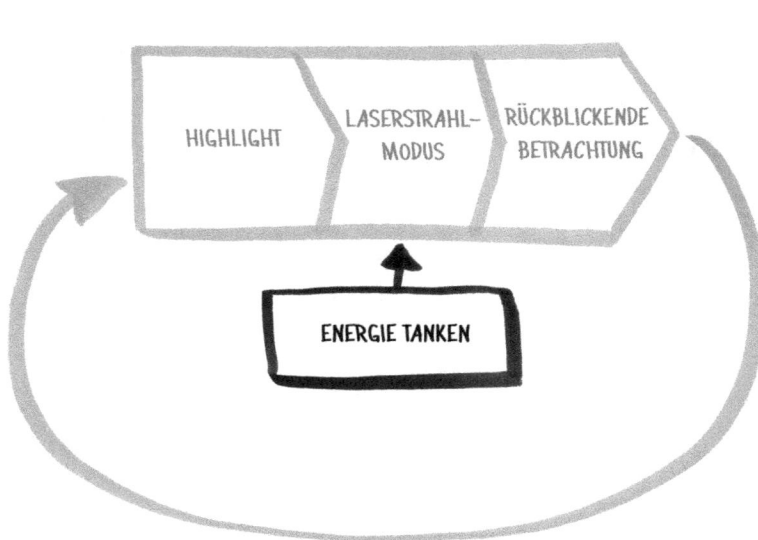

Ich mag Universitätsprofessoren, aber wissen Sie ... sie betrachten ihren Körper als ein Transportmittel für ihre Köpfe, ist es nicht so? Als eine Form, ihre Köpfe in Meetings zu tragen.
SIR KEN ROBINSON

Bis hierher haben wir darüber gesprochen, wie Sie Zeit gewinnen, indem Sie bewusst entscheiden, worauf Sie Ihre Aufmerksamkeit lenken wollen, Ihren Terminkalender und Ihre technischen Geräte entsprechend einrichten, Ablenkungen ausblenden und Ihre Aufmerksamkeit steigern. Es gibt aber noch eine andere, grundlegendere Methode, mit der sich Zeit freisetzen lässt. Wenn es Ihnen gelingt, Ihre Energie jeden Tag zu steigern, werden Sie Momente, die andernfalls in geistiger und körperlicher Erschöpfung verloren gehen, in effektiv nutzbare Zeit für Ihr Highlight verwandeln können.

Sie sind nicht nur Intellekt

Stellen Sie sich vor, Sie hätten im Inneren eine Batterie, in der Ihre gesamte Energie gespeichert ist. Und so wie der Akku in Ihrem Smartphone oder Ihrem Laptop, lässt sie sich voll aufladen oder bis auf null leeren.

Wenn Ihre Batterie leer ist, sind Sie total erschöpft – Sie fühlen sich ausgelaugt und vielleicht sogar depressiv. In diesem Moment ist die Gefahr am größten, dass Sie sich von Infinity Pools wie Facebook und E-Mail ablenken lassen. Und dann fühlen Sie sich noch schlechter, weil Sie müde *und* sauer auf sich selber sind, weil Sie Zeit verschwendet haben. Das ist null Prozent. Und das fühlt sich miserabel an.

Und nun stellen Sie sich vor, Ihre Batterie wäre voll aufgeladen. Ihr Schritt federt, Sie sind ausgeruht, Ihr Verstand ist hellwach und Ihr Körper fühlt sich frisch und lebendig an. Sie sind bereit, jedes Projekt anzunehmen – Sie fühlen sich nicht nur bereit, sondern empfinden freudige Anspannung. Können Sie dieses Gefühl visualisieren? Gut, oder? Das sind 100 Prozent.

Ein Highlight auszuwählen und sich in den Laserstrahlmodus zu versetzen sind die beiden Kernelemente der Make-Time-Strategie. Die eigentliche Geheimwaffe ist aber das Auftanken neuer Energie. Wir haben da eine schlichte These: Wenn Sie Energie haben, fällt es Ihnen leichter, den Fokus zu wahren und an Ihren Prioritäten festzuhalten, und es gelingt Ihnen besser, Ablenkungen und Anforderungen von außen zu widerstehen. Mit einer voll aufgeladenen Batterie haben Sie die Kraft, sich ganz auf den Augenblick zu konzentrieren, klar zu denken und Ihre Zeit auf die wirklich wichtigen Dinge zu verwenden, anstatt automatisch auf jeden sich bietenden äußeren Reiz zu reagieren.

Um die Energie zu tanken, die Sie brauchen, um Ihr Gehirn fokussiert und hochleistungsfähig zu halten, müssen Sie Ihren Körper pflegen. Es ist allgemein bekannt, dass Körper und Geist zusammenhängen. Aber heutzutage besteht die Tendenz zur Annahme, das Gehirn sei das Einzige, was zählt. Wenn wir in einem Konferenzraum sitzen, Auto fahren, am Computer arbeiten oder mit einem Smartphone spielen, aktivieren wir ausschließlich unser Gehirn. Der Körper ist zumeist auf die Funktion einer Art Elektroroller für unser Gehirn beschränkt: eine wirksame, wenngleich irgendwie umständliche Form, es zu transportieren.

Diese Wahrnehmung von Körper und Geist als voneinander unabhängige Einheiten wird schon früh im Leben eingeübt und ständig verstärkt. Als Jake und ich aufwuchsen (Jake im ländlichen Bundesstaat Washington, JZ im ländlichen Wisconsin), übten wir unser Gehirn in Mathematik, Englisch und Sozialkunde und trainierten unsere Körper im Sportunterricht und in Sportmannschaften. Zwei voneinander unabhängige Welten. Hier das Gehirn, dort der Körper.

Im College hatte unser Gehirn mehr zu tun, und Sport war kein Schulfach mehr. Als wir eine Vollzeitstelle in einem Büro antraten, wurden unsere Gehirne noch mehr gefordert, unsere Terminkalender füllten sich und es wurde immer anstrengender, sich um den eigenen Körper zu kümmern. Und so taten wir, was die meisten Menschen tun: Wir probierten jedes Instrument und jeden Trick aus, um unser Gehirn noch effizienter zu machen – und vernachlässigten unseren Körper. Zwei getrennte Welten. Hier das Gehirn und der Körper *weit* weg.

Die modernen Standards gehen davon aus, dass das Gehirn am Steuer sitzt, aber so funktioniert das nicht. Wenn Sie sich nicht um Ihren Körper kümmern, kann Ihr Gehirn seine Arbeit nicht machen. Wenn Sie sich nach einem schweren Mittagessen je träge und uninspiriert und nach Sport gestärkt und energiegeladen gefühlt haben, wissen Sie, was wir meinen. **Wenn Sie geistige Energie haben wollen, müssen Sie sich um Ihren Körper kümmern.**

Aber wie? Es gibt Billionen von wissenschaftlichen Studien, Büchern, Blogs und Talkshow-Gästen, die Ihnen sagen, wie Sie Ihre Energie steigern. Das kann ganz schön verwirrend sein. Sollten Sie mehr schlafen oder sich darauf trainieren, weniger zu schlafen? Sind Aerobic-Übungen am besten? Oder Krafttraining? Und wenn sich die wissenschaftliche Meinungen ändert, wie bereits geschehen, als es erst hieß, Fett sei schlecht, und dann hieß es plötzlich, Fett sei gut, was soll man dann tun?

Im Rahmen unseres Anliegens, mehr Zeit freizusetzen, haben wir Jahre damit verbracht, einen Sinn in all den Ratschlägen zu erkennen und insbesondere nach den besten Methoden zu suchen, um Energie für unser Gehirn zu tanken. Schließlich machten wir die überraschende Entdeckung, dass 99 Prozent all dessen, was Sie über die Steigerung Ihres Energiepegels wissen müssen, in der Menschheitsgeschichte verborgen liegt. Alles, was Sie tun müssen, ist, eine Zeitreise in die Vergangenheit anzutreten.

Sie wachen vom Brüllen eines Säbelzahntigers auf

Desorientiert reiben Sie sich die Augen und strecken sich. Sie liegen im Gras am Rand eines dichten Waldes. Das fahle morgendliche Dämmerlicht scheint durch die Bäume. Neben Ihnen liegt eine Notiz:

> Hi! Sie wurden 50 000 Jahre in die Vergangenheit gebeamt.

Ihr Magen grummelt und Ihre Wahrnehmung ist verschwommen. Sie hätten jetzt wirklich gerne einen Cappuccino und ein Croissant, aber Italien und Frankreich werden erst viele Jahrtausende später gegründet. Irgendwo in der Entfernung hören Sie den Widerhall eines weiteren Brüllens aus den Hügeln. Heute, so stellen Sie fest, wird ein Scheißtag werden.

Aber dann ... wird er ganz anders.

Erstens lernen Sie einen örtlichen Jäger und Sammler namens Urk kennen. Urk sieht wie ein Höhlenmensch aus dem Bilderbuch aus. Er trägt ein Berglöwenfell um den Körper geschlungen und einen Bart, der jeden Hipster beschämen würde.

Als Urk Sie sieht, ist er alarmiert. Er bringt sich in Kampfpose und schwingt seine Steinaxt. Aber dann bemerkt er Ihre absurden Klamotten und Ihre komische Frisur und erkennt, dass Sie keinerlei Gefahr für ihn darstellen. Urk lacht, Sie lächeln, und das Eis ist gebrochen.

Urks Manieren sind ungehobelt und sein Berglöwenfell könnte auch mal wieder eine Wäsche vertragen, aber er erweist sich als ziemlich cooler Typ. Er stellt Sie seiner Sippe aus Jägern und Sammlern vor, die Sie anschließend auf eine Beerensammelexpedition mitnimmt. Sie unternehmen einen ausgedehnten Fußmarsch über viele Meilen durch weitläufiges Gelände, und als die Sonne untergeht, sind Sie erschöpft. Gemeinsam essen Sie mit der Sippe Wildfleisch, und dann machen Sie es sich unter einem dicken Mammutfell gemütlich, blicken in die Sterne, bis Sie wegdämmern und den besten Schlaf seit Jahren genießen.

In den folgenden Wochen bringen Ihnen die Jäger und Sammler einige Grundlagen bei: wie Sie sich aus einem Stein Ihre eigene Axt machen, wie Sie giftige Pflanzen bestimmen und welche Handbewegungen Sie machen müssen, um die Wildtiere in Richtung der Speerwerfer zu scheuchen.

Jeden Tag legen Sie viele Meilen zurück. Jeden Tag haben Sie aber auch viel Zeit, um auszuspannen, gemeinsam mit den anderen zu essen oder sich zurückzuziehen und eine Speerspitze zu schärfen oder einfach nur vor sich hin zu träumen. Ihr Körper wird stärker und kräftiger, während Ihr Gehirn entspannter wird. Eines Abends, als Sie und Ihre Sippe sich in einer schönen großen Höhle niederlassen, kommt

Ihnen plötzlich eine Idee. »Hey, hört mal«, sagen Sie. »Diese Wand bietet sich geradezu an für eine Höhlenmalerei! Wer macht mit?«

Natürlich antwortet niemand, weil die Höhlenmenschen kein Englisch sprechen. Aber das ist Ihnen egal. Sie haben sich immer vorgenommen, eines Tages das Malen zu lernen, und morgen fangen Sie damit an.

Willkommen zurück im 21. Jahrhundert. Und machen Sie sich keine Sorgen, dies ist keine Aufforderung, sich wie ein Steinzeitmensch zu verhalten, sich von Nüssen und Samen zu ernähren oder barfuß mit nichts als einem Lendenschurz aus Elchleder zu joggen. Wir haben Sie aus einem wichtigen Grund mit Urk bekannt gemacht: Wir glauben, dass wir von den Steinzeitmenschen viel über unseren Körper und unseren Geist lernen können. In einer Zeit, in der die moderne Welt völlig durchgedreht zu sein scheint, ist es nützlich, sich daran zu erinnern, dass sich der Homo sapiens weiterentwickelte, um Jäger und Sammler zu werden, und kein Bildschirmtipper und Stifteschieber.

Die Steinzeitmenschen aßen viele verschiedene Dinge und mussten oft einen ganzen Tag (oder länger) warten, bis sie eine richtige Mahlzeit zu sich nehmen konnten. Ständige Bewegung war die Norm: gehen, laufen, schieben und schleppen mit kurzen Intervallen an intensiveren Anstrengungen. Und dennoch blieb genügend Zeit für Muße und Familie: Anthropologen schätzen, dass die Steinzeitmenschen nur 30 Stunden pro Woche »arbeiteten«. Sie lebten und arbeiteten in eng verknüpften Gemeinschaften, in denen die persönliche Kommunikation die einzige Option war. Und natürlich bekamen sie viel Schlaf, weil sie zu Bett gingen, wenn es dunkel wurde, und aufstanden, sobald der Tag anbrach.

Wir sind die Nachfahren dieser Menschen aus der Steinzeit. Unsere Spezies hat sich jedoch nicht annähernd so schnell weiterentwickelt wie die Welt, die uns umgibt. Das bedeutet, dass wir nach wie vor auf einen Lebensstil der ständigen Bewegung, eine abwechslungsreiche, aber relativ sparsame Ernährung, viel Ruhe, viel Zeit für persönliche Kontakte und einen erholsamen Schlaf programmiert sind, der dem natürlichen Tagesrhythmus angepasst ist.

Unsere moderne Welt, so schön, wie sie ist, fördert standardmäßig einen völlig anderen Lebensstil. Die körperliche Aktivität beschränkt sich standardmäßig auf das Sitzen. Menschliche Kommunikation beschränkt sich standardmäßig auf Bildschirme. Mahlzeiten kommen in Plastik verpackt daher und der Schlaf wird oft als Nebensache in unsere Tage gezwängt. Wie sind wir bloß dahin gekommen?

Der moderne Lebensstil ist rein zufällig entstanden

Der Homo sapiens tauchte vor rund 200 000 Jahren in Afrika auf. In den folgenden 188 000 Jahren hatten alle den gleichen Beruf – Jäger und Sammler – und unsere Tage sahen so aus wie Urks Tage. Und dann, vor ungefähr 12 000 Jahren, begannen die Menschen, sesshaft zu werden und das Land zu kultivieren (die Bezeichnung »Agrarrevolution« klingt so, als sei das ein plötzlicher Geniestreich gewesen, aber der Übergang vom Jäger und Sammler zum Bauern geschah wahrscheinlich eher zufällig und verlief schrittweise im Verlauf mehrerer Generationen). Im Vergleich zum Leben als Jäger und Sammler waren die Landwirtschaft und das Dorfleben eher nervig. Die Mußestunden wurden weniger. Gewalt und Krankheiten breiteten sich aus. Doch leider gab es kein Zurück mehr.[28]

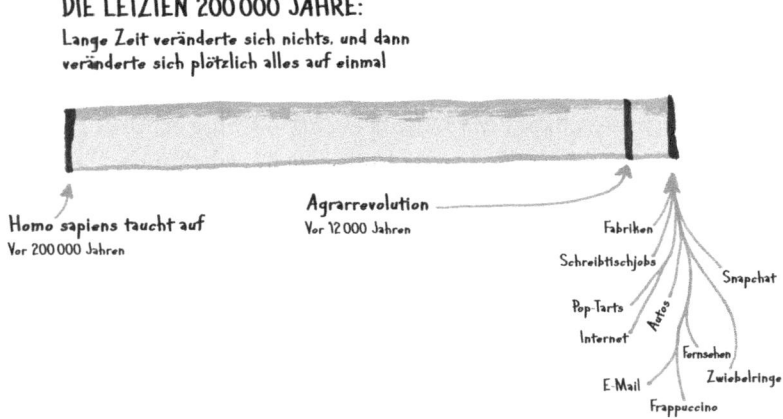

---

[28] Lesen Sie Yuval Noah Hararis Buch *Sapiens* – eine fantastische Schilderung der zufälligen Natur der Agrarrevolution und ihrer unbeabsichtigten (aber irreversiblen) Konsequenzen.

Und wir entwickelten uns weiter. Im Verlauf der Jahrhunderte gingen wir dazu über, statt Holz fossile Brennstoffe zu verwenden. Wir lernten, Dampf und Elektrizität zu nutzen. Wir errichteten Fabriken, erfanden den Fernseher und wurden dann besessen von diesem Gerät, wodurch sich unsere Schlafgewohnheiten veränderten und sich an die tägliche Fernsehzeit anpassten. Jede dieser Veränderungen war unumkehrbar.

Die heutige Welt ist kein von Genies geplantes Utopia. Sie wurde eher zufällig von den Technologien geprägt, die sich über die letzten Jahrhunderte, Jahrzehnte und Jahre etabliert haben. Wir sind für eine Welt gemacht, leben aber in einer anderen. Unter unseren Smartwatches, coolen Frisuren und unseren Designerjeans sind wir nach wie vor Urk.

Wie können wir also unser Höhlenmenschenhirn und unseren Höhlenmenschenkörper mit der Energie aufladen, die wir für die moderne Arbeit brauchen? In dem Meer verwirrender, überwältigender und bisweilen widersprüchlicher Ratschläge von Wissenschaftlern, Gesundheitsgurus und Selbsthilfeautoren (ähem) ist Urk Ihr Leuchtturm. Wenn Sie leben wie Urk, besinnen Sie sich auf die Grundlagen und kommen dem Lebensstil ein wenig näher, die der menschlichen Entwicklung entsprechen, aber ohne all das aufgeben zu müssen, was an der modernen Welt toll ist.

Verstehen Sie uns nicht falsch: Die Steinzeit war nicht nur Spiel und Spaß. Urk hatte keinerlei Zugang zu Antibiotika oder Schokolade, und er putzte sich seine Zähne mit einem Stöckchen. Aber wenn Sie sich in einigen Aspekten des Lebens ein klein wenig an Urks Lebensweise orientieren, können Sie das Beste des 21. Jahrhunderts *und* das Beste des altmodischen Homo sapiens in Ihnen kombinieren.

Verhalten Sie sich wie ein Höhlenmensch, um Energie zu tanken

Die Rückbesinnung auf unsere antiken Vorfahren ist eine Riesenchance: Weil das Leben heute so aus dem Takt geraten und sich so weit von unseren lebensbestimmenden Gewohnheiten als Jäger und Sammler entfernt hat, gibt es gewaltigen Raum für Verbesserung. Die ergiebigste Methode – das ist die, bei der mit kleinsten Veränderungen die größten Nutzen erzielt werden – folgt diesen Prinzipien:

1. Bleiben Sie in Bewegung

Urk war ständig auf Achse – er ging, lief, schleppte und arbeitete. Unser Körper und unser Geist arbeiten am besten, wenn wir in Bewegung sind. Um Ihre Batterie aufzuladen, müssen Sie nicht für einen Marathon trainieren oder an einem militärischen Drill teilnehmen. Schon eine 20- bis 30-minütige Trainingseinheit kann dazu führen, dass Ihr Gehirn besser arbeitet, Stress abgebaut wird, sich Ihre Stimmung aufhellt und Sie besser schlafen und auf diese Weise mehr Energie für den folgenden Tag haben. Das ist eine wirklich positive Feedbackschleife. Wir werden Ihnen zahlreiche Taktiken vorschlagen, mit denen Sie mehr Bewegung in Ihren Alltag bringen können.

2. Nehmen Sie echte Nahrung zu sich

Urk aß, was er fand oder erlegte: Pflanzen, Samen und Nüsse und Tiere. Heute sind wir von allen erdenklichen erfundenen und verarbeiteten Nahrungsmitteln umgeben. Wir fordern Sie nicht auf, Ihre Ernährung komplett umzustellen, aber wir schlagen Ihnen einige Taktiken vor, mit denen Sie Ihre Standardernährung von künstlichen auf natürliche Nahrungsmittel umstellen können und sich ernähren wie Urk.

3. Optimieren Sie Ihre Koffeinzufuhr

Ja, das wissen wir: In der Steinzeit gab es keine Coffeeshops. Aber da wir gerade über das Thema Geist und Körper sprechen, ist es unerlässlich, auch über Koffein zu sprechen, weil Sie damit ganz leicht Ihren Energiepegel steigern können.

4. Suchen Sie sich Ruhezonen

Urks Welt war relativ ereignislos. Wenn man von dem gelegentlichen Zusammentreffen mit einem Mammut absieht, gab es kaum aufregende neue Nachrichten. Ruhe und Stille waren die Norm, und der Mensch tolerierte die Stille nicht nur, sondern nutzte sie für produktive Gedanken und fokussierte Arbeit. Der ständige hohe Geräuschpegel der heutigen Welt sowie die zahlreichen Ablenkungen sind eine

Katastrophe für Ihre Energie und Konzentrationsfähigkeit. Wir zeigen Ihnen einfache Methoden, um Momente der Ruhe und Stille zu finden, wie zum Beispiel sich eine kurze Auszeit ohne Bildschirme und Kopfhörer zu nehmen.

5. Pflegen Sie persönliche Kontakte

Urk war ein Sozialwesen, das sich persönlich von Angesicht zu Angesicht mit seinen Mitmenschen austauschte. Heute finden die Sozialkontakte überwiegend per Bildschirm statt, aber Sie können Ihre Freundschaften durchaus nach Art der alten Schule pflegen und Ihre Batterien aufladen, indem Sie sich persönlich mit Ihren Freunden treffen. Das ist ein ganz einfacher steinzeitmäßiger Stimmungsaufheller.

6. Schlafen Sie in einer Höhle

Laut einer Studie von 2016, die von der University of Michigan durchgeführt wurde, verbringen Amerikaner ungefähr acht Stunden pro Nacht im Bett, genau wie Engländer, Franzosen und Kanadier. Trotz dieser acht Stunden, die durchaus vernünftig klingen, bekommen die meisten von uns aber nicht genügend Schlaf. Woran liegt das? Die Schlafqualität ist wichtiger als die Zahl der Stunden, die wir im Bett verbringen. Unsere Welt ist voller Schlafhindernisse – von Bildschirmen über Termine bis zu Koffein –, die einen erholsamen Schlaf oft verhindern. Urks Abende verliefen nach einem vorhersagbaren Rhythmus, er schlief im Dunkeln und wälzte sich nie schlaflos auf seinem Nachtlager, um über E-Mails zu grübeln. Wir werden Ihnen erklären, wie Sie seinem Beispiel folgen können, um sich besser zu erholen, sich besser zu fühlen und besser zu denken.

Ja, das wissen wir! Ratschläge wie diese – treiben Sie mehr Sport! Ernähren Sie sich gesünder! Leben Sie wie ein Höhlenmensch! – sind leicht zu erteilen, aber schwierig zu befolgen. Aus diesem Grund wollen wir auch nicht bei der hohen Theorie verweilen, sondern Ihnen ganz konkrete Vorschläge machen, wie sich diese Ideen in kleinen Schritten in die Praxis umsetzen lassen. Und nun lassen Sie uns den Stecker einstecken und diese Batterie aufladen.

Bleiben Sie in Bewegung

61. Machen Sie täglich Sport (ohne es zu übertreiben)
62. Gehen Sie zu Fuß
63. Fordern Sie sich
64. Schieben Sie ein superkurzes Work-out ein

61. Machen Sie täglich Sport (ohne es zu übertreiben)

Was Sie jeden Tag machen, ist wichtiger als das, was Sie ab und zu machen.

GRETCHEN RUBIN

Körperbewegung ist die beste Methode, um Ihre Batterien aufzuladen. Dafür müssen Sie aber keine langen, komplizierten Trainingseinheiten absolvieren. Unsere Philosophie ist schlicht:

Bewegen Sie Ihren Körper rund 20 Minuten ...
Die Forschung zeigt, dass sich die größten Nutzen in Bezug auf Ihre kognitive Gesundheit und Ihre Stimmung in nur 20 Minuten realisieren lassen.

... und zwar jeden Tag ...
Die Wirkung von Körperbewegung auf Ihren Energiepegel und Ihre Stimmung hält ungefähr einen Tag an. Um sich jeden Tag gut zu fühlen, müssen Sie sich also jeden Tag ein wenig bewegen. Dazu kommt, dass tägliche Gewohnheiten leichter beizubehalten sind als ein gelegentliches Aufraffen.[29]

... aber setzen Sie sich nicht selber unter Druck.
Sie müssen keine Perfektion anstreben. Wenn Sie es nur an vier statt sieben Tagen schaffen, Sport zu treiben, dann ist das besser als an drei Tagen! Wenn Sie sich heute nicht für ein 20-minütiges Work-out gerüstet fühlen, dann reduzieren Sie es auf 10 Minuten. Manchmal werden aus 10 Minuten gehen, laufen oder schwimmen 20 Minuten oder mehr, weil es sich so großartig anfühlt, dass Sie einfach nicht aufhören wollen. Bei

---

[29] Ja, wir wissen, dass Sie Ruhetage brauchen. Aber wenn Sie sich tägliche Körperbewegung vornehmen, stehen die Chancen gut, dass Sie wegen irgendwelcher Termine, der Wetterlage oder anderer Unterbrechungen durchaus Ihre Pausen bekommen. Und selbst an einem Ruhetag können Sie wahrscheinlich einen Spaziergang machen.

anderen Gelegenheiten wird es bei den 10 Minuten bleiben, und das ist auch in Ordnung. Es ist besser, als gar nichts zu machen, und Sie können Ihre Energie trotzdem aufladen.[30]

Außerdem wird der schlichte Akt, sich Sportklamotten anzuziehen und hinauszugehen, diese Gewohnheit stärken und Ihre Motivation für längere Work-outs in der Zukunft stärken.

Dieser gemäßigte Ansatz erfordert eine andere Betrachtungsweise als die vorgefassten Vorstellungen, die die meisten von uns über Sport haben. Oft sind diese eng mit unserem Ego verknüpft. Egal ob wir uns als Basketballspieler, Felsenkletterer, Yogi, Jogger, Radfahrer, Schwimmer oder was auch immer sehen, viele von uns neigen zu Aktivitäten, die wir für »echte Sportarten« halten. Alles, was darunter liegt, zählt nicht, auch wenn »echte Sportarten« nicht in unser Leben passen.

Die moderne Kultur ermuntert zu unrealistischen Erwartungen an die eigene Sportlichkeit. Schuhhersteller spornen Sie an, mehr, schneller und besser zu laufen. Die Schlagzeilen in Zeitschriften verkünden marktschreierisch neue Methoden, um Ihr Sixpack zu definieren und Ihren Brustkorb aufzublähen. Viele Leute prahlen mit ihrer Teilnahme an Marathonläufen, indem Sie »26,2«-Aufkleber an ihren Geländewagen anbringen, und um nicht übertrumpft zu werden, haben Ultra-Marathonläufer »50«- und »100«-Aufkleber an ihrem Auto, um diesen Amateur-Weicheiern zu zeigen, wer im Marathon der Boss ist.

Wie sollen wir normalen Sterblichen uns da fühlen? Zählt Körperbewegung nur, wenn wir für einen vierfachen Triathlon trainieren oder mit reiner Muskelkraft einen fünfachsigen Lkw mit Doppelbereifung

---

[30] Die Forschungsergebnisse der Untersuchung über leichte Körperbewegung und die Hirnfunktion sind ziemlich erstaunlich. Eine Studie, die 2016 an der Universität Radbout in den Niederlanden durchgeführt wurde, ergab, dass Körperaktivität das Kurzzeitgedächtnis verbesserte, selbst wenn die Testpersonen die erinnerten Informationen Stunden *vor* der Körperaktivität erhalten hatten. Eine Studie, die 2017 von der University of Connecticut durchgeführt wurde, ergab, dass leichte Körperbewegung (zum Beispiel ein Spaziergang) das psychische Wohlbefinden steigerte, wohingegen intensive Körperaktivität weder positive noch negative Effekte hatte. Es scheint eine endlose Zahl an ähnlichen wissenschaftlichen Studien zu geben. Wenn Sie sich für einen gründlichen (und dennoch unterhaltsamen) Blick auf die Wissenschaft interessieren und wissen wollen, wie sich regelmäßige kurze Körperbewegung auf Ihr Gehirn auswirkt, lesen Sie John Medinas Buch *Gehirn und Erfolg*.

an einer Kette ziehen, die wir zwischen die Zähne geklemmt haben? Die Antwort lautet: nein. Wünschen Sie diesen Ultra-Marathonläufern alles Gute und ignorieren Sie sie. Kochen Sie auf kleiner Flamme, aber das täglich – oder beinahe täglich.

Wenn Sie dazu übergehen, jeden Tag ein wenig Ihren Körper zu bewegen, müssen Sie unter Umständen Abschied von großspuriger Prahlerei mit Ihren sportlichen Leistungen nehmen. Es könnte bedeuten, dass Sie sich von der idealen sportlichen Aktivität zugunsten eines bescheideneren Work-outs verabschieden, das Sie wirklich konsequent verfolgen können. Diese Veränderung der inneren Einstellung fällt nicht leicht. Wir können Ihnen das nicht abnehmen, aber wir können Ihnen versichern: Es ist in Ordnung, nicht perfekt zu sein. Sie sind mehr als die Liter Schweiß, die Sie vergießen.

Jake
Ich hielt mich für einen »ernsthaften Basketballspieler«. In meiner Vorstellung trieb ich keinen richtigen Sport, wenn ich nicht mindestens an vier Tagen die Woche drei Stunden trainierte. Aber mit den Kindern und meinem Job war das einfach nicht möglich. Ich hatte Phasen, in denen ich wie wild für mehrere Stunden an mehreren aufeinanderfolgenden Tagen Basketball spielte, in denen ich mich völlig verausgabte, mich oft sogar verletzte und dadurch in der Arbeit ins Hintertreffen geriet, gefolgt von Wochen oder Monaten, in denen ich mich überhaupt nicht bewegte und mich furchtbar schuldig fühlte. Es war alles oder nichts.

Ich erinnere mich an den Moment, in dem ich meine Einstellung zu Sport veränderte. Ich war nach einem dreistündigen Basketballtraining gerade im Büro eingetroffen – hinkend, weil ich mir den Knöchel verrenkt hatte – und kollabierte an meinem Schreibtisch, weil ich körperlich und geistig völlig ausgepowert war. Ich hatte keine Energie mehr für die Arbeit übrig; es schien, als wiege die Computermaus mindestens 50 Kilo.

Und dann hatte ich plötzlich das Bild vor Augen, wie ich mich am Morgen des vorhergehenden Tages gefühlt hatte, als ich eine zehnminütige

Joggingrunde durch das Viertel absolviert hatte, wobei ich meinen kleinen Sohn im Kinderwagen schob, damit er auch ein wenig frische Luft bekäme. Das war die Art leichte Übung, die mein Sportlerego als ungenügend einstufte. Eine solche kurze Laufrunde »zählte« nicht. Allerdings kam ich an dem Tag frisch und voller Energie ins Büro, konnte mich mehrere Stunden lang konzentrieren und ein wichtiges Designprojekt fertigstellen.

»Mein Gott«, dachte ich. »Ich muss meine Einstellung zu Sport ändern.«

Gewiss, Basketball machte Spaß und war ein gutes Körpertraining. Aber ich übertrieb es einfach jedes Mal, und das war ein sicheres Rezept für Erschöpfung und Verletzung.

An diesem Punkt beschloss ich, meine eigene sportliche Messlatte tiefer zu legen und mich für jede Aktivität zu loben, egal wie kurz oder wenig anstrengend sie war. Wenn ich nicht Basketball spielen konnte (oder sollte), was an den meisten Tagen der Fall war, dann lief ich, und wenn ich nicht laufen konnte, dann ging ich spazieren.

Meine persönliche Erfahrung bestätigt die wissenschaftlichen Ergebnisse. An den Tagen, an denen ich mich ein wenig bewege, fühle ich mich besser – weniger gestresst, energiegeladener und ganz allgemein zufriedener. Und anders als meine früheren heroischen Anstrengungen ist diese tägliche kleine Routine nachhaltig. Zu laufen oder länger spazieren zu gehen ist mir zu einer echten Gewohnheit geworden, bis es am Ende zu einem Automatismus wurde. Ab und zu spiele ich immer noch Basketball, aber es ist nicht mehr die einzige Körperaktivität, die für mich zählt. Und indem ich mir selber zugestehe, mich jeden Tag ein bisschen zu bewegen, bin ich auch viel zufriedener.

62. Gehen Sie zu Fuß

Wir wurden geboren, um uns zu Fuß fortzubewegen. In der menschlichen Evolutionsgeschichte kam die Fähigkeit, aufrecht zu gehen, noch vor der Entwicklung unserer Denkfähigkeit. In der modernen Welt verlassen wir uns aber standardmäßig auf den motorisierten Transport. Die meisten von uns können jedes gewünschte Ziel mit dem Auto, dem Bus, dem Zug oder einem anderen Transportmittel erreichen. Und da es so leicht ist, uns vom Gehen abzuhalten, beraubt uns dieses Standardverhalten einer ausgezeichneten Gelegenheit, Energie aufzutanken.

Um es technisch auszudrücken: Das Gehen tut Ihnen wirklich verdammt gut. Berichte aus Harvard und der Mayo Clinic (unter anderem) zeigen, dass Gehen dazu beiträgt, abzunehmen, Herzerkrankungen zu vermeiden, das Krebsrisiko zu senken, den Blutdruck zu senken, die Knochen zu stärken und mithilfe der Ausschüttung von Endorphinen Ihre Stimmung zu verbessern. Zu Fuß gehen ist praktisch eine Wunderdroge.

Außerdem hilft Ihnen das Gehen, Zeit zum Nachdenken, Tagträumen oder Meditieren zu gewinnen. JZ nutzt Spaziergänge immer, um über seine Highlights nachzudenken und zu planen. Manchmal beginnt er, indem er im Kopf ein neues Kapitel, einen Blogpost oder eine Story skizziert. Ein Spaziergang muss aber nicht unbedingt zum Meditieren dienen. Sie können auch Podcasts oder Hörbücher hören, während sie spazieren gehen. Sie können dabei sogar telefonieren. (Je nachdem, wo Sie spazieren gehen, könnte die Umgebung für ein ernsthaftes Gespräch zu laut sein, aber Ihre Mutter anzurufen, um sich mal wieder bei ihr zu melden, geht auch.)

Ein täglicher Spaziergang muss nicht unbedingt »noch eine Aufgabe« sein, die Sie »erledigen müssen«. Versuchen Sie einfach, das Transportmittel, das Sie normalerweise benutzen, gegen einen Fußmarsch einzutauschen. Wenn die Entfernung zu groß ist, können Sie zumindest einen Teil der Strecke zu Fuß gehen. Steigen Sie einfach ein oder zwei Stationen früher aus dem Bus oder der U-Bahn aus, und gehen Sie den Rest zu Fuß. Und wenn Sie das nächste Mal auf einen großen Parkplatz fahren, suchen Sie nicht nach dem perfekten Parkplatz gleich neben dem Geschäftseingang, sondern parken Sie weiter weg. Wenn Sie Ihr Standardverhalten von »wenn es irgend geht, fahren« auf »möglichst zu Fuß gehen« umstellen, werden Sie überall Gelegenheiten erkennen, sich auf »Schusters Rappen« fortzubewegen.

Insgesamt lässt sich sagen, dass Gehen die einfachste und bequemste Art der Körperbewegung ist, und obwohl es so leicht ist, hat es eine großartige Wirkung auf Ihren Energiepegel. Um es mit den Worten von Nancy Sinatra zu sagen, haben Sie Füße bekommen, um damit zu gehen – und das sollten Ihre Füße auch tun.

JZ

Im Jahr 2013 zog meine Firma von einem Vorort in die Stadt, ungefähr zwei Meilen von meinem Zuhause entfernt. Ich beschloss, zu Fuß zur Arbeit zu gehen. Warum auch nicht? Das Wetter in San Francisco ist ziemlich gut, der Bus war immer überfüllt und einen Parkplatz in der Innenstadt zu finden war ausgeschlossen.

Als mir das Zu-Fuß-Gehen zur Gewohnheit wurde, fiel mir etwas Überraschendes auf: Ich hatte das Gefühl, ich hätte mehr Zeit, wenn ich zu Fuß zur Arbeit ging. Technisch gesehen dauerte es länger, als wenn ich mit dem Auto oder dem Bus fuhr, aber subjektiv fühlte es sich anders an, weil das Zu-Fuß-Gehen mir die Zeit gab, um über mein Highlight nachzudenken oder im Geiste daran zu arbeiten.

63. Fordern Sie sich

Okay, alles zu Fuß zu machen, wie wir Ihnen geraten haben, ist ziemlich unbequem. Aber das ist Absicht. Wir glauben, dass bewusste Unbequemlichkeit eine großartige Methode ist, um Gelegenheiten zur Körperbewegung außerhalb des Fitnessstudios zu finden. Sie müssen nur bereit sein, Ihre Standardeinstellung von »bequem« auf »energiespendend« umzustellen:

1. Bereiten Sie das Abendessen vor

Den Einkauf schleppen, in der Küche umherlaufen, Töpfe heben, hacken, umrühren – das alles erfordert, dass Sie Ihren Körper bewegen. Für einige Menschen ist Kochen eine meditative Beschäftigung – eine großartige Gelegenheit, sich Zeit zum Nachdenken zu nehmen. Anderen macht es einfach Spaß, und es ist eine gute Gelegenheit, um persönliche Zeit mit Freunden und Familie zu verbringen (Nr. 81). Außerdem ist das Essen, das Sie sich selber kochen, wahrscheinlich gesünder und ein besserer Energielieferant als das Essen in einem Restaurant.

2. Nehmen Sie die Treppe

Aufzüge sind einerseits superbequem, aber irgendwie auch unangenehm, oder? Wo soll man hingucken? Sollte ich zu dem Typen aus der Buchhaltung »Hallo« sagen[31] oder einfach auf mein Smartphone starren? Sparen Sie sich diese stressigen Entscheidungen, bleiben Sie in Bewegung und nehmen Sie die Treppe.

3. Benutzen Sie einen Koffer ohne Räder

Verschenken Sie ihren Rollenkoffer und tragen Sie Ihr Gepäck. Betrachten Sie das als Mini-Krafttraining, nur dass Sie es am Flughafen machen und nicht im Fitnessstudio. Sie haben schon verstanden. Es gibt überall Gelegenheiten, um sich zu fordern!

Jake
Warten Sie eine Sekunde. Der Rollenkoffer ist die beste Erfindung seit dem Feuer. Ich werde auf meinen nicht verzichten!

Natürlich sollten wir erwähnen, dass wir selber miese Heuchler sind. Wir lieben die Bequemlichkeit, vom Lieferservice über Aufzüge bis zu, ähem, Autos. Wir erwarten nicht, dass Sie auf alle Annehmlichkeiten des modernen Lebens verzichten, sondern dass Sie ab und zu Nein sagen und diese Bequemlichkeiten eher als bewusste gelegentliche Entscheidung betrachten und nicht als Standardmodus.

---

[31] Das ist natürlich nicht als Beleidigung gemeint. Wir lieben Buchhalter!

JZ
Erinnern Sie sich daran, dass niemand alle hier vorgestellten Taktiken anwenden muss. Nicht einmal wir selber.

64. Schieben Sie ein superkurzes Work-out ein

Manchmal erweisen sich Dinge, die zu gut sind, um wahr zu sein, als gut *und* wahr. Aus diesem Grund sind wir Anhänger eines High-Intensity-Intervalltrainings – eine Work-out-Methode mit Schwerpunkt auf Qualität statt Quantität. Bei dieser Art des Intervalltrainings oder »superkurzen Work-outs«, wie wir es nennen, machen Sie eine Reihe kurzer, aber intensiver Bewegungen. Sie können Übungen wählen, bei denen Sie gegen Ihr eigenes Körpergewicht arbeiten, zum Beispiel Liegestütze, Kniebeugen oder Klimmzüge. Sie können sprinten oder Gewicht heben und Sie können ein superkurzes Work-out in nur fünf bis zehn Minuten absolvieren.

Das Beste daran ist, dass superkurze Work-outs Ihnen richtig Energie verleihen. Und sie sind nicht nur ein zeitsparender Ersatz für »echte« Körperaktivität. Es gibt sogar Belege, die darauf hinweisen, dass sehr intensive kurze Work-outs wirksamer sind als längere Work-outs von mittlerer Intensität, die wir immer für effektiver gehalten haben. In einer Zusammenfassung mehrerer Studienergebnisse schreibt die *New York Times*: »Ungefähr sieben Minuten relativ anstrengendes Training könnte einen größeren Effekt haben als eine Stunde oder mehr an moderatem Training.« Größere Wirkung in weniger Zeit, kostenlos und ohne Einsatz von Geräten. Das klingt wirklich ein wenig zu gut, um wahr zu sein.

Diese Form des Work-outs passt in Urks Kontext. Sie können sich leicht vorstellen, wie er hebt, drückt und schiebt, klettert und zieht, wenn er von einem erfolgreichen Jagdausflug zurückkehrt oder auf einen Baum klettert, um eine bessere Sicht zu haben. Ein superkurzes Work-out sollte nicht die einzige Körperbewegung sein, die Sie bekommen. Aber es ist eine schnelle, bequeme Methode, um Ihre Batterien wieder aufzuladen.

Wenn Sie es ausprobieren wollen, hier einige Übungsvorschläge:

Das Sieben-Minuten-Work-out

Wie in einem Artikel in der Fitnesszeitschrift *Health & Fitness Journal* des American College of Sports Medicine aus dem Jahr 2013 erklärt und von der *New York Times* für die Allgemeinheit aufbereitet wurde, kombiniert das Sieben-Minuten-Work-out zwölf einfache, schnelle und wissenschaftlich erprobte Übungen zu einer Fitnessroutine, die nur sieben Minuten dauert (37 Trainingsintervalle mit jeweils zehn Sekunden Pause). Sie müssen dabei nicht einmal nachdenken – es gibt Apps, die Sie durch die Übungen führen; siehe maketimebook.com für Empfehlungen.

JZs 3x3-Work-out

Oder Sie können es wie JZ machen und die ganze Sache noch weiter vereinfachen. Machen Sie dreimal die Woche die folgenden Übungen:
1. Machen Sie so viele Liegestütze wie möglich und legen Sie anschließend eine Minute Pause ein.
2. Machen Sie so viele Kniebeugen wie möglich und legen Sie anschließend eine Minute Pause ein.
3. Machen Sie so viele Armhebebewegungen (Klimmzüge, Bizeps-Curls oder was auch immer) wie möglich und legen Sie anschließend eine Minute Pause ein.

> **JZ**
> Wenn ich keine Zeit habe, in den Park zu gehen und Klimmzüge an der Übungsstange zu machen, dann hebe ich einfach Gegenstände im Haus an, zum Beispiel einen Stuhl, eine Tüte mit Büchern oder diesen Beistelltisch, der aus einem Baumstumpf geschnitzt ist. Das sind keine ausgefeilten Übungen, aber sie sorgen dafür, dass mein Work-out kurz und einfach bleibt. Außerdem ist der Akt, einen Gegenstand anzuheben (anstatt im Fitnessstudio Hanteln oder Gewichte an einer Maschine zu stemmen) näher an unseren Vorfahren und der Art und Weise, wie sie ihre Muskeln einsetzten, nämlich zum Heben, Tragen und Schieben von Gegenständen.

Damit Ihnen nicht langweilig wird oder wenn die Übungen zunächst zu anstrengend sind, können Sie mit Varianten experimentieren. Sie können bei den Liegestützen zum Beispiel die Knie auf dem Boden aufstützen, wenn Ihnen die regulären Liegestütze zu schwerfallen. Und wenn Ihnen reguläre Kniebeugen zu leicht sind, dann machen Sie einbeinige Kniebeugen. Suchen Sie im Internet nach »Varianten für Liegestütze«, »Varianten für Kniebeugen« oder »Varianten für Klimmzüge«, um sich Ideen zu holen.

Essen Sie richtige Nahrung

65. Ernähren Sie sich wie ein Jäger und Sammler
66. Legen Sie sich viel Grün auf den Teller
67. Essen Sie nur, wenn Sie Hunger haben
68. Haben Sie immer einen gesunden Snack dabei
69. Essen Sie dunkle Schokolade, wenn Sie etwas Süßes wollen

65. Ernähren Sie sich wie ein Jäger und Sammler

Diese Taktik ist eine unverblümte Hommage an und ein Plagiat unseres Helden Michael Pollan, einem Ernährungsenthusiasten und Autor von Ernährungsratgebern. In seinem Bestseller *Lebensmittel* widmet sich Pollan der »angeblich unglaublich komplizierten und verwirrenden Frage, was wir Menschen essen sollten, um möglichst gesund zu sein«:

> *Essen Sie echte Nahrungsmittel. Nicht zu viel und hauptsächlich pflanzliche.*

Nun, wir haben Pollans Bücher gelesen und seine Ratschläge ausprobiert. Und wir wollen verdammt sein, wenn sie nicht funktionieren. Echte Nahrungsmittel zu essen – in anderen Worten: unverarbeitete Nahrung, die Urk als solche wiedererkennen würde, zum Beispiel Obst und Gemüse, Nüsse und Samen, Fisch und Fleisch – bewirkt einen gewaltigen Unterschied in den Energiereserven. Schließlich ist der menschliche Körper auf die Aufnahme und Verdauung echter Nahrungsmittel ausgerichtet, daher ist es keine Überraschung, dass Ihr Motor besser läuft, wenn Sie ihm guten Treibstoff liefern.

> **JZ**
> Als wir anfingen, unser Leben umzustellen, wollte ich mir Zeit für das Kochen zu Hause nehmen. Ich hielt es für einen doppelten Gewinn: eine Energie spendende Unbequemlichkeit (Nr. 63) und eine Möglichkeit, echtes Essen zu einem Grundnahrungsmittel meiner täglichen Ernährung zu machen. Ich fand, dass das Kochen mit einfachen Vollwertzutaten – wie gebratenem Fleisch mit Salat – viel einfacher war, als ein langes Rezept Punkt für Punkt zu befolgen. Für mich war es der beste Weg, eine Essensroutine wie ein Jäger und Sammler zu entwickeln.

Jake

Um mein Standardernährungsverhalten auf die Ernährung eines Jägers und Sammlers umzustellen, musste ich zunächst anerkennen, dass ich immer schnelle, einfache Snacks dabeihaben muss. Außerdem sorge ich stets dafür, dass diese Snacks nicht nur lecker, sondern auch echte Nahrungsmittel sind. Ich kaufe Großpackungen an Mandeln, Walnüssen, Obst und Erdnussbutter. Wenn ich später hungrig werde, habe ich einen qualitativ hochwertigen Snack zur Hand, der mir wirklich schmeckt: eine Handvoll Nüsse und Rosinen oder einen Klecks Erdnussbutter auf einer Banane oder auf Apfelscheiben (siehe Nr. 68 für weitere Informationen über Snacks).

66. Legen Sie sich viel Grün auf den Teller

Eine simple Technik, auf leichte, energiespendende Mahlzeiten zu achten, besteht darin, zuerst Salat auf Ihren Teller zu legen und dann alles andere drum herum zu gruppieren. Mehr Salat bedeutet weniger schweres Essen und höchstwahrscheinlich mehr Energie danach.

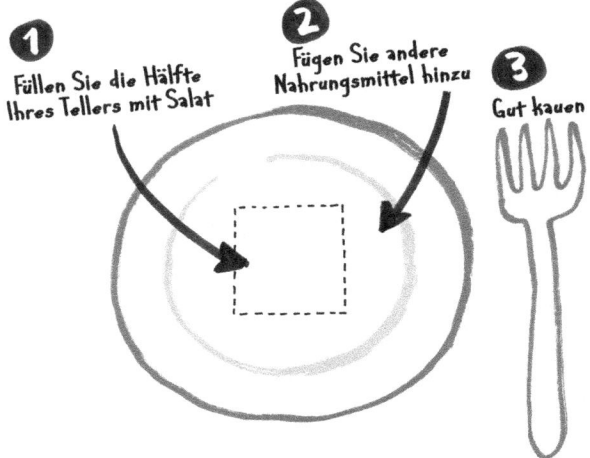

Essen Sie richtige Nahrung

Taktisches Gefecht: Fasten versus Snacken
Bei JZ schärft Fasten den Fokus und steigert die Energie. Bei Jake löst die Vorstellung, zwischen Mittag- und Abendessen keinen Snack essen zu können, Nervosität und Anspannung aus.

67. Essen Sie nur, wenn Sie Hunger haben

JZ

Die allgemeine Überzeugung lautet heute, dass man ständig essen muss: drei Hauptmahlzeiten am Tag plus Zwischenmahlzeiten, damit Sie nicht vom Hungergefühl überwältigt werden. Vergessen Sie aber nicht, dass Urk ein Jäger und Sammler war. Er aß nur, wenn er etwas gesammelt, gejagt oder erlegt hatte. Können Sie sich vorstellen, jeden Morgen, Mittag und Abend und immer dann, wenn Ihr Blutzucker gerade absackt, loszugehen und Beeren zu sammeln oder Büffel zu jagen?

Der Punkt ist: Nur weil wir die ganze Zeit essen können, heißt das nicht, dass wir auch die ganze Zeit essen sollten. Selbst wenn wir das Glück haben, in einer Welt des Nahrungsüberflusses zu leben, sind unsere Körper noch dieselben wie zu Urks Zeiten; sie sind darauf programmiert, in einer Welt zu überleben und zu gedeihen, in der Nahrung rar war.

Gelegentliche Fastenkuren sind zu einer Mode geworden, aber es gibt viele Gründe, um das Fasten auszuprobieren, die nichts mit Beyoncés oder Benedict Cumberbatchs Empfehlungen zu tun haben. Das Essen schmeckt besser, wenn Sie hungrig sind, überdies bietet Fasten einige großartige gesundheitliche Nutzen: Herz-Kreislauf-Gesundheit, Langlebigkeit, Muskeldefinition und möglicherweise sogar eine Verringerung des Krebsrisikos.

Energie tanken

In Bezug auf Energie- und Zeitgewinnung steht ein Nutzen über allen anderen: Fasten (im vertretbaren Rahmen) klärt den Geist und schärft die Wahrnehmung, was gut ist, um den Fokus auf die eigenen Prioritäten zu wahren.

Ich habe einige Jahre »intermittierendes Fasten« praktiziert – was nichts anderes ist als »kurze Perioden des Nahrungsverzichts«. Anfangs war ich vom Hungergefühl abgelenkt. Nach einigen Versuchen gewöhnte ich mich aber an das Gefühl und stellte fest, dass ich in diesem Zustand neue geistige Reserven freisetzen konnte.[32] Das ist vor allem als Teil meiner Morgenroutine nützlich, die darin besteht, dass ich nach dem Aufstehen vier bis fünf Stunden (ablenkungs- und auch oft nahrungsfrei) an meinem Highlight arbeite.

Machen Sie sich keine Sorgen. Ich fordere Sie nicht auf, ganze Tage aufs Essen zu verzichten. Versuchen Sie einfach, eine Mahlzeit oder einen Snack auszulassen. Natürlich will niemand der Typ sein, der bei einem Geschäfts- oder Geburtstagsessen auftaucht und ein Mineralwasser mit Zitrone bestellt. Aber mein Freund Kevin stellte mir eine Fastenmethode vor, die sehr gut in ein normales Leben passt. Er isst früh zu abend, lässt am nächsten Morgen das Frühstück aus und isst dann reichlich zu Mittag. Das ist im Wesentlichen eine 16-stündige Fastenkur, und das können Sie gelegentlich machen, ohne sich komisch zu fühlen.

68. Haben Sie immer einen gesunden Snack dabei

Jake

Kleinkinder werden quengelig, wenn sie Hunger haben.[33] Als Vater habe ich das viele Male erlebt. Oh Gott, so viele Male.

Das Kind hat aber keine Schuld. Für einen Dreijährigen ist es hart, ohne eine kleine süße Aufmunterung vom Mittagessen bis zum Abendessen durchzuhalten. Um ganz ehrlich zu sein, werde ich selber oft hungrig und missmutig, ohne dass ich es merke. Anders als JZ, der Snacks vermeidet,

---

[32] Jake hat mich mit einer Hauskatze verglichen, deren Energie und Jagdinstinkt kurz vor der Fressenszeit deutlich ansteigen. Ich weiß nicht genau, was ich von diesem Vergleich halten soll, wenngleich meine Katzen mir versichert haben, er sei positiv.

[33] Falls irgendein Kleinkind das hier liest: Ist nicht böse gemeint, aber ihr wisst, dass es stimmt.

finde ich, dass regelmäßige Zwischenmahlzeiten eine gute Sache sind. Tatsächlich bin ich ein kleiner Snack-Fanatiker. Ich habe immer einige Müsliriegel in meinem Rucksack – für alle Fälle. Ich habe sogar unseren Design Sprint ein wenig abgeändert, damit Zeit für eine Knabberpause bleibt.

Was Snacks angeht, finde ich zwei Dinge wichtig: dass Sie qualitativ hochwertige Snacks auswählen und sie dann verzehren, wenn Ihr Körper und Ihr Geist ihn brauchen, aber nicht einfach, weil Sie sonst nichts zu tun haben

Um Ihre Batterie immer aufgeladen zu halten, stellen Sie sich vor, Sie seien ein Kleinkind oder besser Vater oder Mutter des besagten Kleinkinds. Achten Sie auf Quengelei und Missmut und halten Sie eine nahrhafte Lösung bereit. Wenn Sie morgens das Haus verlassen, packen Sie einen kleinen Müsliriegel oder einen Apfel ein. Wenn Sie Hunger verspüren und Appetit auf einen Snack haben, dann entscheiden Sie sich für echte Nahrungsmittel (zum Beispiel Bananen oder Nüsse) anstatt Junkfood (Süßigkeiten oder Chips). Sie würden Ihrem Dreijährigen auch keine Tüte Gummibärchen geben, damit er bis zum Mittagessen durchhält, und Sie sollten sich genauso gut behandeln. Erwachsene sind auch Menschen.

69. Essen Sie dunkle Schokolade, wenn Sie etwas Süßes wollen

Zucker verursacht einen Anstieg des Blutzuckerspiegels. Und ein hoher Blutzuckerspiegel verursacht einen anschließenden steilen Zuckerabfall. Die meisten Menschen wissen, dass Enthaltsamkeit ein großartiger Weg ist, um einen plötzlichen Blutzuckerabfall und Energieverlust zu vermeiden. Aber seien wir ehrlich, es kann mitunter ganz schön schwierig sein, ganz auf Süßigkeiten zu verzichten.

Verzichten Sie also nicht, sondern ändern Sie Ihren Standard. Genehmigen Sie sich etwas Süßes, solange es dunkle Schokolade ist.

Dunkle Schokolade hat viel weniger Zucker als die meisten anderen Süßigkeiten, daher fallen Sie hinterher auch nicht in den Unterzucker. Viele Studien[34] weisen darauf hin, dass dunkle Schokolade sogar gesundheitliche Nutzen bietet. Weil sie sehr nahrhaft und sehr lecker

---

[34] Finanziert von Schokoladenherstellern, aber was soll's.

ist, müssen Sie nicht viel davon essen, um Ihre Lust auf Süßes zu befriedigen. Kurzum, dunkle Schokolade ist einfach klasse, und Sie sollten sie öfter essen.[35]

Jake

Ich bin ganz versessen auf Süßigkeiten, halte mich seit 2002 aber an dunkle Schokolade. Das begann auf einer Fahrt von Seattle nach Portland mit meiner Frau Holly. Wir hielten an einer Tankstelle, wo ich eine große Cola, eine Tüte saure Zuckerdrops und einen bunten Jolly-Rancher-Lutscher kaufte und verzehrte. Unter dem Eindruck dieses Blutzuckerhochs gab ich anschließend eine fünfminütige Pantomime des Videospiels *Super Mario Bros.* mit Soundeffekten und allen Schikanen zum Besten.

Und dann sackte mein Blutzuckerspiegel plötzlich in den Keller. Den Rest der Fahrt saß ich zusammengesunken auf dem Beifahrersitz und klagte über pochende Kopfschmerzen. Holly lachte.

Der Jolly-Rancher-Vorfall (wie wir diese Episode im Anschluss nannten) bewirkte schließlich die geistige Verknüpfung: viel Zucker = anschließendes massives Unwohlsein. Ungefähr zur selben Zeit wurde in der Presse über all diese Studien und die gesundheitlichen Vorzüge dunkler Schokolade berichtet. Also beschloss ich, sie auszuprobieren und auf meine gewohnten Süßigkeiten zu verzichten. Zunächst musste ich mich an den bitteren Geschmack gewöhnen. Aber sobald mein Gaumen ihn akzeptiert hatte, erschienen mir alle anderen Süßigkeiten völlig überzuckert.

Ich esse nach wie vor mindestens zweimal die Woche Eis oder Kekse, aber das mache ich dann ganz bewusst. Standardmäßig esse ich dunkle Schokolade, mein Energiepegel bleibt stabil und meine Frau macht sich nicht über mich lustig … jedenfalls nicht über den Jolly-Rancher-Vorfall.

---

[35] Denken Sie daran – dunkle Schokolade enthält Koffein, daher sollten Sie sie in Ihrer Koffeinberechnung berücksichtigen (siehe Nr. 75).

Optimieren Sie Ihren Koffeinpegel

70. Wachen Sie erst einmal auf, *bevor* Sie Koffein zu sich nehmen
71. Trinken Sie Kaffee, *bevor* Sie schlappmachen
72. Machen Sie einen Koffein-Nap
73. Halten Sie sich mit grünem Tee fit
74. Pushen Sie Ihren Energiepegel für Ihr Highlight
75. Lernen Sie, wann Sie Ihren letzten Kaffee trinken sollten
76. Trennen Sie Koffein und Zucker

Es ist sehr leicht, in den Standardmodus zu verfallen und sich jedes Mal, wenn Sie eine kurze Arbeitspause einlegen, einen Kaffee einzuschenken. Koffein ist eine (leicht) suchtauslösende Droge, daher können schon kleine Gewohnheitsgesten wie zum Beispiel sich einen Kaffee zu holen, nur um zwischendurch vom Schreibtisch aufstehen zu können, leicht zu einer chemisch verstärkten Angewohnheit werden. Hey, das soll keine Kritik sein. Wir sind selber Koffeinkonsumenten, so wie die meisten Menschen.[36] Koffein ist eine äußerst wirkungsvolle Substanz, und weil sie einen direkten Effekt auf Ihren Energiepegel hat, sollten Sie Koffein ganz bewusst und nicht automatisch zu sich nehmen.

Wir begannen, uns näher mit Koffein zu beschäftigen, nachdem wir Ryan Brown kennengelernt hatte. Ryan ist ein echter Kaffeeprofi. Er beschäftigt sich so intensiv mit Kaffee, dass er die ganze Welt bereist hat, um die perfekte Kaffeebohne zu finden; er gründete seinen eigenen Kaffeelieferservice, arbeitete für Premium-Kaffeeröstereien wie Stumptown und Blue Bottle und hat sogar ein Buch über Kaffee geschrieben.

Ryan ist zudem ein sehr ernsthafter und bewusster Kaffeetrinker. Über Jahre studierte er jeden Artikel und jede neue wissenschaftliche Studie über Koffein, in dem Versuch, durch die Bestimmung des besten Zeitpunkts für die Koffeinzufuhr seinen Energiepegel zu optimieren. Wie Sie sich vorstellen können, waren wir ganz Ohr, als er uns anbot, uns an seinen Entdeckungen teilhaben zu lassen.

Ryan zufolge hat es sich für ihn persönlich am besten bewährt, zunächst die Wirkungsweise von Koffein zu verstehen. Für das Gehirn sehen Koffeinmoleküle so ähnlich aus wie die Moleküle, die als *Adenosin* bezeichnet werden und die die Funktion haben, dem Gehirn mitzuteilen, seine Tätigkeit zu verlangsamen und sich schlapp und müde zu fühlen. Adenosin wird vor allem abends ausgeschüttet, wenn es Zeit wird, schlafen zu gehen. Wenn Adenosin dagegen morgens oder am Nachmittag ausgeschüttet wird, bekämpfen wir die aufkommende Müdigkeit üblicherweise mit einem Kaffee.

---

[36] Laut der amerikanischen Nahrungsmittelbehörde FDA nehmen weltweit rund 90 Prozent der Erwachsenen in irgendeiner Form Koffein zu sich. In den USA trinken 80 Prozent der Erwachsenen jeden Tag koffeinhaltige Getränke, wir beide eingeschlossen.

Wenn das Koffein vom Blut aufgenommen wird, sagt das Gehirn: »Oh, da kommt Adenosin«, und leitet es an die Rezeptoren weiter, an die das Adenosin geleitet wird. Daraufhin hat das echte Adenosin nichts mehr, wo es andocken kann. Als Ergebnis kann es auch keine Müdigkeitssignale an das Gehirn aussenden.

Was daran (zumindest für uns) so interessant ist, ist der Umstand, dass Koffein Ihnen technisch gesehen gar keinen Energieschub verleiht, sondern nur verhindert, dass das Adenosin an die Rezeptoren weitergeleitet wird und Müdigkeitssignale aussendet. Sobald die Wirkung des Koffeins jedoch nachlässt, macht sich das nicht abgebaute Adenosin wieder breit und besetzt die Rezeptoren. Wenn Sie dann kein weiteres Koffein zu sich nehmen, werden Sie plötzlich hundemüde. Mit der Zeit gewöhnt sich Ihr Körper an immer größere Koffeinmengen und produziert immer mehr Adenosin. Das hat zur Folge, dass, wenn Sie normalerweise viel Kaffee trinken, Sie sich besonders schlapp fühlen und Kopfschmerzen bekommen, wenn Sie plötzlich einen »Entzug« machen.

In diesem Wissen entwarf Ryan ein perfektes System, das ihm ermöglichte, so viel Kaffee wie möglich zu trinken und dabei einen gleichmäßigen Energiepegel zu wahren, ohne seine Nerven zu belasten oder seinen Schlaf zu beeinträchtigen. Letztendlich war seine personalisierte Formel, die von wissenschaftlichen Ergebnissen und Erfahrung gestützt wurde, unglaublich einfach:

> Beginnen Sie den Tag ohne Koffein (soll heißen, Sie stehen auf, frühstücken und beginnen den Tag ohne Koffein).
> Trinken Sie die erste Tasse Kaffee zwischen 9:30 und 10:30 Uhr.
> Trinken Sie die letzte Tasse Kaffee zwischen 13:30 und 14:30 Uhr.

Das ist alles. An den meisten Tagen trinkt Ryan nur zwei oder drei Tassen Kaffee. Das ist der Mann, *der ein Buch über Kaffee geschrieben hat.* Er liebt dieses schwarze Getränk. Aber er weiß auch, dass er weniger Energie hat, wenn er mehr trinkt oder seinen Kaffee früher oder später als zu den angegebenen Uhrzeiten trinkt, daher beschränkt er seinen Kaffeekonsum und genießt jeden Schluck.

Wenn Ryan bereits die ganze Arbeit gemacht hat, brauchen wir uns nur an seinen Zeitplan halten, stimmt's? Langsam, langsam. Ryan machte uns darauf aufmerksam, dass es kein allgemeingültiges Patentrezept gibt. Jeder Mensch reagiert anders auf Koffein und baut es anders ab, abhängig vom individuellen Stoffwechsel, der Körpergröße, der Koffeintoleranz und sogar der individuellen genetischen Prädisposition.

Natürlich beschlossen wir, unsere eigenen Experimente anzustellen. Was sich für JZ bewährte, funktionierte nicht immer für Jake, und umgekehrt. Wir mussten die Formel an unsere individuellen Gegebenheiten anpassen, aber der Aufwand lohnte sich. Wir beide hatten am Ende einen gleichmäßigeren Energiepegel.

Daher empfehlen wir Ihnen, mit den folgenden Taktiken zu experimentieren und die Notizen (S. 248) zu verwenden, um Ihre Ergebnisse festzuhalten. Strecken Sie Ihre Experimente und rechnen Sie mit einer Reaktionszeit von drei bis zehn Tagen, in denen Sie sich ein wenig schlapp fühlen, weil Ihr Körper sich umstellt.

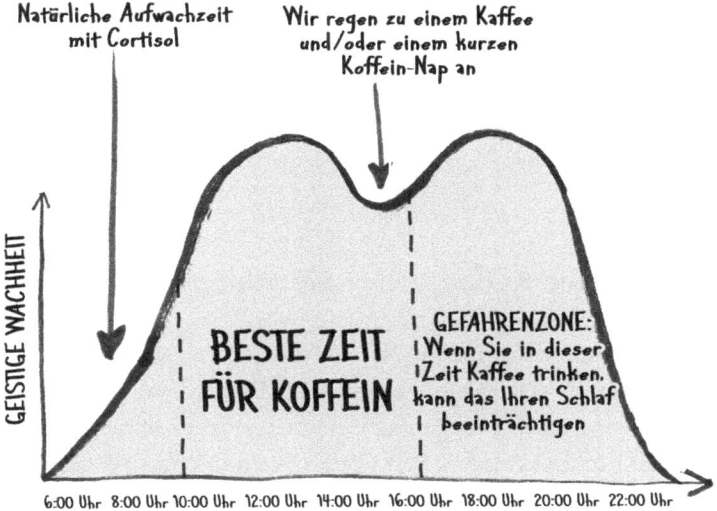

70. Wachen Sie erst einmal auf, *bevor* Sie Koffein zu sich nehmen

Morgens produziert Ihr Körper natürlicherweise viel Cortisol, ein Hormon, das Ihnen dabei hilft aufzuwachen. Wenn der Cortisolspiegel hoch ist, hat Koffein keine große Wirkung (außer vorübergehend die Symptome einer Koffeinabhängigkeit zu lindern). Bei den meisten Menschen ist der Koffeinspiegel zwischen 8:00 und 9:00 Uhr morgens am höchsten. Für einen idealen morgendlichen Energiepegel versuchen Sie, Ihre erste Tasse Kaffee gegen 9:30 Uhr zu trinken.

Jake
Nachdem ich mit Ryan gesprochen hatte, probierte ich es aus. Bis dahin war ich morgens immer in einem Koffein-Entzugsnebel aufgewacht. Es dauerte mehrere Tage, bis ich das morgendliche Schlappheitsgefühl überwinden konnte. Aber sobald es mir gelungen war, liebte ich es, frisch und munter aufzuwachen. Inzwischen habe ich das Gefühl, dass der Kaffee um 9:30 Uhr eine größere Wirkung hat.

71. Trinken Sie Kaffee, *bevor* Sie schlappmachen

Das Vertrackte an Koffein ist, dass es zu spät ist, wenn Sie mit dem Kaffee warten, bis Sie bereits müde sind. Das Adenosin hat sich bereits in Ihrem Gehirn breitgemacht und dann ist es schwierig, die Lethargie noch zu bekämpfen. Wir wiederholen das, weil es wirklich ein ganz wichtiger Aspekt ist: *Wenn Sie warten, bis Sie müde sind, ist es zu spät.* Überlegen Sie sich stattdessen, um welche Uhrzeit Sie normalerweise einen Energieeinbruch verspüren – bei den meisten von uns ist das nach dem Mittagessen – und trinken Sie ungefähr 30 Minuten vorher einen Kaffee (oder ein koffeinhaltiges Getränk Ihrer Wahl). Oder als Alternative ...

72. Machen Sie einen Koffein-Nap

Eine etwas kompliziertere, aber sehr effektive Methode, von der Koffeinmechanik zu profitieren, ist, zu warten, bis Sie müde sind, dann einen Kaffee zu trinken und anschließend einen 15-minütigen Koffein-Nap zu machen. Es dauert eine Weile, bis Ihr Blut das Koffein aufgenommen und ins Gehirn transportiert hat. Während Ihres leichten Schlafs baut der Körper Adenosin ab. Wenn Sie aufwachen, sind die Rezeptoren frei von Adenosin und das Koffein entfaltet seine Wirkung. Sie fühlen sich frisch und munter und voller Tatendrang. Studien haben gezeigt, dass Koffein-Naps die kognitive Erinnerungsleistung stärker verbessern als Kaffee oder eine Siesta alleine.[37]

JZ

Ich machte Koffein-Naps, um nachmittags mehr Energie zu haben, während ich an unserem Buch *Sprint* schrieb. Ein guter 15-minütiger Koffein-Nap verleiht mir für rund zwei Stunden fokussierte Energie.

73. Halten Sie sich mit grünem Tee fit

Um den ganzen Tag über einen gleichmäßigen Energiepegel zu wahren, versuchen Sie, hohe Koffeindosen (zum Beispiel eine Riesentasse frisch gebrühten Kaffee) durch häufigere kleine Dosen zu ersetzen. Grüner Tee ist eine hervorragende Alternative. Die einfachste und billigste Methode für dieses Experiment ist, eine Schachtel Teebeutel mit

---

[37] In einer Studie, die 1997 an der Loughborough University durchgeführt wurde, wurden Teilnehmer mit einem Fahrsimulator getestet. Die Teilnehmer, die einen Koffein-Nap gemacht hatten, zeigten eine bessere Fahrleistung als diejenigen, die nur Kaffee getrunken oder nur eine Siesta gemacht hatten. Im Rahmen einer anderen Studie, die 2003 an der Universität von Hiroshima, Japan, durchgeführt wurde, versuchten die Forscher, die Teilnehmer, die nur eine Siesta ohne Kaffee gemacht hatten, auf den gleichen Energiepegel zu bringen wie die Teilnehmer, die einen Koffein-Nap gemacht hatten, indem sie hellem Licht ausgesetzt wurden. Die zweite Gruppe schnitt bei den Erinnerungstests dennoch besser ab.

grünem Tee zu kaufen und zu versuchen, für jede Tasse Kaffee, die Sie normalerweise trinken würden, zwei oder drei Tassen Tee zu trinken. Damit halten Sie Ihren Energiepegel stabil und vermeiden Schwankungen, die stark koffeinhaltige Getränke wie Kaffee verursachen.

JZ
Sie können es auch mit der italienischen Lösung probieren: dem klassischen Espresso. Wenn Sie Espresso mögen – ich trinke ihn gerne – und die Möglichkeit haben, sich einen zuzubereiten – was ich gelegentlich tue –, dann ist das eine weitere großartige gering dosierte Option. Ein einziger Espresso ist ungefähr mit einer halben Tasse Kaffee oder zwei Tassen grünem Tee vergleichbar.

74. Pushen Sie Ihren Energiepegel für Ihr Highlight

Das Leben hat viel mit dem Videospiel *Mario Kart* gemeinsam: Sie müssen Ihre Turboschübe strategisch einsetzen. Versuchen Sie, Ihre Koffeinzufuhr zeitlich so einzuplanen, dass Sie voller Energie sind, wenn Sie sich Ihrem Highlight widmen. Wir beide wenden diese Technik auf simple Art an: Kurz bevor wir uns zum Schreiben hinsetzen, trinken wir eine Tasse Kaffee.

75. Lernen Sie, wann Sie Ihren letzten Kaffee trinken sollten

Jakes Freundin Camille Fleming ist Hausärztin, die die Assistenzärzte am Swedish Hospital in Seattle schult. Eine der häufigsten Klagen, die sie in ihrer Praxis von Patienten aller Altersstufen hört, ist die Klage über Schlafstörungen. Die erste Frage, die sie ihnen stellt und die auch ihre Schulungsteilnehmer ihren eigenen Patienten stellen sollten, lautet: »Wie viel Koffein nehmen Sie zu sich und wann?« Die meisten

Menschen kennen die Antwort gar nicht. Andere antworten ungefähr so: »Ach, Kaffee macht mir gar nichts aus. Ich trinke meinen letzten Kaffee um 16:00 Uhr.«

Was die meisten Menschen (uns eingeschlossen, bevor Camille es Jake erklärte) nicht erkennen, ist, dass die Halbwertszeit von Koffein fünf bis sechs Stunden beträgt. Wenn der durchschnittliche Mensch um 16:00 Uhr Kaffee trinkt, ist die Hälfte gegen 21:00 oder 22:00 Uhr abgebaut. Die andere Hälfte befindet sich aber noch im Blut. Leider ist es so, dass *ein wenig* Koffein bereits *einige wenige* Adenosinrezeptoren für viele Stunden blockieren kann, und das noch viele Stunden, nachdem Sie Ihren letzten Kaffee getrunken haben. Und das verursacht sehr wahrscheinlich Schlafstörungen und beeinträchtigt Ihre Energie am nächsten Tag.

Sie müssen ein wenig experimentieren, um Ihre persönliche »Kaffee-Sperrstunde« herauszufinden. Wenn Sie unter Schlafstörungen leiden, liegt diese Uhrzeit möglicherweise früher, als Sie glauben. Probieren Sie, den letzten Kaffee auf einen immer früheren Zeitpunkt zu verschieben, und achten Sie darauf, wann Sie ohne Probleme einschlafen.

76. Trennen Sie Koffein und Zucker

Es ist kein Geheimnis, dass viele koffeinhaltige Getränke stark gezuckert sind: Erfrischungsgetränke wie Coca-Cola und Pepsi sowie gesüßte Fertiggetränke wie die Eistees von Snapple und die Mokkas von Starbucks – von Energydrinks wie Red Bull, Macho Buzz und Psycho Juice ganz zu schweigen.[38] Zucker verleiht Ihnen zwar sofort Energie, aber wir müssen Ihnen nicht sagen, dass das nicht gut für einen gleichmäßigen Energiepegel ist.

Wir sind Realisten und fordern Sie nicht auf, Zucker ganz aus Ihrer Ernährung zu streichen (wir tun das jedenfalls nicht). Aber wir empfehlen Ihnen, Koffein und Zucker zu trennen.

---

[38] Wir sind ziemlich sicher, dass mindestens einer dieser Drinks ein echter Wachmacher ist.

Energie tanken

Jake

Für mich bedeutete Koffein Cola oder, falls mir nach etwas Raffinierterem zumute war, ein Mokka. Die Umstellung fiel mir nicht leicht, daher vollzog ich sie schrittweise, indem ich ungesüßten Eistee und Eiskaffee ohne Milch trank. Das war mein Ausstieg aus dem Land des Sirups. Wenn ich heute wirklich etwas Süßes zu meinem Kaffee brauche, dann trenne ich das. Ein Kaffee und ein Keks sind wesentlich schmackhafter als ein Kaffee, indem bereits Kekse aufgelöst wurden – und nichts anderes sind diese süßen Brausen.

Klinken Sie sich aus

77. Genießen Sie die freie Natur
78. Versuchen Sie zu meditieren
79. Lassen Sie Ihre Kopfhörer zu Hause
80. Gönnen Sie sich echte Pausen

77. Genießen Sie die freie Natur

Wald ist etwas sehr Schönes.

JAKES VATER

Seit 1982 ruft die japanische Regierung ihre Bevölkerung zu *shinrin-yoku* auf, was sich ungefähr mit »in den Wald eintauchen« oder »die Atmosphäre des Waldes aufnehmen« übersetzen lässt. Studien über Shinrin-Yoku zeigen, dass schon ein kurzer Spaziergang im Wald Stress abbaut, die Herzfrequenz verlangsamt und den Blutdruck senkt. Und das nicht nur in Japan: In einer Studie der University of Michigan aus dem Jahr 2008 wurde die kognitive Leistung von Personen, die kurz zuvor einen Spaziergang durch die Stadt gemacht hatten, mit der Leistung von Personen verglichen, die kurz zuvor einen Waldspaziergang gemacht hatten. Letztere erzielten um 20 Prozent bessere Ergebnisse.

Ein Aufenthalt in der freien Natur kann Sie also messbar ruhiger und aufmerksamer machen. Warum ist das so? Die beste Erklärung, die wir finden konnten, gibt Cal Newport in seinem Buch *Konzentriert Arbeiten*:

Wenn Sie sich in der freien Natur aufhalten, sind Sie davon befreit, Ihre Aufmerksamkeit auf etwas Bestimmtes zu richten, da es kaum Herausforderungen gibt, die bewältigt werden müssen (zum Beispiel eine stark befahrene Straße zu überqueren), Sie erhalten aber genügend interessante Reize, die Ihre Wahrnehmung in Anspruch nehmen, ohne Ihre Aufmerksamkeit aktiv auf ein bestimmtes Ziel richten zu müssen. Dieser Zustand ermöglicht Ihnen, Ihre Ressourcen für zielgerichtete Konzentration wieder aufzufüllen.

In anderen Worten: Ein Spaziergang im Wald lädt Ihre Batterien wieder auf. Vielleicht ruft der Wald unbewusst den Höhlenmenschen in uns wach. Egal wie die Erklärung lautet, lohnt es sich, das auszuprobieren, und dafür müssen Sie nicht den Pacific Coast Trail entlangwandern. Hey, Sie brauchen nicht einmal einen Wald. Die Nutzen der freien Natur scheinen sich bereits in einer natürlichen Umgebung zu entfalten. Verbringen Sie einige Minuten in einem Park und achten Sie darauf, wie sich das auf Ihre geistige Energie auswirkt. Wenn Sie keine Zeit für einen Spaziergang durch den Park haben, dann treten Sie kurz nach draußen und atmen Sie tief die frische Luft ein. Selbst wenn Sie nur ein Fenster aufmachen, werden Sie sich schon besser fühlen. Da sind wir ganz sicher. Unsere Höhlenmenschenkörper fühlen sich draußen lebendiger.

Jake

Mein Vater liebte Wald, aber er war Rechtsanwalt und verbrachte seine Tage zumeist in Büros oder seinem Auto. Immer wenn er eine Pause zwischen Besprechungen und Terminen hatte, ging er in einem nahe gelegenen Park spazieren. Jeden Samstag und Sonntag machte er einen Waldspaziergang, egal wie das Wetter war. Mit Ausnahme von Tagen, an denen es so sehr stürmte, dass er Gefahr lief, von einem Baum erschlagen zu werden, nahm er sich immer die Zeit, hinaus in die freie Natur zu gehen.

Als Kind fand ich diese Obsession meines Vaters ein wenig schräg. Heute verstehe ich, warum er immer in den Wald ging. Zu Beginn meiner Karriere, als mein Gehirn von dem endlosen Lärm und der Geschäftigkeit der Arbeitswelt dröhnte, erkannte ich die magische Wirkung, die ein Spaziergang durch den Park hatte. Mein Gehirn kam zur Ruhe und meine Gedanken klärten sich, und das nicht nur direkt während des Spaziergangs, sondern auch noch viele Stunden danach. Heute laufe ich jeden Tag durch den Golden Gate Park. Wenn ich die Verkehrsstraßen hinter mir lasse, scheint sich mein Kopf zu entspannen, und der Stress verfliegt. Mein Vater hatte recht, Wald ist etwas sehr Schönes.

78. Versuchen Sie zu meditieren

Die Nutzen der Meditation sind gut dokumentiert: Meditation baut Stress ab, steigert die Zufriedenheit, versorgt Ihr Gehirn mit Energie und schärft Ihren Fokus. Aber Meditation ist nicht einfach, und Sie fühlen sich vielleicht ein wenig albern, wenn Sie meditieren. Wir verstehen das. Wenn wir über Meditation sprechen, ist uns das immer ein bisschen peinlich. Tatsächlich ist es uns in *diesem Moment* peinlich, in dem wir darüber schreiben.

Für Meditation muss man sich aber nicht schämen. **Meditation ist einfach ein frischer Wind für Ihr Gehirn.**

Der Standardmodus des menschlichen Gehirns ist das Denken. Und das ist zumeist auch eine gute Sache. Aber *pausenlos* zu denken, bedeutet, dass Ihr Kopf nie zur Ruhe kommt. Wenn Sie meditieren, folgen Sie nicht passiv Ihrem Gedankenfluss, sondern Sie bleiben still und achten bewusst auf Ihre Gedanken, wodurch sich der Gedankenfluss verlangsamt. Und das lässt Ihr Gehirn zur Ruhe kommen.

Meditation bedeutet also eine Ruhepause für Ihr Gehirn. Das Verrückte daran ist jedoch, dass **Meditation gleichzeitig eine *Übung* für Ihr Gehirn ist.** Still zu verharren und bewusst die eigenen Gedanken zu registrieren ist erfrischend, aber ironischerweise auch harte Arbeit. Der Akt, den eigenen Gedankenfluss zu verlangsamen und jeden Gedanken bewusst wahrzunehmen, ist eine Anstrengung, die Ihnen wie jede andere Körperübung Energie verleiht.

Tatsächlich lässt sich die Wirkung von Meditation mit der Wirkung von Köperbewegung vergleichen. Studien haben ergeben, dass sich mit Meditation das Arbeitsgedächtnis und die Konzentrationsfähigkeit verbessern lassen.[39] Meditation stärkt und kräftigt sogar Teile Ihres Gehirns, genau wie Sport die Muskelbildung fördert.[40]

Wie gesagt ist Meditation jedoch harte Arbeit. Und es kann ziemlich schwierig sein, die Motivation zu bewahren, wenn die Ergebnisse anders als beim Sport äußerlich nicht sichtbar sind: Ihre Hirnrinde

---

[39] Eine Studie der University of California, Santa Barbara, aus dem Jahr 2013 hat zum Beispiel ergeben, dass Studenten, die über einen Zeitraum von zwei Wochen nur zehn Minuten pro Tag meditierten, im Teil *Verbal Reasoning* des sehr anspruchsvollen GRE-Tests (Graduate Record Examinations, ein superschwerer Aufnahmetest für Graduate Schools) ihr durchschnittliches Ergebnis von 460 auf 520 Punkte steigern konnten. Gemessen an der relativ geringen Anstrengung, die regelmäßige Meditation bedeutet, ist das ein ziemlich beeindruckender geistiger Energieschub.

[40] Im Jahr 2006 führten Forscher von Harvard, Yale und dem MIT ein gemeinsames Experiment durch. Mithilfe von bildgebenden Verfahren verglichen sie die Gehirne erfahrener Meditierer mit den Gehirnen von Testpersonen, die nicht meditieren, und stellten dabei fest, dass die Hirnrinde der erfahrenen Meditierer in den Bereichen dicker war, die mit Aufmerksamkeit und Sinneswahrnehmung assoziiert werden.

wird vielleicht dicker, aber mit Meditation können Sie Ihre Bauchmuskeln nicht in ein Sixpack verwandeln.

Uns ist auch klar, dass es nicht leicht ist, die Zeit zu finden, um Ihre Arbeit zu unterbrechen und auf Ihre Gedanken zu achten, wenn Sie Millionen von Dingen zu tun haben. Die Energie, die geistige Konzentration, und die Ruhe, die Meditation Ihnen verleihen, können Ihnen jedoch dabei helfen, die *Zeit freizusetzen*, die Sie für all die anderen dringenden Angelegenheiten in Ihrem Leben brauchen. Hier also unsere Meditationsempfehlungen:

1. Wir versuchen nicht einmal, Ihnen zu sagen, wie Sie meditieren sollten. Wir sind keine Experten auf diesem Gebiet, aber Ihr Smartphone ist es. Verwenden Sie eine App für geführte Meditationen (siehe Jakes nachfolgende Geschichte, und werfen Sie einen Blick auf unsere App-Empfehlungen auf maketimebook.com).
2. Setzen Sie sich ein leichtes Ziel. Selbst eine dreiminütige Meditation kann Ihre Energie steigern. Zehn Minuten sind natürlich super.
3. Sie müssen nicht im Lotussitz sitzen. Probieren Sie die geführte Meditation aus, wenn Sie Bus fahren, liegen, gehen, laufen oder essen.
4. Wenn Sie sich mit dem Wort *Meditation* unbehaglich fühlen, dann nennen Sie sie anders – »stille Zeit«, »Ruhepause«, »Auszeit« oder »Headspace-Zeit« (oder welche App Sie auch immer verwenden).
5. Es gibt Leute, die behaupten, Meditation zähle nur, wenn man sie über lange Zeiträume ohne Hilfe von außen mache. Das ist Unsinn. Wenn es sich für Sie bewährt und Sie zufrieden sind, können Sie so lange geführte Kurzmeditationen machen, wie Sie wollen.

Klinken Sie sich aus

Jake

Jahrelang hatte ich großartige Dinge über Meditation gehört, aber irgendwie konnte ich nichts damit anfangen. Dann überredete mich meine Frau dazu, die App Headspace auf meinem iPhone auszuprobieren. »Das wird dir gefallen«, sagte sie. »Außerdem ist Andy kein abgehobener Esoteriker.«

Bei Andy handelt es sich um Andy Puddicombe, Mitgründer von Headspace und die Stimme, die Sie in der gleichnamigen App durch die Übungen leitet. Ich musste mich erst an seinen britischen Akzent gewöhnen, aber Holly hatte recht. Ich fand es super.

Dann begann ich, darauf zu achten, wie ich mich nach jeder Meditation fühlte, um zu sehen, ob Headspace eine positive Wirkung auf meinen Fokus hatte. Und so war es.

Und dann beschäftigte ich mich intensiv mit einem Merkmal der App, mit dem man verfolgen kann, an wie vielen aufeinanderfolgenden Tagen man meditiert hat. Schließlich kam ich auf 400 Tage, an denen ich kurze Meditationseinheiten absolvierte, während ich Bus fuhr.

Mit Headspace gelang es mir, meine Konzentrationsfähigkeit über längere Zeiträume zu verbessern. Meine Gedanken waren klarer und – ich weiß, das klingt ein wenig esoterisch – ich fühlte mich ... nun ... eher bereit, ich selber zu sein. (Und ich glaube, das ist eine wirklich gute Sache.)

Energie tanken

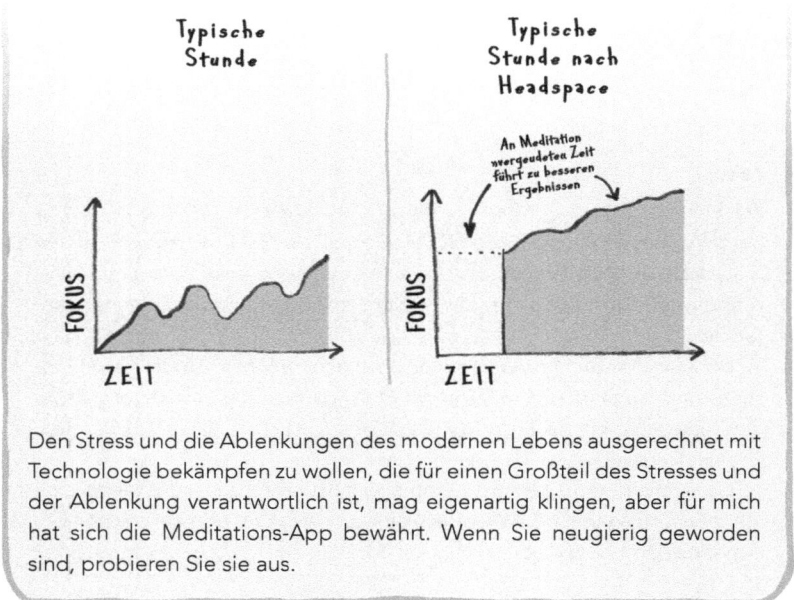

Den Stress und die Ablenkungen des modernen Lebens ausgerechnet mit Technologie bekämpfen zu wollen, die für einen Großteil des Stresses und der Ablenkung verantwortlich ist, mag eigenartig klingen, aber für mich hat sich die Meditations-App bewährt. Wenn Sie neugierig geworden sind, probieren Sie sie aus.

79. Lassen Sie Ihre Kopfhörer zu Hause

Kopfhörer sind eine tolle Sache. Man kann sie leicht als Selbstverständlichkeit betrachten. Die Macht, die sie uns verleihen, zu jedem Zeitpunkt und an jedem Ort in völliger Privatheit alles zu hören, was man hören möchte, ist wirklich beeindruckend. Sie können beim Joggen Malcolm Gladwell oder bei der Arbeit Joan Jett hören oder sich in einem voll besetzten Flugzeug einen Podcast von Dungeons & Dragons anhören. Niemand braucht zu wissen, was Sie gerade hören. Das ist Ihr eigenes kleines Universum, und das in Stereo.

Ein Großteil des modernen Lebens verbringen wir mit Kopfhörern, um den Raum zu füllen, der andernfalls einfach von Stille geprägt wäre. Wenn Sie bei der Arbeit, beim Sport, auf Ihrem Weg zur Arbeit oder beim Spazierengehen immer irgendetwas anhören, dann kommt Ihr Gehirn nie zur Ruhe. Selbst ein Album, das Sie schon eine Million Mal gehört haben, bedeutet eine gewisse geistige Arbeit. Ihre Musik, Ihr Podcast und Ihr Hörbuch verhindern, dass Sie sich langweilen, aber denken Sie daran, dass Langeweile – beziehungsweise das Fehlen äußerer Reize – Raum für Gedanken und Fokussierung schafft (Nr. 57).

Machen Sie eine Pause und lassen Sie Ihre Kopfhörer zu Hause. Hören Sie einfach auf die Verkehrsgeräusche, das Klicken Ihrer Tastatur oder Ihre Schritte auf dem Pflaster. Widerstehen Sie der Versuchung, den reizfreien Raum zu füllen.

Wir wollen damit nicht sagen, dass Sie ganz und für immer auf Ihre Kopfhörer verzichten sollen. Das wäre Heuchelei, denn wir verwenden unsere fast jeden Tag. Aber ein gelegentlicher kopfhörerfreier Tag oder auch nur eine kopfhörerfreie Stunde ist eine einfache Methode, um Ruhe in den Tag zu bringen und Ihrem Gehirn die Gelegenheit zu bieten, neue Energie zu tanken.

80. Gönnen Sie sich echte Pausen

Es ist eine verdammt große Versuchung, als kurze Arbeitsunterbrechung auf Twitter, Facebook oder einen anderen Infinity Pool zurückzugreifen. Diese Art Pausen bieten Ihrem Gehirn aber keinerlei Erholung. Zum einen werden Sie sich gestresster fühlen, wenn Sie negative Nachrichten lesen oder ein Foto eines Freundes sehen, das Sie neidisch macht. Und wenn Sie an einem Schreibtisch arbeiten, halten Pausen, die Sie mit Infinity Pools verbringen, Sie unbeweglich auf dem Stuhl fest, anstatt dass Sie sich energiespendenden Aktivitäten widmen, zum Beispiel indem Sie Ihren Körper bewegen oder mit anderen Menschen sprechen.

Probieren Sie stattdessen aus, in Ihren Pausen auf Bildschirme zu verzichten: Sehen Sie aus dem Fenster (das ist gut für Ihre Augen), machen Sie einen Spaziergang (das ist gut für Geist und Körper), essen Sie einen Snack (das ist gut für Ihre Energie, falls Sie hungrig sind) oder sprechen Sie mit jemandem (das ist üblicherweise gut für Ihre Stimmung, es sei denn, Sie würden mit der falschen Person sprechen).

Wenn Ihr Standardpausenmodus darin besteht, dass Sie einen Infinity Pool checken, dann müssen Sie Ihre Gewohnheiten ändern, und das ist hart, wie wir bereits festgestellt haben. Wir haben herausgefunden, dass diese »Temposchwellen«-Taktiken, die wir Ihnen bereits vorgestellt haben, hilfreich sind: Sorgen Sie für ein ablenkungsfreies Smartphone (Nr. 17), melden Sie sich von suchtauslösenden Websites ab (Nr. 18) und räumen Sie Ihr Spielzeug weg, wenn Sie mit Spielen fertig sind (Nr. 26). Wenn Sie sich einmal dazu durchgerungen haben,

Pausen in der echten Welt zu machen, glauben wir, dass Sie es lieben werden. Wenn Sie mehr Energie haben, finden Sie leichter in den Laserstrahlmodus und es wird Ihnen leichter fallen, die Konzentration auf Ihr Highlight zu wahren.

JZ

Selbst wenn ich die hier vorgestellten Taktiken anwende, höre ich noch den Sirenengesang der Infinity Pools. Nach einer guten Stunde oder auch nur 15 Minuten produktiver Arbeit denke ich oft: »Mann, das war ein gutes Stück Arbeit. Ich sollte mich belohnen, indem ich Twitter aufrufe.«

Es ist jedoch erstaunlich, wie selbst die kleinste Temposchwelle diesen Impuls unterdrücken und mir in Erinnerung rufen kann, dass ich eine echte Pause einlegen sollte. Wenn ich zum Beispiel versuche, auf meinem Computer twitter.com aufzurufen, und das Log-in-Fenster sehe, erinnere ich mich: »Ach ja, ich sollte eine echte Pause machen.« Das ist zu meiner neuen Routine und meinem neuen Standardmodus geworden.

Jake

Ich liebe es, echte Pausen zu machen, aber manchmal reichen sie nicht aus. Wenn ich richtig hart gearbeitet habe und mich geistig ausgelaugt fühle und den Eindruck habe, mein Kopf sei ein ausgequetschter Schwamm, weiß ich, dass es Zeit für eine Riesenpause ist. Dann unterbreche ich alles und sehe mir einen Film an. Warum einen Film? Anders als Fernsehserien ist ein Film relativ kurz und endlich. Anders als soziale Medien, E-Mail oder Nachrichten versetzen sie mich nicht in nervöse Anspannung. Das ist reiner Eskapismus und eine Chance für mein Gehirn, mit dem Denken aufzuhören und sich zu entspannen, ohne das Risiko, in den Zeitkrater zu fallen, den energiefressende Aktivitäten reißen.

Persönliche, ungeteilte Aufmerksam-keit

81. Verbringen Sie Zeit mit Ihrer Sippe
82. Bildschirmfreie Mahlzeiten

81. Verbringen Sie Zeit mit Ihrer Sippe

Wir alle, und das gilt selbst für die introvertiertesten Menschen, sind von Natur aus Sozialwesen. Das ist keine Überraschung, schließlich lebte Urk in einer Sippe aus 100 bis 200 Mitgliedern. Wir Menschen sind genetisch darauf programmiert, in engmaschigen Gemeinschaften zu leben.

Heutzutage kann es jedoch schwierig sein, sich mit anderen persönlich zu treffen. Wenn Sie in einer Stadt leben, haben Sie gestern wahrscheinlich mehr Menschen gesehen als Urk in seinem ganzen Leben, aber mit wie vielen haben Sie gesprochen? Und wie viele dieser Gespräche waren bedeutungsvoll? Die grausame Ironie des modernen Lebens lautet, dass wir einerseits von so vielen Menschen umgeben sind wie nie, aber gleichzeitig isolierter sind als je zuvor. Das ist ein ganz wichtiger Punkt, vor allem, wenn man die Ergebnisse einer Langzeitstudie über eine Zeitschiene von 75 Jahren bedenkt, die Harvard durchgeführt hat (»Study of Adult Development«): Menschen mit engen sozialen Beziehungen haben eine höhere Lebenserwartung und leben im Allgemeinen gesünder und erfüllter. Wir wollen damit nicht sagen, dass es Ihnen hilft, 100 Jahre alt zu werden, wenn Sie mit fremden Menschen in der Warteschlange vor der Supermarktkasse ein Gespräch anfangen, sondern dass persönliche Zeit mit Freunden und Familie ein ausgesprochener Energielieferant sein kann.

Selbst im 21. Jahrhundert sind Sie Teil einer Sippe. Wenn Sie in einem Büro arbeiten, haben Sie Kollegen. In Ihrer Familie haben Sie Geschwister, Eltern, Kinder und/oder einen Partner. Und (so hoffen wir) Sie haben Freunde. Sicher, gelegentlich ärgern Sie sich über diese Menschen oder sind über sie frustriert, aber meistens spendet Ihnen die Zeit, die Sie mit ihnen verbringen, Energie.

Wenn wir »Zeit verbringen« sagen, meinen wir echte persönliche Gespräche von Angesicht zu Angesicht, keine Posts, Emojis, E-Mails, Textnachrichten, Fotos und animierte GIFs. Bildschirmbasierte Kommunikation ist effizient, aber das ist zugleich Teil des Problems: Sie ist so einfach, dass sie oft höherwertige echte Gespräche ersetzt.

Nicht jede Person hebt unsere Stimmung, aber wir wissen, dass das Gespräch mit *einigen* Menschen uns *meistens* Energie verleiht. Hier ein einfaches Experiment, das Sie ausprobieren können:

1. Denken Sie an eine dieser energiespendenden Personen.
2. Unternehmen Sie echte Anstrengungen, um mit ihr oder ihm ein echtes Gespräch zu führen. Sie können mit dieser Person telefonieren, aber auf alle Fälle sollten Sie Ihre Stimme benutzen und die Stimme Ihres Gesprächspartners hören können.
3. Achten Sie anschließend auf Ihren Energiepegel.

Dieses Gespräch könnte bei einer gemeinsam mit Ihrer Familie eingenommenen Mahlzeit stattfinden oder ein Anruf bei Ihrem Bruder sein. Sie können es mit einem alten Freund führen oder jemandem, den Sie gerade kennengelernt haben. Ort und Zeit spielen keine Rolle, Hauptsache, Sie benutzen Ihre Stimme. Selbst wenn es nur einmal die Woche ist, kontaktieren Sie einen Freund, den Sie bewundern, der Sie inspiriert, Sie zum Lachen bringt und Sie Sie selbst sein lässt. Zeit mit einer interessanten, energiegeladenen Person zu verbringen ist eine der besten und genussvollsten Methoden, Ihre Batterien aufzuladen.

Jake

Ich habe eine Liste an »Energiespendern« in der Notiz-App meines Smartphones. Das sind Menschen, die meinen Schritt zum Federn bringen, wann immer ich sie sehe. Ja, das ist bizarr (und vielleicht ein wenig unheimlich), aber es hilft mir, mich daran zu erinnern, dass, wenn ich mir die Zeit für einen Kaffee oder ein Mittagessen mit einem dieser Freunde nehme, ich anschließend sogar mehr Zeit habe, weil ich so energiegeladen bin.

82. Bildschirmfreie Mahlzeiten

Wenn Sie während des Essens auf keinen Bildschirm starren, haben Sie drei unserer fünf Prinzipien zum Energie-Auftanken auf einmal erfüllt. Die Wahrscheinlichkeit, dass Sie gedankenlos ungesundes Essen in sich hineinschaufeln, ist viel geringer, wenn Sie eine energiespendende persönliche Unterhaltung mit einem anderen Menschen führen. Damit schaffen Sie außerdem Raum, um Ihrem Gehirn eine Pause von der ständigen gedanklichen Arbeit zu gönnen. Und all das, während Sie etwas tun, was Sie sowieso tun müssen!

Jake

In meiner eigenen Familie wurde immer vor laufendem Fernseher gegessen. Daher war ich überrascht, als ich die Familie meiner damaligen Freundin und heutigen Ehefrau kennenlernte, die sich zum Essen an einen *Esstisch* setzte. Das erschien mir reichlich antiquiert. Würde Sie von mir dasselbe erwarten? Aber damals besaßen Holly und ich sowieso keinen Fernseher, und als wir zusammenzogen, übernahmen wir automatisch die Gewohnheit ihrer Familie, nicht vor dem Fernseher zu essen.

Selbst als wir endlich einen Fernseher besaßen, behielten wir diese Gewohnheit bei. Als wir die Kinder bekamen, hatte ich praktisch vergessen, dass ich einst vor dem Fernseher gegessen hatte. Und nun sitzt unsere vierköpfige Familie jeden Abend zusammen am Tisch. Kein Fernseher, kein Telefon, keine iPads. Ja, diese Gewohnheit hat mich ein wenig Vertrautheit mit der Popkultur gekostet, aber diese zusätzlichen Stunden mit meiner Frau und meinen Kindern würde ich nicht mehr eintauschen wollen.

Schlafen Sie in einer Höhle

83. Benutzen Sie Ihr Schlafzimmer zum Schlafen
84. Simulieren Sie die den Sonnenuntergang
85. Machen Sie einen kurzen Power-Nap
86. Verpassen Sie sich selber keinen Jetlag
87. Setzen Sie sich selbst zuerst die Sauerstoffmaske auf

83. Benutzen Sie Ihr Schlafzimmer zum Schlafen

Für Urk markierte die Schlafenszeit das Ende eines mehrstündigen Prozesses der schrittweisen Abschaltung geistiger Denkprozesse und den fließenden Übergang in den Schlaf. Wenn Sie sich vor dem Schlafengehen mit sozialen Medien, E-Mail oder Nachrichten beschäftigen, sabotieren Sie diesen Prozess. Anstatt Ihr Gehirn zur Ruhe zu bringen, bringen Sie es auf Hochtouren. Eine ärgerliche E-Mail oder die Berichterstattung über negative Ereignisse können Sie in geistige Unruhe versetzen und Sie stundenlang wach halten.

Wenn Sie Ihren Schlaf verbessern wollen, sperren Sie Ihr Smartphone ein für alle Mal aus dem Schlafzimmer aus. Aber das reicht noch nicht. Entfernen Sie *alle* elektronischen Geräte und verwandeln Sie Ihr Schlafzimmer in ein echtes Schlafrefugium. Kein Fernseher, kein iPad, kein Kindle mit Bildschirmbeleuchtung. In anderen Worten: Benutzen Sie Ihr Schlafzimmer ausschließlich zum Schlafen.

Der Fernseher stellt eine ganz eigene Herausforderung dar. Ein Fernseher im Schlafzimmer bietet einen sehr verführerischen Weg des geringsten Widerstands. Sie müssen nämlich nichts tun und sich einfach nur mit Unterhaltung berieseln lassen – der Fernseher macht die ganze Arbeit! Während Sie fernsehen, geht Ihnen Schlaf verloren, und Sie verlieren weitere Schlafenszeit, nachdem Sie den Fernseher ausgeschaltet haben und darauf warten, dass Ihr stimuliertes Gehirn in den Schlafmodus wechselt.

Lesen im Bett ist eine wunderbare Alternative, aber dafür eignen sich am besten Zeitschriften oder gedruckte Bücher. Ein Kindle ist auch in Ordnung, weil er nicht mit Apps und anderen Ablenkungen überladen ist. Achten Sie nur darauf, dass Sie die helle weiße Bildschirmbeleuchtung ausschalten.

Es kann hart sein, elektronische Geräte aus dem Schlafzimmer zu verbannen, aber es ist leichter, Ihre Umgebung zu verändern, als sich darauf zu verlassen, dass Sie die Willenskraft aufbringen, Ihr Verhalten zu ändern. Machen Sie es einmal und bleiben Sie dabei: Räumen Sie den Fernseher aus dem Schlafzimmer. Stecken Sie das Ladegerät für Ihr Smartphone aus und verfrachten Sie es in einen anderen Raum.

Wahrscheinlich gibt es ein Gerät, das Sie im Schlafzimmer behalten müssen: einen Wecker. Wählen Sie ein einfaches Modell mit einem nicht zu hellen Zifferblatt beziehungsweise Bildschirm (oder ohne Bildschirm, wenn Sie das Ticken nicht stört). Wenn möglich, stellen Sie den Wecker auf eine Kommode oder in ein Regal am anderen Ende des Raums. Damit halten Sie das Licht, das der Wecker abstrahlt, auf Abstand, außerdem hilft Ihnen das beim Aufstehen. Wenn der Alarm ertönt, bleibt Ihnen nichts anderes übrig, als aufzustehen, sich zu recken und zu strecken und den Alarm auszustellen. Wir glauben, dass das ein besserer Start in den Tag ist, als mit dem Smartphone herumzuspielen.

84. Simulieren Sie den Sonnenuntergang

Wenn wir helles Licht sehen, denkt unser Gehirn: »Es ist Morgen. Zeit zum Aufwachen!« Das ist eine genetisch einprogrammierte Reaktion. Für Urk bewährte sich das: Er schlief ein, wenn es dunkel wurde, und wachte wieder auf, wenn die Sonne aufging. Der natürliche Tageszyklus half, seinen Schlaf und seine Energie zu regulieren.

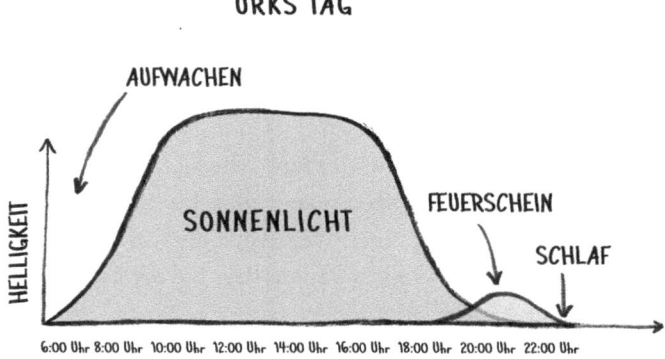

Für moderne Menschen ist das jedoch ein Problem. Von unseren Bildschirmen bis zu unseren Glühbirnen simulieren wir Tageslicht bis zu dem Moment, in dem wir zu Bett gehen. Das ist so, als würden wir unserem Gehirn sagen: »Es ist Tag, es ist Tag, es ist Tag – WUSCH, UND JETZT IST NACHT, AUF INS BETT.« Kein Wunder, dass wir nicht schlafen können.

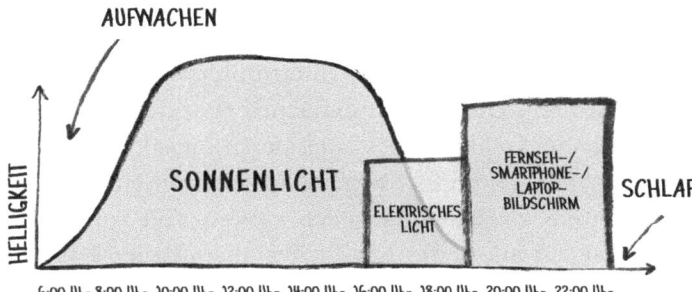

Wir sind nicht die Ersten, die auf dieses Problem hinweisen. Seit Jahren heißt es, man solle vor dem Schlafengehen beziehungsweise im Bett nicht auf den Bildschirm des Smartphones oder des Laptops sehen. Das ist ein guter Rat, aber er reicht nicht aus. Als JZ versuchte, sich in einen Morgenmenschen zu verwandeln, stellte er fest, dass er eine wirksamere Strategie brauchte. Er musste sein Gehirn austricksen, indem er die einsetzende Dämmerung simulierte. Und das geht so:

1. Beginnen Sie beim Abendessen beziehungsweise einige Stunden vor der idealen Schlafenszeit und schalten Sie alle überflüssigen Lichtquellen aus, vor allem helle Deckenbeleuchtung. Verwenden Sie stattdessen Tisch- oder Stehlampen und Dimmer. Zusätzlich können Sie einen Kerzenleuchter für den Esstisch verwenden.
2. Wechseln Sie auf Ihrem Smartphone, Computer oder Fernseher in den »Nachtmodus«. Diese Einstellung ändert die Farben von Blau in Rot und Orange. Anstelle eines hell erleuchteten Himmels blicken Sie sozusagen in ein abendliches Lagerfeuer.
3. Wenn Sie zu Bett gehen, entfernen Sie alle elektronischen Geräte aus dem Schlafzimmer (Nr. 83).
4. Wenn das Sonnenlicht oder das Licht einer Straßenlaterne in Ihr Schlafzimmer scheint, probieren Sie eine Schlafmaske aus. Ja, damit sehen Sie ein wenig albern aus und Sie werden sich auch so fühlen, aber es funktioniert.

Energie tanken

Wenn Sie sich morgens lethargisch oder schlapp fühlen, versuchen Sie, einen Sonnenaufgang zu simulieren. In den letzten Jahren sind automatische Lichtwecker, die einen Sonnenaufgang simulieren, dank der verbesserten LED-Technologie und einer soliden Nachfrage von Menschen, die dunkle Wintermorgen hassen, kleiner und billiger geworden. Die Idee ist einfach: Bevor der Alarm klingelt, schaltet sich ein Licht ein, das langsam heller wird und auf diese Weise einen zeitlich perfekt abgestimmten Sonnenaufgang simuliert, der Ihrem Gehirn signalisiert, dass es Zeit zum Aufstehen ist. Wenn Sie das mit dem allmählichen abendlichen Löschen von Lichtquellen kombinieren, ist das fast so, als würden Sie in einer Höhle leben.

85. Machen Sie einen kurzen Power-Nap

Kurze Mittagsschläfchen machen Sie klüger. Ernsthaft. Eine Menge Studien[41] haben ergeben, dass ein kurzer Power-Nap die geistige Wachheit und die kognitive Leistung am Nachmittag steigern. Wie üblich haben wir das selber ausprobiert.

Jake
Ich liebe Power-Naps, und nicht nur deswegen, weil ich Knapp heiße.

---

[41] Es gibt wirklich viele, aber die bei Weitem einflussreichste war eine NASA-Studie aus dem Jahr 1994, die an Langstreckenpiloten aus der zivilen Luftfahrt durchgeführt wurde. Dabei stellten die Forscher fest, dass Piloten, die ein kurzes Nickerchen machten, ihre Leistung um 34 Prozent steigern konnten. Die Studie war besonders einflussreich, weil wir (a) alle wollen, dass unsere Piloten hellwach sind und ihren Job gut machen, und (b) wir uns alle einig sind, dass die NASA ein wirklich knallharter Verein ist.

JZ
Das ist ein furchtbarer Witz.

Sie müssen nicht einmal richtig einschlafen. Wenn Sie sich einfach ausstrecken und 15 bis 20 Minuten dösen, kann das eine großartige Methode sein, um neue Energie zu sammeln.

Leider stimmt es aber auch, dass es wirklich schwierig ist, in einem Büro ein kurzes Nickerchen einzulegen. Selbst in Firmen, die mit schicken Nap-Pods arbeiten (wir haben in solchen Firmen gearbeitet), haben die meisten Mitarbeiter nicht das Gefühl, dass sie Zeit zum Schlafen haben. Und seien wir ehrlich, es fühlt sich doch sehr merkwürdig an, im Büro zu schlafen – mit Pod oder ohne. Wenn Sie bei der Arbeit also keinen Power-Nap einlegen können, dann überlegen Sie sich, ob Sie das zu Hause machen können. Selbst wenn Sie es nur am Wochenende machen, werden Sie davon profitieren.

86. Verpassen Sie sich selber keinen Jetlag

Manchmal werden Sie trotz aller Anstrengungen zu wenig Schlaf bekommen. Wir haben eine superharte Arbeitswoche, müssen zu nachtschlafenden Zeiten ins Flugzeug steigen oder irgendein ungelöstes Problem hält uns nachts wach, und es stellt sich das vertraute Gefühl ein, völlig übermüdet zu sein.

Wir haben über die verschiedenen Schlafprobleme mit unserer Freundin Kristen gesprochen, die eine der ehrgeizigsten und produktivsten Personen ist, die wir kennen. (Vielleicht erinnern Sie sich an Kristen und ihre Sour-Patch-Kid-Methode, die sie anwendet, um Nein zu sagen – siehe Taktik Nr. 12.) Neben ihrer Haupttätigkeit als Designproduzentin bei Google besitzt sie einen Food Truck und ist Lifecoach für alle möglichen Unternehmer und junge Fachkräfte.

»Es ist natürlich verführerisch, verpassten Schlaf aufzuholen, indem man irgendwann morgens länger schläft«, sagte Kristen. »Das funktioniert aber nicht.«

Sie sagte uns, Ausschlafen am Wochenende sei nichts anderes, als sich selbst einen Jetlag zuzufügen. Der plötzlich veränderte Schlafrhythmus bringt die innere Uhr durcheinander und macht es umso schwieriger, das ursprüngliche Schlafdefizit auszugleichen. Sie empfiehlt das Gleiche, was auch für Reisen durch verschiedene Zeitzonen gilt: Widerstehen Sie der Versuchung, besonders lange zu schlafen, und versuchen Sie, Ihren regulären Schlafrhythmus möglichst beizubehalten.

»Schlafdefizit« ist ein ernst zu nehmendes Problem, weil es gesundheitsschädigend ist und Ihr Wohlbefinden und Ihre Konzentrationsfähigkeit beeinträchtigt. Ein Sonntag, an dem Sie bis Mittags im Bett bleiben – so toll das auch ist –, wird dieses Schlafdefizit nicht beheben. Sie sollten es stattdessen Stück für Stück ausgleichen, indem Sie die in diesem Kapitel vorgestellten Taktiken anwenden. Damit werden Sie den verpassten Schlaf in gleichmäßigen täglichen »Raten« aufholen. Damit Ihre Batterie immer voll aufgeladen ist, stellen Sie den Wecker immer auf dieselbe Uhrzeit, egal ob der nächste Tag ein Arbeitstag, ein Sonntag oder ein Urlaubstag ist.

Eine weitere Anmerkung hätten wir noch zu diesem Thema. Wenn Sie sich in einer Lebensphase befinden, in der Ihre Hauptverantwortung darin besteht, sich um andere Menschen zu kümmern – Kinder, Lebenspartner, ein Freund oder Eltern –, wirken viele dieser Taktiken möglicherweise ein wenig egoistisch, um nicht zu sagen nicht praktikabel. Falls Ihnen das so erscheint, empfehlen wir eine spezielle Taktik, die Ihnen genehmigt, sich zuerst um sich selber zu kümmern.

87. Setzen Sie sich selbst zuerst die Sauerstoffmaske auf

Als Jakes Frau das erste Kind erwartete, nahmen beide an einem Kurs für junge Eltern teil. Die Kursleiterin erteilte den Teilnehmern einen großartigen Rat: Setzen Sie sich zuerst die Sauerstoffmaske auf.

Im Flugzeug werden Sie angewiesen, erst die eigene Sauerstoffmaske aufzusetzen, bevor Sie anderen helfen. Wenn der Kabinendruck abfällt (denken Sie besser nicht daran), brauchen alle Sauerstoff. Wenn Sie ohnmächtig werden, während Sie Ihrem Sitznachbarn helfen ... nun, das ist nicht sehr hilfreich, oder? Vielleicht ist es heldenhaft, aber nicht sehr klug.

Ein Neugeborenes hat viel mit einem Druckabfall im Flugzeug gemeinsam, und wenn Sie sich nicht um sich selber kümmern (wenigstens ein bisschen), können Sie sich auch nicht gut um Ihr Baby kümmern. Das bedeutet, Sie müssen Ihren Energiepegel maximieren, indem Sie sich möglichst gut ernähren und möglichst gut schlafen. Sie müssen Wege finden, um sich kurze Auszeiten zu gönnen, um nicht durchzudrehen. In anderen Worten: Sie sollten sich zuerst die Sauerstoffmaske aufsetzen.

Auch wenn Sie kein Baby haben, sondern einen Menschen pflegen müssen, ist dieser Rat wichtig. Die Alltagsbedürfnisse eines anderen Menschen, vor allem eines Menschen, der Ihnen am Herzen liegt, können Ihnen unglaublich viel emotionale und körperliche Energie abverlangen. Wir wissen, dass die Vorstellung, einige dieser Taktiken auszuprobieren – einen Spaziergang zu machen, sich für eine Weile zurückzuziehen oder Sport zu machen –, egoistisch wirken können. Aber vergessen Sie nicht, dass alle die hier vorgestellten Taktiken dazu dienen, Ihnen die Energie zu verleihen, Zeit für wichtige Dinge freizusetzen. Was könnte wichtiger sein, als voller Energie zu sein, wenn Sie sich um einen geliebten Menschen kümmern?

Rück- blickende Betrachtung

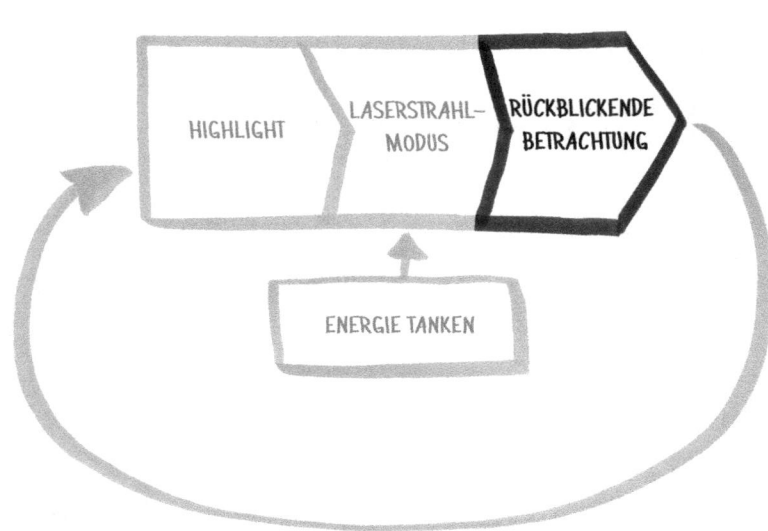

> Wissenschaft und Alltag können und sollten
> nicht voneinander getrennt werden.
> ROSALIND FRANKLIN

Willkommen zum vierten und abschließenden Schritt des Make-Time-Systems. In diesem Abschnitt werden Sie ein wenig die wissenschaftliche Methode bemühen, um das System auf Ihre individuellen Bedürfnisse zuzuschneiden: Ihre Gewohnheiten, Ihren Lebensstil, Ihre Präferenzen und selbst Ihren Körper.

Feinjustieren Sie Ihre Tage mit der wissenschaftlichen Methode

Keine Sorge, die wissenschaftliche Methode ist einfach. Sicher, ein Teil davon, zum Beispiel Partikelbeschleunigung, Astrophysik und Photonentorpedos, kann kompliziert sein. Die wissenschaftliche Methode an sich ist aber ganz einfach:

1. **BEOBACHTEN**, was passiert.
2. **HYPOTHESE FORMULIEREN** über die Gründe der Geschehnisse.
3. **EXPERIMENTIEREN**, um die Hypothese zu testen.
4. **ERGEBNISSE MESSEN** und entscheiden, ob die Hypothese richtig oder falsch war.

Das ist eigentlich schon alles. Das wissenschaftliche Know-how hinter allem, vom Kriechöl WD-40 bis zum Hubble-Weltraumteleskop, geht auf diese vier Schritte zurück.

Auch das Make-Time-System basiert auf der wissenschaftlichen Methode. Alles in diesem Buch beruht auf unseren Beobachtungen der modernen Welt und unseren Hypothesen über die Gründe, warum die Zeit unbewusst an uns vorbeifliegt und wir unter einer zerrissenen Aufmerksamkeit leiden. Letztlich kann man das Make-Time-System auf drei Hypothesen eindampfen:

Die Highlight-Hypothese
Wir sind davon überzeugt, dass Sie am Ende des Tages zufriedener, froher und produktiver sind, wenn Sie zu Beginn eines jeden Tages eine einzige Absicht formulieren.

Die Laserstrahl-Hypothese
Wir prognostizieren, dass Sie in der Lage sein werden, Ihre Aufmerksamkeit wie einen Laserstrahl zu bündeln, wenn Sie rund um den Busy Bandwagon und die Infinity Pools Barrieren errichten.

Die Energie-Hypothese
Wir prognostizieren, dass Sie mehr körperliche und geistige Energie haben werden, wenn Sie ein wenig mehr wie ein Steinzeitmensch leben.

Bei den Taktiken in diesem Buch handelt es sich um 87 Experimente, mit denen Sie diese Hypothesen testen können. Wir haben sie selber ausprobiert. Aber nur Sie können sie an sich *selbst* austesten. Und das geht nur mit der wissenschaftlichen Methode. Sie müssen die Daten messen – nicht in einer Doppelblindstudie mit ahnungslosen Universitätsstudenten oder irgendeinem sterilen Labor, sondern in Ihrem eigenen Alltag.

Sie sind die Stichprobengröße eins, und Ihre Ergebnisse sind die einzigen Ergebnisse, auf die es ankommt. Um diese Form der Alltagswissenschaft geht es in diesem Abschnitt.

Machen Sie sich Notizen, um Ihre Ergebnisse zu verfolgen (und schonungslos ehrlich zu sein)

Daten sammeln ist ganz einfach. Jeden Tag denken Sie darüber nach, ob Sie Zeit für Ihr Highlight freigesetzt und wie gut Sie sich darauf konzentriert haben. Sie werden aufschreiben, wie viel Energie Sie hatten. Sie werden die Taktiken überprüfen, die Sie angewendet haben, einige Beobachtungen darüber festhalten, was sich bewährt hat und was nicht, und einen Plan für die Taktiken erstellen, die Sie am folgenden Tag anwenden wollen.

Dieser Schritt dauert nur wenige Augenblicke; beantworten Sie einfach die folgenden simplen Fragen:

```
┌─────────────────────────────────────────────────────┐
│  MAKE-TIME-NOTIZEN           DATUM  ─────────       │
│                                                     │
│  Heutiges HIGHLIGHT                                 │
│  ( Habe ich mir dafür Zeit genommen? )              │
│                                    Ja!  Nein.       │
│                                                     │
│                   Heutiger Fokus                    │
│  LASERSTRAHL-    ( 1 2 3 4 5 6 7 8 9 10 )           │
│     MODUS                                           │
│                   Heutige Energie                   │
│  ENERGIE AUFTANKEN ( 1 2 3 4 5 6 7 8 9 10 )         │
│                                                     │
│  Heute ausprobierte Taktiken:  │ Wie haben sie sich │
│                                │ bewährt?           │
│                                │                    │
│                                                     │
│  Taktiken, die ich morgen ausprobieren              │
│  (oder wiederholen) möchte:                         │
│                                                     │
│                                                     │
│  Der Moment, für den ich dankbar bin:               │
│                                                     │
└─────────────────────────────────────────────────────┘
```

Und hier ein Beispiel, wie Ihre Tagesnotiz an einem typischen Tag aussehen könnte:

Diese Seite soll Ihnen dabei helfen zu verfolgen, wie Sie das Make-Time-System verwenden, aber sie soll Ihnen auch dabei helfen, etwas mehr über sich selber zu erfahren. Wenn Sie einige Tage lang Notizen gemacht haben, werden Sie feststellen, dass Sie sich im Verlauf des

Tages Ihres Energiepegels und Ihrer Aufmerksamkeit bewusster sind und eine größere Kontrolle darüber haben, worauf Sie sie richten.

Während Sie mit dem System experimentieren, ist es wichtig, sich daran zu erinnern, dass einige Taktiken sofort Wirkung zeigen und andere Geduld und Beharrlichkeit erfordern. Manchmal müssen Sie eine Taktik mehrmals und in Varianten ausprobieren, bis Sie zu Ihrem Leben passt (*Sollte ich joggen oder auf einem Cycling-Rad trainieren? Vor der Arbeit, in der Mittagspause oder abends?*) Wenn Sie zunächst keinen Erfolg haben, dann seien Sie nicht zu hart zu sich selbst. Geben Sie sich Zeit und verwenden Sie Ihre Aufzeichnungen, um Ihren Ansatz nachzuverfolgen und zu justieren. Denken Sie daran, dass Perfektion nicht das Ziel ist. Es geht nicht darum, dass Sie es irgendwann schaffen, immer alle Taktiken oder auch nur einige Taktiken immer anzuwenden. Sie werden Tage und Wochen haben, an denen Sie keine anwenden, und das ist in Ordnung. Sie können Ihre Experimente jederzeit wieder aufnehmen und Sie können so viel oder so wenig experimentieren, wie in Ihr Leben passt.

Der Hauptzweck dieser Notizen ist, die Ergebnisse Ihrer Experimente zu messen, aber Sie sehen, dass wir eine Frage über Dankbarkeit eingefügt haben. Dankbarkeitsrituale gibt es in verschiedenen Kulturen seit vielen Tausend Jahren. Im Buddhismus und im Stoizismus sind sie von zentraler Bedeutung. Es gibt sie in der Bibel, sie sind Teil der japanischen Teezeremonien und die Basis und der Namensgeber des Erntedankfestes. Unabhängig von ihrer illustren Geschichte haben wir die Dankbarkeit aus einem einfachen Grund eingefügt: Wir wollen die Ergebnisse Ihrer Experimente gewichten.

Standardverhaltensmuster zu verändern ist nicht immer einfach, daher ist es hilfreich, mit Dankbarkeit auf den Tag zurückzublicken. Oft werden Sie feststellen, dass sich Ihre Anstrengungen, Zeit freizusetzen, mit einem Moment auszahlen, für den Sie dankbar sind, selbst wenn viele Dinge nicht so funktioniert haben, wie Sie es sich gewünscht hätten. Wenn das geschieht, wird das Dankbarkeitsgefühl zu einem mächtigen Anreiz, diese Schritte am folgenden Tag zu wiederholen.

Am Ende dieses Buches finden Sie eine leere Notizseite. Sie können sie kopieren oder sie auf maketimebook.com als ausdruckbares PDF-Dokument herunterladen. Dort finden Sie auch noch andere digitale und Papierformate. Natürlich können Sie diese Fragen auch auf einem leeren Blatt Papier oder in Ihrem regulären Notizbuch beantworten.

Außerdem empfehlen wir, dass Sie sich wiederholte Erinnerungen in Ihrem Smartphone einrichten, um Ihre neuen Make-Time-Gewohnheiten zu verstärken. Sie können zum Beispiel sagen: »Hey Siri[42], bitte erinnere mich jeden Morgen um 9:00 Uhr daran, ein Highlight auszuwählen«, und: »Erinnere mich jeden Abend um 21:00 Uhr daran, dass ich Notizen über meinen Tag mache.«

Über den vergangenen Tag nachzudenken kann zu einer dauerhaften Gewohnheit werden, aber selbst wenn Sie das nur für einige Wochen machen, ist das in Ordnung. Die Notizen sollten sich nicht wie eine (weitere) Pflichtübung anfühlen; sie sind nichts weiter als eine Methode, mit der Sie sich selber besser kennenlernen und das System feinjustieren, damit es optimal für Sie funktioniert.

Selbst kleine Veränderungen haben eine große Wirkung

Zu Beginn dieses Buches haben wir einige verrückte Behauptungen aufgestellt. Wir sagten, es sei möglich, das hektische moderne Leben zu entschleunigen, sich weniger gestresst zu fühlen und die Tage besser zu genießen. Nun, da wir alle vier Schritte vollzogen haben, ist der Zeitpunkt gekommen, um einen erneuten Blick auf diese Behauptungen zu werfen. Können Sie wirklich jeden Tag Zeit gewinnen?

Wir geben zu, dass wir keine magisch Reset-Taste besitzen. Wenn Sie heute 500 E-Mails beantworten müssen, wird es Ihnen wahrscheinlich nicht gelingen, morgen gar keine zu beantworten. Wenn Ihr Terminkalender diese Woche aus den Nähten geplatzt ist, wird er das nächste Woche wahrscheinlich auch. Wir können weder Ihre ganzen Termine löschen noch Ihren Posteingang einfrieren.

Derart radikale Veränderungen sind aber auch nicht nötig. Hinter dem Make-Time-System befindet sich eine unsichtbare Prämisse: Sie sind schon ganz nahe dran. Schon mit kleinen Veränderungen

---

[42] Oder »Okay, Google« oder »Hallo HAL« oder was auch immer.

können Sie die Kontrolle zurückgewinnen. Wenn Sie nur ein paar Ablenkungen reduzieren, Ihre körperliche und geistige Energie nur ein klein wenig steigern und Ihre Aufmerksamkeit auf ein Highlight konzentrieren, kann ein x-beliebiger Tag zu einem außergewöhnlichen Tag werden. Dafür brauchen Sie keinen leeren Terminkalender, sondern lediglich 60 bis 90 Minuten Aufmerksamkeit auf etwas Spezielles. Das Ziel ist, Zeit für die wirklich wichtigen Dinge freizusetzen, ein besseres Gleichgewicht zu finden und das Heute ein wenig mehr zu genießen.

Jake

Im Jahr 2008 begann ich, täglich Aufzeichnungen zu machen, um meinen Energiepegel nachzuverfolgen und einen Weg zu finden, ihn zu steigern. Hier ein Ausschnitt:

November
Energiepegel: 8

Heute angewendete Taktiken:
Heute morgen 30 Minuten Work-out

Haben sie funktioniert?
Habe mich anschließend besonders gut gefühlt. Ich sollte das in Zukunft öfter machen. Am Vormittag habe ich drei Stunden voll konzentriert gearbeitet, aber nach dem Mittagessen war ich müde. Allerdings gab es ein sehr gutes Dessert (Schokoladenkuchen), und ich habe zwei gegessen. Vielleicht sollte ich nach dem Mittagessen besser auf das Dessert verzichten.

Diese Notizen sind voller Erkenntnisse: Der Sport am Morgen hat mir einen Energieschub verliehen,[43] das Dessert nach dem Mittagessen hat meine Energie am Nachmittag absacken lassen, und drei Stunden ist womöglich das Maximum an Zeit, das ich mich auf eine Sache konzentrieren kann.

---

[43] Das war kurz nach meiner »Man muss kein Held sein«-Erkenntnis über Sport (siehe Nr. 60).

Sicher, diese Erkenntnisse (»Sport ist gut, Zucker ist schlecht«) sind nicht gerade bahnbrechend, aber selbst wenn sie eigentlich auf der Hand lagen, hatte ihre schriftliche Aufzeichnung eine große Wirkung. Eine Sache ist, in den Nachrichten über eine Forschungsstudie zu lesen, und eine ganz andere ist, die Ergebnisse am eigenen Leib zu spüren.

Die täglichen Notizen halfen mir dabei, Fallstricke zu identifizieren und zu umgehen und besonders wirksame Taktiken zu bestimmen, um sie zu wiederholen. Ich fand Wege, morgens meinen Körper zu bewegen, und nach einigen Monaten ging mir diese Morgenroutine in Fleisch und Blut über. Ich passte meinen Terminkalender so an, dass ich früh zu Mittag essen konnten, bevor ich völlig ausgehungert war, und das half mir dabei, meine Ernährung auf leichtere und energiespendende Mahlzeiten umzustellen.

Meine ersten Aufzeichnungen drehten sich ausnahmslos um Energie, später wurde mir jedoch klar, wie nützlich sie auch für die Verfolgung meiner Highlight- und Laserstrahltaktiken sein konnten. Diese Ein-Mann-Experimente halfen mir dabei, die für mich besten Taktiken zu bestimmen und meine persönliche Version des Make-Time-Systems zu entwickeln. Die tägliche rückblickende Betrachtung hat auch mein Verhalten zum Guten gewandelt: Ich strenge mich immer mehr an, wenn ich von jemandem beobachtet werde, selbst wenn dieser jemand ich selber bin.

Beginnen Sie »irgendwann« heute

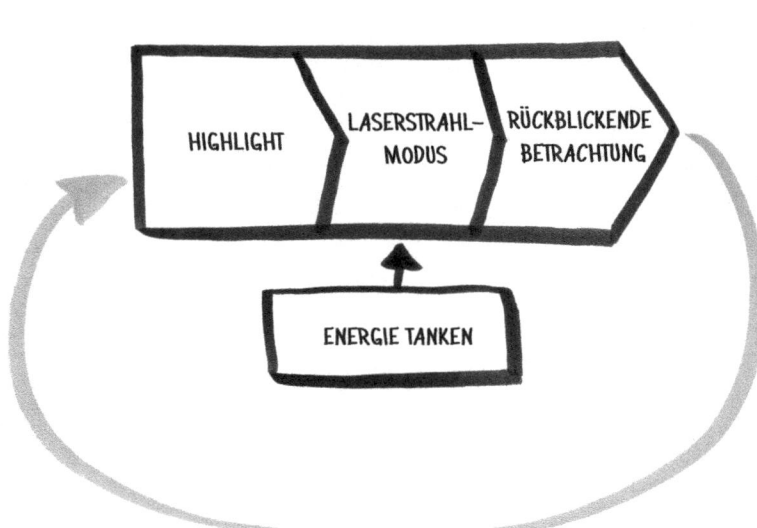

Fragen Sie nicht, was die Welt braucht. Fragen Sie sich,
was Sie lebendig macht, und machen Sie das.
Denn die Welt braucht lebendige Menschen.
HOWARD THURMAN

Wir haben viele Jahre im Silicon Valley zugebracht, in dem *Pivoting* einer der Lieblingsausdrücke ist. Im Start-up-Jargon bedeutet »einen Pivot hinlegen«, dass ein Unternehmen sein ursprüngliches Geschäftsmodell aufgegeben hat und sich stattdessen auf eine verwandte (oder manchmal auch völlig andere) Idee konzentriert, die erfolgversprechender ist. Wenn das Start-up genügend Selbstvertrauen (und Finanzmittel) besitzt, macht es einen *Pivot* und schwenkt in eine andere Richtung.

Einige dieser Pivots sind geradezu fantastisch erfolgreich gewesen. Aus einem Shopping-Tool namens Tote wurde Pinterest; aus einem Podcast-Unternehmen namens Odeo wurde Twitter; aus einer App namens Burbn, mit der man mitteilen konnte, in welcher Bar oder welchem Restaurant man sich gerade befand, und Fotos mitsenden konnte, wurde Instagram, und aus einem Unternehmen, das Betriebssysteme für Kameras entwickelte, wurde Android.

Sobald Sie sich mit den Tools und Taktiken des Make-Time-Systems vertraut gemacht haben, sind Sie vielleicht bereit für Ihren eigenen Pivot. Wenn durch die Auswahl Ihres Highlights und die Schärfung Ihres Fokus mithilfe des Laserstrahlmodus Ihr Bewusstsein für Ihre Prioritäten wächst, stellen Sie womöglich fest, dass Sie neue Stärken und Interessen entwickeln und das Selbstvertrauen gewinnen, um sie zu nutzen und zu sehen, wohin sie Sie führen. Genau das ist uns passiert.

Jake

Ich begann, mit Zeit zu experimentieren, um produktiver zu arbeiten, aber das Ergebnis reichte weit über konkrete berufliche Nutzen hinaus. Die in diesem Buch vorgestellten Taktiken halfen mir dabei, beruflich und privat eine bessere Balance zu finden. Indem ich meine Tage ein klein wenig anders gestaltete, hatte ich das Gefühl, sie erheblich besser steuern zu können. Als ich lernte, Zeit für meine Prioritäten zu schaffen, war plötzlich Raum für coole Projekte, wie zum Beispiel die Entwicklung der Design-Sprint-Methode, die Durchführung von Kunstausstellungen mit meinen Kindern und natürlich das Schreiben. Mein erstes Buch zu schreiben war hart, aber das Make-Time-System hat mir dabei geholfen.

Und schließlich passierte etwas Witziges. Je mehr Zeit ich für das Schreiben freisetzte, desto mehr wollte ich schreiben – bis ich beschloss, das Schreiben zu einer Vollzeittätigkeit zu machen. Diese fundamentale Verschiebung in meinen Prioritäten geschah nicht von heute auf morgen. Es war eher wie ein Schneeball, der einen Hügel hinabrollt und mit jeder Umdrehung immer größer wird. Es dauerte sieben Jahre, seit ich 2010 anfing, abends Zeit zum Schreiben freizuschaufeln, bis ich das Schreiben im Jahr 2017 zu meiner ausschließlichen Beschäftigung machte. Aber als der Zeitpunkt kam, Google zu verlassen – eine Entscheidung, die mir früher völlig durchgeknallt vorgekommen wäre –, fiel es mir nicht schwer. Ich wusste genau, was ich wollte, und ich hatte genügend Selbstvertrauen entwickelt, um zu wissen, dass ich es ruhigen Gewissens probieren konnte.

JZ

Genau wie Jake begann ich, die Taktiken in diesem Buch anzuwenden, um effizienter zu arbeiten, aber im Verlauf der Zeit wurde mir klar, dass ich meine gesteigerte Energie und meinen schärferen Fokus nicht darauf verwenden wollte, Karriere in einem Unternehmen zu machen. Stattdessen tauchte eine neue Priorität auf: segeln. Je mehr Zeit ich in das Segeln investierte, desto größer war die Befriedigung, die ich empfand. Doch anders als Arbeit war diese Befriedigung nicht an eine äußere Motivation geknüpft; ich empfand eine intrinsische Motivation, die daraus resultierte, dass ich praktische Fertigkeiten erwarb, die Welt aus einer anderen Perspektive betrachtete und mir der ganze Prozess echte Freude bereitete.

Je mehr Zeit ich für das Segeln freisetzte, desto mehr wollte ich segeln. Und das tat ich – mithilfe der in diesem Buch vorgestellten Taktiken. Meine Frau Michelle und ich begannen, die Möglichkeit zu sondieren, ganz auf dem Segelboot zu leben, zu reisen, wann und wohin wir wollten, und uns ganz unserer Leidenschaft zu widmen. Im Jahr 2017 wagten wir den Schritt. Wir kündigten unsere Jobs, gaben unsere Wohnung auf, zogen auf unser Segelboot und segelten von Südkalifornien entlang der pazifischen Küste nach Mexiko und Mittelamerika.

In dem Maße, wie ich mich auf das Segeln konzentrierte, verblassten andere Prioritäten. Als ich aus dem Unternehmensleben ausstieg, um auf dem Segelboot zu leben und zu reisen, gab ich klingende Jobtitel, ein cooles Büro, ein festes Gehalt und einen Jahresbonus auf. Aber nach Jahren, in denen ich dem System gefolgt war, über das Sie gerade gelesen haben, war dieser Verzicht eine einfache Entscheidung. Ich wusste, wofür ich Zeit schaffen wollte, und so tat ich es.

Während eines Großteils unserer Karriere waren wir zu abgelenkt, zu zerstreut, gestresst und erschöpft, um Zeit für die Dinge freizusetzen, die uns am wichtigsten waren. Das Make-Time-System half uns dabei, die Kontrolle über unsere Zeit wiederzugewinnen. Im Verlauf der Zeit half es uns auch dabei, all diese klassischen »Irgendwann«-Projekte, die wir jahrelang vor uns hergeschoben hatten und noch ewig weiter aufgeschoben hätten, in Angriff zu nehmen.

Wenn Sie einen praktischen Weg finden, um *Ihre* höchste Priorität zu verfolgen, verändert sich Ihr Alltag. Vielleicht stellen Sie fest, dass Ihr innerer Kompass bereits perfekt auf Ihre derzeitige Arbeit ausgerichtet ist. In diesem Fall sind Sie nun noch besser gerüstet, um die wichtigsten Chancen zu bestimmen und auszuschöpfen. Das Make-Time-System könnte Ihnen einen langfristigen, nachhaltigen Karriereschub bescheren. Ihre Hobbys und Nebenprojekte, die ebenfalls von dem Make-Time-System profitieren, könnten eine perfekte Ergänzung sein.

Möglicherweise entwickeln diese Nebenprojekte jedoch ganz allmählich ein Eigenleben. Es könnte sich ein neuer, unerwarteter Pfad auftun. Und vielleicht stellen Sie fest, dass Sie bereit sind, ihm zu folgen und zu sehen, wohin er Sie führt.

Um eine Sache klarzustellen: Wir raten Ihnen nicht, Ihren Job zu kündigen und um die Welt zu segeln (es sei denn, das sei Ihr erklärtes Ziel. Dann sollten Sie JZ ein E-Mail senden und ihn um Rat bitten). Und wir möchten auch noch einmal betonen, dass wir nicht behaupten, auf alles eine Antwort zu haben – nicht im Entferntesten! Vielmehr tarieren wir unsere Prioritäten immer neu aus, und es ist äußerst unwahrscheinlich, dass wir das, was wir heute jeweils machen, in zwei, fünf oder zehn Jahren immer noch machen werden. Wenn Sie dieses Buch lesen, haben wir unseren Kurs vielleicht schon wieder geändert, und das ist in Ordnung. Solange wir Zeit für die Dinge freisetzen, die uns wichtig sind, funktioniert das System.

Unabhängig davon, ob Ihr Ziel lautet, eine bessere Balance im Leben zu finden, Ihre Karriere voranzutreiben oder umzusatteln, sagen wir Ihnen voraus, dass Sie mit dem Make-Time-System mehr Zeit und Aufmerksamkeit für die Dinge gewinnen werden, die Ihnen wirklich am Herzen liegen. Wie Howard Thurman sagte, braucht die Welt lebendige Menschen. Warten Sie nicht auf »irgendwann«, um die Dinge umzusetzen, die Sie lebendig machen. Fangen Sie heute damit an.

Kurzanleitung zur Zeitgewinnung

Dieses Buch enthält eine Vielzahl von Taktiken. Wenn Sie nicht genau wissen, wo Sie anfangen sollen, versuchen Sie es mit diesen:

HIGHLIGHT: PLANEN SIE IHR HIGHLIGHT ZEITLICH EIN (Nr. 8)
Eine einfache Methode, um proaktiv zu sein, Ihrem Tag eine Struktur zu verleihen und den Kreislauf des reaktiven Verhaltens zu durchbrechen.

LASERSTRAHLMODUS: BLOCKIEREN SIE ABLENKUNGS-KRYPTONIT (Nr. 24)
Befreien Sie sich von einem Infinity Pool und beobachten Sie, wie sich Ihre Aufmerksamkeit verändert.

ENERGIE AUFTANKEN: GEHEN SIE ZU FUSS (Nr. 62)
Einige Minuten zu Fuß gehen regt Ihren Körper an und bringt Ihren Geist zur Ruhe.

BLICKEN SIE AN DREI AUFEINANDERFOLGENDEN ABENDEN AUF DEN TAG ZURÜCK
Machen Sie sich keine Sorgen, dass Sie für den Rest Ihres Lebens jeden Abend Ihren Tag aufzeichnen sollen (das machen wir auch nicht). Probieren Sie einfach die drei zuvor genannten Taktiken aus, und machen Sie sich an drei aufeinanderfolgenden Abenden Notizen über Ihren Tagesverlauf. Sehen Sie, was Sie daraus lernen, und machen Sie von da aus weiter.

Musterterminkalender

Wir dachten, es könnte hilfreich sein zu sehen, wie das Make-Time-System im Alltag aussieht, daher haben wir hier zwei typische Tage aus unseren Terminkalendern ausgewählt. Man kann sehr viele Taktiken in einem Tag unterbringen, und dabei sind Taktiken wie den Tag zu strukturieren, sich auszuloggen, eine Armbanduhr zu tragen und ein ablenkungsfreies Smartphone zu benutzen, noch gar nicht berücksichtigt. Zwar lassen sich an einem Tag viele Taktiken anwenden, aber es ist nicht unbedingt nötig. Diese beiden Mustertage sind Extremfälle. Denken Sie daran, dass wir Zeitfanatiker sind.

Jake

Als mein Terminkalender vor Meetings nur so überquoll, wendete ich mehrere Taktiken an, um Energie zu gewinnen und im Verlauf des Tages einen hohen Energiepegel beizubehalten. Auf diese Weise gelang es mir, abends Zeit zu schaffen, um meinen Abenteuerroman zu schreiben.

Musterterminkalender

267

JZ

So sah mein normaler Wochentag aus, als ich noch bei Google arbeitete. Jeden Tag stand ich früh auf und arbeitete umgehend an meinem Highlight, bevor ich irgendetwas anderes machte – außer Kaffee trinken natürlich. Mein Fußmarsch ins Büro verlieh mir schon früh am Morgen einen Energieschub. Später am Tag, wenn meine kreative Energie nachließ, verlagerte ich meinen Fokus auf administrative Arbeit (zum Beispiel die Beantwortung von E-Mails) und das Auftanken neuer Energie (indem ich Sport trieb, kochte und Zeit mit meiner Frau Michelle verbrachte).

Musterterminkalender

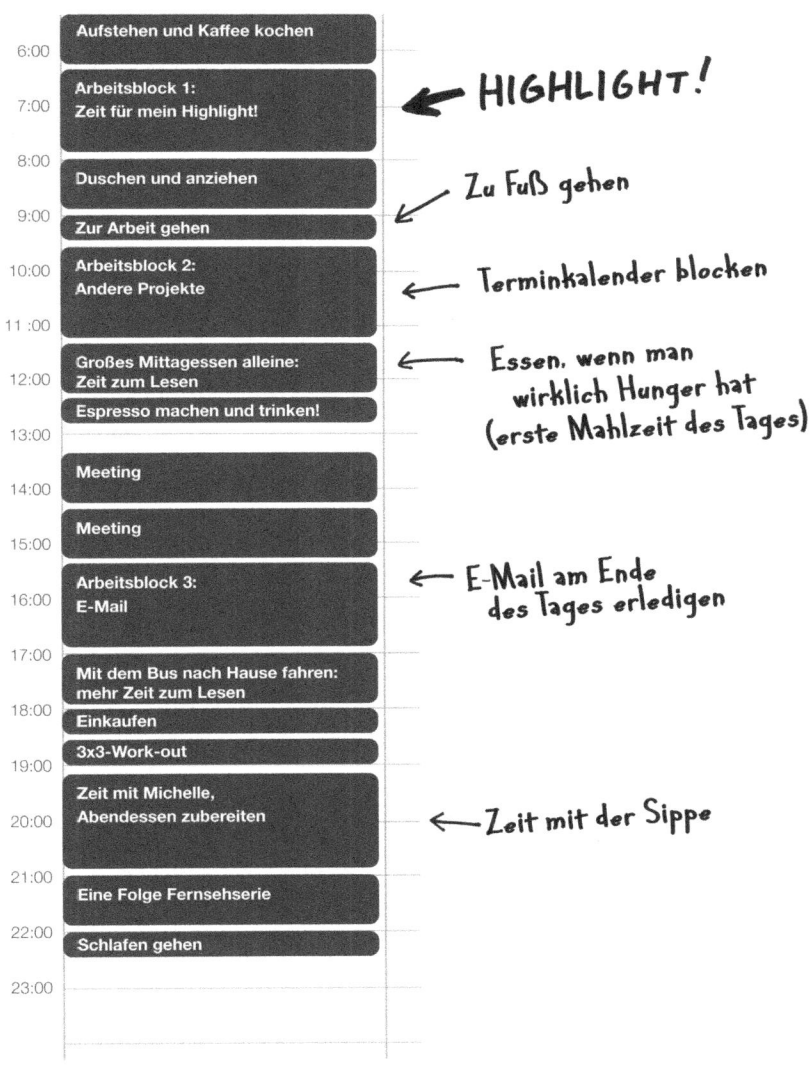

Lektüreempfehlungen für Zeitfanatiker

Das Happiness-Projekt **von Gretchen Rubin**
Dieses Buch wird Sie glücklicher machen. Sie wären verrückt, wenn Sie es nicht lesen würden.

Gehirn und Erfolg **von John Medina**
Eine unterhaltsame und schnelle Übersicht über die Neurowissenschaft, leicht verständlich und einprägsam. (Wenn Sie an einer sehr anspruchsvollen und ausführlichen wissenschaftlichen Lektüre interessiert sind, lesen Sie *The Distracted Mind: Ancient Brains in a High-Tech World* von Adam Gazzaley und Larry Rosen.)

Konzentriert arbeiten **von Cal Newport**
Angefüllt mit eigensinnigen und oft ungewöhnlichen Strategien für fokussiertes Arbeiten.

Die 4-Stunden-Woche **von Timothy Ferriss**
Tim ist ein Übermensch, und wir sind das nicht, haben aber dennoch viel von diesem Buch gelernt.

Wie ich die Dinge geregelt kriege **von David Allen**
Ein wirklich intensives Organisationssystem. Wir haben öfter versagt, als wir zählen können, aber selbst wenn wir keine GTDler mehr sind, begleitet uns David Allens Philosophie nach wie vor.

How to Have a Good Day **von Caroline Webb**
Eine profunde Analyse der neuesten Verhaltenswissenschaften und kluge Empfehlungen, wie sich diese Wissenschaft im Alltag anwenden lässt.

The Power of Moments von **Chip und Dan Heath**
Die Heath-Brüder erklären, warum Momente einen so großen Einfluss auf unser Leben haben, und zeigen, wie Sie großartige Momente in Ihrem eigenen Leben erzeugen können. Lesen Sie dieses Buch und nehmen Sie Ihre Highlights mit neuer Energie in Angriff.

Headspace-App mit Andy Puddicombe
Andy macht mehr, als Sie nur durch die Meditation zu führen – er bringt Ihnen bei, eine großartige Mentalität für die moderne Welt zu entwickeln.

Die Macht der Gewohnheit von **Charles Duhigg**
Verwenden Sie dieses Buch als Leitfaden, um die Make-Time-Taktiken in dauerhafte Gewohnheiten zu verwandeln.

Selbstbild von **Carol Dweck**
Gewohnheiten sind äußerst mächtig, aber manchmal braucht man eine veränderte Denkhaltung, um sein Verhalten zu ändern.

Lebensmittel von **Michael Pollan**
Es gibt keine bessere Methode, um Energie zu gewinnen, als sich wie ein Jäger und Sammler zu ernähren.

Eine kurze Geschichte der Menschheit von **Yuval Noah Harari**
Viele der Make-Time-Taktiken basieren auf dem Konzept, von unseren prähistorischen Vorfahren zu lernen. *Eine kurze Geschichte der Menschheit* ist eine ausführliche, beeindruckende Geschichte über, nun ... Menschen.

Für eine umfassendere Kritik an der Ablenkungsindustrie, lesen Sie *Irresistible* von Adam Alter, die Website **Time Well Spent** von Tristan Harris (timewellspent.io), und wenn Sie wissen wollen, wie gewohnheitsbildende Produkte designt werden, lesen Sie *Hooked* von Nir Eyal.

Hier einige persönliche Anregungen von uns beiden:

JZ

Mehr Geld für mehr Leben von Vicki Robin und Joe Dominguez.
Dieser Klassiker wendet dieselben Prinzipien wie das Make-Time-System – Standardverhaltensmuster hinterfragen, bewusst handeln, Ablenkungen vermeiden – auf das Thema persönliche Finanzen an. Es ist überraschend inspirierend.

A Guide to the Good Life von William B. Irvine
Eine sehr gut lesbare Einführung in die Philosophie des Stoizismus. Genau wie das Make-Time-System ist der Stoizismus ein tägliches System, das Taktiken zur Lebensführung bietet. Allerdings ist es mehr als 2000 Jahre alt.

As Long as It's Fun von Herb McCormick
Dies ist eine andere Art Anregung: eine Biografie eines Paares, das beschloss, nach eigenen Standards zu leben, ein Boot zu bauen, zweimal um die Welt zu segeln und elf Bücher zu schreiben. Reine Inspiration.

Jake

The Living von Annie Dillard
Dieser Roman (der in der Nähe der Gegend spielt, in der ich aufgewachsen bin – im Nordwesten des Bundesstaates Washington) hat mir eine Wertschätzung des Lebens und des Augenblicks nahegebracht, die mich seit Jahrzehnten begleiten.

Das Leben und das Schreiben von Stephen King
Natürlich ist das Pflichtlektüre für einen angehenden Romanschreiber wie mich. Aber Sie müssen weder Autor noch Horrorfan (ich bin's nicht) sein, um dieses Buch zu lieben. Es enthält unzählige Lektionen, wie man jede Art von Arbeit mit Engagement und Leidenschaft macht. Und es ist äußerst unterhaltsam.

Lektüreempfehlungen für Zeitfanatiker

Und schließlich sind wir uns einig, dass Sie folgende Bücher lesen sollten ...

Sprint von Jake Knapp, John Zeratsky und Braden Kowitz. Wenn Ihnen die Ideen in diesem Buch gefallen, dann probieren Sie einen Design Sprint in der Arbeit aus.

Teilen Sie Ihre Taktiken, finden Sie Ressourcen und kontaktieren Sie uns

Wenn Sie die neuesten Apps zum Make-Time-System finden, über neue Taktiken von uns und anderen Lesern lesen und Ihre eigenen Techniken teilen wollen, rufen Sie die Website maketimebook.com auf und melden Sie sich für unseren Newsletter an.

Danksagung

Und das sind all die tollen Leute, die uns dabei geholfen haben, dieses Buch zu schreiben:

Unsere hervorragende Agentin Sylvie Greenberg, die uns von einem Stapel Blog-Posts den ganzen Weg bis zum fertigen Buch begleitet hat. Ein riesiges Dankeschön auch an unser Team von Fletcher & Company – Erin McFadden, Grainne Fox, Veronica Goldstein, Sarah Fuentes, Melissa Chinchillo und natürlich Christy Fletcher.

Unsere brillante Lektorin Talia Krohn, die uns dabei half, uns auf die wichtigen Dinge zu konzentrieren und ein Buch von größtem Nutzen zu schreiben. Und ein »High Five« für das gesamte Team von Currency – Tina Constable, Campbell Wharton, Nicole McArdle, Megan Schumann, Craig Adams und Andrea Lau. Danke an unsere britische Lektorin Andrea Henry für ihr kluges und zeitlich perfekt abgestimmtes Feedback.

Ein herzliches Dankeschön an die Leser der ersten Entwürfe, Josh Yellin, Imola Unger, Mia Mabanta, Scott Jenson, Jonathan Courtney, Stefan Claussen, Ryan Brown, Daren Nicholson, Piper Lloyd, Kristen Brillantes, Marin Licina, Bruna Silva, Stéph Cruchon, Joseph Newell, John Fitch, Manu Cornet, Boaz Gavish, Mel Destefano, Tim Hoefer, Camille Fleming, Michael Leggett, Henrik Bay, Heidi Miller, Martin Loensmann, Daniel Andefors, Anna Andefors, Tish Knapp, Xander Pollock, Maleesa Pollock, Becky Warren, Roger Warren, Francis Cortez, Matt Story, Sean Roach, Tin Kadoic, Cindy Fenton, Jack Russillo, Dave Cirilli, Dee Scarano, Mitchell Geere, Rebecca Garza-Bortman, Amy Bonsall, Josh Porter und Douglas Ferguson, die uns ihre ehrliche Meinung und kluge Anregungen gaben. Dieses Buch hat eindeutig von euren Anstrengungen profitiert.

Ein großes Dankeschön auch an unsere 1700 Testleser, die uns dabei geholfen haben, den Anfang dieses Buches klarer und spannender zu gestalten und die so zahlreich sind, dass sie nachfolgend eine eigene Erwähnung finden.

Danksagung

JZ

In erster Linie geht mein Dank an meine Frau Michelle. Du bist die Beste. Danke für deine Unterstützung bei diesem Projekt, obwohl ich den ersten Entwurf während eines Urlaubs auf St. John geschrieben habe. Und obwohl sich die Arbeit an diesem Buch mit unseren Segelplänen überschnitten hat. Und vor allem danke ich dir, dass du das Manuskript mehrmals gelesen und mir aus einer dringend benötigten Perspektive kluges Feedback geboten hast. Ich danke dir sehr.

Danke dir, Jake. Es ist nun sechs Jahre her, dass wir unseren ersten Design Sprint zusammen durchgeführt haben. Die Arbeit mit dir hat meine Auffassung von Arbeit verändert. Unsere Zusammenarbeit ist etwas, das ich nie hätte vorausplanen oder vorhersehen können. Und vor allem war es wirklich ein Riesenspaß! Wir sollten es wiederholen!

Ein Dankeschön an meine Freunde, die mir in der Arbeit als Vorbild gedient haben – an Mike Zitt, der mir schon früh gezeigt hat, wie man seine Arbeit so ausrichtet, dass sie das Leben bereichert. Danke an Matt Shobe, der mir gezeigt hat, welche Macht kreative Arbeit besitzt, die man mit ganzem Herzen macht (und dafür, dass du ein fantastischer Mentor im Copywriting gewesen bist). Danke an Graham Jenkin, der deutlich machte, dass selbst Manager mit überquellenden Terminkalendern Zeit für die wirklich wichtigen Dinge freisetzen können. Und Danke an Kristen Brillantes und Daniel Burka, die uns zeigten, dass erstaunliche Dinge möglich sind, wenn man ganz in die eigene Arbeit eintaucht.

Mein Dank geht an Taylor Hughes, Rizwan Sattar, Brenden Mulligan, Nick Burka und Daniel Burka für mehr als zehn Jahre, in denen sie meine Make-Time-Ideen in Apps verwandelt haben. Ich werde ewig für Done-zo, Compose und One Big Thing dankbar sein.

Vielen Dank auch an die Autoren (und andere Influencer), die meine Auffassung über Themen wie Zeit, Energie und das Leben insgesamt verändert haben, vor allem Cal Newport, Gretchen Rubin, James Altucher, Jason Fried, JD Roth, Laura Vanderkam, Lin Pardey, Mark Sisson, Nassim Taleb, Pat Schulte, Paula Pant, Pete Adeney, Steven Pressfield, Vicki Robin und Warren Buffett.

Danksagung

Jake

Mein größter Dank geht an meine wunderbare Frau Holly. Ich hätte dieses Buch nicht ohne deine ständige Ermutigung und dein gnadenloses Feedback schreiben können und wollen (»gnadenlos« ist als echtes Kompliment gemeint). Du machst mich sehr glücklich, und das weiß ich zu schätzen.

Luke, ich danke dir dafür, dass du mir mit deiner Geburt das Thema Zeitmanagement nahegebracht hast. Und dafür, dass du dich während dieses lang dauernden Projekts als unerschütterlicher Freund erwiesen und mir deine Design-Kenntnisse zur Verfügung gestellt hast.

Flynn, vielen Dank dafür, dass du mir so viel Spaß bereitest und mich dazu anspornst, Pausen vom Schreiben zu nehmen. Und danke dafür, dass du mich mit deiner Illustrationsarbeit unterstützt hast.

Mom, vielen Dank dafür, dass du meine Geschichten aus der Grundschulzeit getippt, mein bissiges Pennäler-Englisch ertragen und mir dabei geholfen hast, meine Sprache in diesem Buch zu feilen. Und vor allem vielen Dank dafür, dass du Bücher schreibst und mir zeigst, dass das möglich ist. Wenn ich heute Autor bin, dann verdanke ich das dir.

Für viele, viele Jahre klebte das Zitat von Gandhi, das am Anfang dieses Buches steht, am Armaturenbrett des Pick-ups meines Vaters. Mein

Danksagung

Vater lebte es. In seinem ganzen Leben traf er Tag für Tag unkonventionelle Entscheidungen, um zu entschleunigen und Qualitätszeit über Geld oder Prestige zu stellen. Er hat dieses Buch nicht mehr erlebt, aber jedes Mal, wenn ich mich zum Schreiben hinsetzte, musste ich an ihn denken. Dad, ich vermisse dich – danke, dass du mich gelehrt hast, aufmerksam zu sein.

Viele Freunde haben mich mit ihrer Herangehensweise an das Leben und das Thema Zeit inspiriert. Anstatt zu versuchen, jeden einzelnen zu erwähnen, konzentriere ich mich auf die beiden, die mein Denken besonders geprägt haben: Scott Jenson und Kristen Brillantes. Ihr habt's einfach drauf!

Ich bin glücklich, die Chance zu haben, ein Buch veröffentlichen zu können, und ich bin den vielen Menschen dankbar, die mir dabei geholfen haben, diese Tür zu öffnen – darunter Sylvie Greenberg, Christy Fletcher, Ben Loehnen, Tim Brown, Nir Eyal, Eric Ries, Bill Maris, Braden Kowitz und Charles Duhigg.

Dieses Buch ist zudem ein Fanbrief an die Autoren, die die Art und Weise verändert haben, wie ich meinen Alltag betrachte, insbesondere Daniel Pinkwater, David Allen, Gretchen Rubin, June Burn, Jason Fried, Barbara Kingsolver, Tim Urban, Annie Dillard, Tim Ferriss, Stephen King, Austin Kleon, Scott Berkun, Dan Ariely, Marie Kondo, Tom und David Kelley und Chip und Dan Heath. Für den unwahrscheinlichen Fall, dass einer von Ihnen gerade die Danksagung eines Selbsthilferatgebers liest: Nehmen Sie das als Gutschein für eine Tasse Kaffee auf meine Kosten, und zwar jederzeit.

Und natürlich ein Super-de-luxe-Dankeschön an meinen großen Freund John Zeratsky. Danke für deinen Enthusiasmus, deine Geduld und Intelligenz, deine Erkenntnisse, deinen Fleiß und deine konstruktiven Meinungsunterschiede. Deine Weltsicht hat mich inspiriert, seit wir uns kennengelernt haben, und es war ein Vergnügen, mit dir zu arbeiten – obwohl du abgehauen und nach Mexiko gesegelt bist.

Bildnachweise

Zeichnungen von Jake Knapp

Fotos von Smartphone- und Laptop-Bildschirmschonern von Luke Knapp

Ein wenig Kolorierung von Flynn Knapp

Musterblatt für Make-Time-Notizen

MAKE-TIME-NOTIZEN   DATUM _____

Heutiges **HIGHLIGHT**

Habe ich mir dafür Zeit genommen?

Ja! Nein.

LASERSTRAHL-MODUS — Heutiger Fokus: 1 2 3 4 5 6 7 8 9 10

ENERGIE AUFTANKEN — Heutige Energie: 1 2 3 4 5 6 7 8 9 10

Heute ausprobierte Taktiken: | Wie haben sie sich bewährt?

Taktiken, die ich morgen ausprobieren (oder wiederholen) möchte:

Der Moment, für den ich dankbar bin:

Testleser dieses Buches

Vielen Dank an die 1700 Testleser, die bereit waren, eine erste Version dieses Buches zu lesen und uns hervorragende Anregungen und Feedback geliefert haben. Wir hoffen, dass wir niemanden ausgelassen und alle Namen richtig geschrieben sind. Falls uns ein Fehler unterlaufen ist, sollten Sie aber wissen, dass wir Ihren Beitrag trotzdem wertschätzen:

Aaron • Aaron Bright MD • Aaron J. Palmer • Aaron Matys • Aaron Rosenberg • Aaron Stites • Aarron Walter • Abdulaziz Azzahrani • Abe Crystal • Abhay Shah • Abhishek Kona • Abaham Orellanes • Ad Bresser • Adam • Adam Armstrong • Adam Brooks • Adam Egger • Adam La France • Adam Waxman • Adam Williams • Adarsh Pandit • Adithya J • Aditi Ruiz • Adler • Adrian Abele • Adriano • Adrien • Adrien Gomar • Adrienne Brown • Agha Zain • Agnese Bite • Ahmad Alim Akhsan • Ahmad Fairiz • Ahmad Nursalim • Aileen Bennett • Aina Azmi • Akash Shukla • Alan Tsen • Alan Wojciechowski • Alan Worden • Alar Kolk • Alastair Baker • Albert Ramirez Canalias • Alberto S. Rodrigues Jr. • Alberto Samaniego • Alec James van Rassel • Alejandra • Alejandra Cabrera • Alejandro G. Jack • Alejo Rivera • Alessandro Fusco • Alex Bates • Alex Drago • Alex McNeal • Alex Morris • Alex Sherman • Alex Shuck • Alex Uribe • Alexander Baumgardt • Alexander Krieger • Alexander Paluch • Alexander Zdrok • Alexandere do Amaral Ferrari • Ali Chelibane • Ali Rushdan Tariq • Alice Ralph • Alice White • Alin Tuhut • Allan Lykke Christensen • Alli Myatt • Allison Marie Cooper • Alonso Vargas Esparza • Alvin Rentsch • Aman Mayson • Amaresh Ray • Amber Siscoe Vazquez • Amicis Arvizu • Amir Abbas • Amit Jain • Amjad Sidqi •Amjid Rasool • Amy Bonsall • Amy Bucciarelli • Amy Chan • Amy DeMoss • Amy J. Buechel • Amy Jo Kim • Amy Mitchell • Amy Parent • Amy Sanders • Ana Karina Caudillo • Ana Lucia • Ana Manrique • Ana Paula Batista • Analisa Ornelas • Anant Jain • Anastasia Gritsenko • Anders Heilbrock Mortensen

Testleser dieses Buches

• Anders Wik • André Azevedo • Andre de la Cruz • Andre Nordal Sylte • Andrea Andrews • Andrea Dinneen • Andrea Pashayan • Andrea Romoli • Andrea Wong • Andreas Barhainski • Andreas Cem Vogt • Andreas Knaut • Andreea Mihalcea • Andreia • Andreia Ribeiro • Andres Calderon • Andres Villegas Mesa • Andrew Croasdale • Andrew Kong • Andrew Look • Andrew May • Andrew Peters • Andrew Willis • Andy Boydston • Andy Burnham • Andy Howard • Andy Hugelier • Andy Orsow • Andy Rose • Aneeb Ahmed • Angelica Speich • Angélica Speich • Angie Greenham • Angus Tait • Ankur Kaul • Ann MacKay • Ann Mueller • Anna Andefors • Anna Endres • Anna Iurchenko • Anne Pedro • Anne-Laure Jourdain • Annelie Weinehall • Annette • Annette Achermann • Annette Q. Pedersen • Annette Rodriguez • Annia Monroy Dugelby • Anonymous • Antal János Monori • Anthony James Amici • Antoine Nasser • Antoine Sakho • Anton Jarl • Anton Nikolov • Antonia Ciaverella • Antonio Sánchez Pineda • Antonio Starnino • Antonio Storino • Antoon Melchers • Anuj Duggal • Anurag Adhikary • April Xu • Apurva Pathak • Arb • Arie-Jan Lommers • Ario Jafarzadeh • Arjan de Jong • Arnaud Carrette • Arnaud Le Roux • Arthur Mellors • Arthur von Kriegenbergh • Artur • Artur Eldib • Artur Pokusin • Arturo Lopez Valerio • Arturo Perez Enciso • Arun Kumar • Arun Martin • Arva Adams • Ashita Achuthan • Asia Hege • Assaf Guery • Atar • Athena Zao • Atif Raza • Axel J. Tullmann • Ayanna Haskins • Ayse McMillan • Bar Wiegman • Barbara Neves Kich • Barbara Valenti • Bart Engels • Bart Melort • Bart Tkaczyk • Bas Kok • Bastian • Bastian M. • Ben Barnett • Ben Havill • Ben Hewitt • Ben Jackson • Ben Phillips • Ben White • Benjamin Miraski • Benson Tait • Benyamin Najafi • Bernard Lindekens • Bernardo Mazzini • Bernard Núñez Rojas • Bertus Hoelscher • Betina Merrild Yde • Bhanu G. • Bharat Saini • Bill Bulman • Bill Cotter • Bill Seitz • Binusha Perera • Bjoern Barleben • Blair Rorani • Bliss Siman • Boaz Gavish • Bob Dohnal • Bob Monroe • Bogdan Domu • Bohuslav Dohnal • Bosco Zubiaga • Brad Ledford • Brad Snyder • Bree Playel • Bree Thomas • Brendan Kearns • Brendan Raftery • Brenden Rodriguez • Brett Flora • Brian Alexander Lee • Brian Bajzek • Brian Burns • Brian Frank • Brian Kasen • Brian McCormack • Brian Oberkirch • Biran van Stokkum • Brooks Grigson • Burce Bullis • Bruna Silva • Bruno Campos • Bryan

Postelnek • Bryan Walters • Bryann Alexandros • Bryonie Badcock • Bülent Duagi • Bupbinder Thapar • Bur Zeratsky • Byron Silver • Caitlin Hudon • Cameron Compton • Cameron Malek • Camila Rodrigues • Carien • Carlee Malkowski • Carlo Zuffa • Carlos Andres Juramillo Abad • Carlos Baeza Vásquez • Carlos Diaz • Carlos Freitas • Carlos Mendes • Carolien Postma • Caroline Michaud • Carrie • Carrie Kim • Carrie Tian • Carrie Wiley • Cash • Casimir Morreau • Casper Klenz-Kitenge • Casper Kold • Casper Wolfert • Cathan Milton • Cathrine Fallesen • CelloJoe • César Franca • César Garcia • Chaiyarat Soontornprapee • Chandler Roth • Charbel Semaan • Charles Reynolds-Talbot • Charles Riccardi • Charles Rice • Charles Shyrock IV • Charlie Drew • Charlie Park • Charlotte B. • Charly Mendoza • Chelsey Schaffel • Cheryl Hosking • Chiara Giovanni • Chino • Chino Wong • Chip Dong Lim • Chip Trout • Chris • Chris Alvarez • Chris Barbin • Chris Barning • Chris Bobbitt • Chris Bowler • Chris Brisson • Chris Chappelle • Chris Conover • Chris Dee • Chris Dennett • Chris Gorges • Chris Henderson • Chris Janin • Chris M. • Chris McQueen • Chris Nottle • Chris Palmieri • Chris Sanders • Chris Superfly Jackson • Chris van Leeuwen • Chris Vander Ark • Christian Andersen • Christian Beltrao Andersen • Christian Fuglsang • Christian Müller • Christian van Leeuwen • Christina Himmelev • Christine Avesen O. Balatbat • Christine Chong • Christoffer Kittel • Christoph Faschian • Christoph Steindl • Christopher „Bibby" Howett • Christopher Lynn • Christopher Polack • Christopher Schroer • Chuangming Liu • Chuck Ward • Chunhao Weng • Ciarán Hanrahan • Cindi Ramm • Cindy Fenton • Claire Hutt • Claire Shapiro • Claudia Melo • Claudio Stivala • Claus Berthou Madsen • Clay Ostrom • Cloed Baumgartner • Colin Clark • Colin Jones • Colin Lernell • Colm Roche • Connor Swenson • Corrado Francolini • Costinel Marin • Courtney Gallagher • Courtney Tulig • Covington Doan • Craig Higton • Craig Merry • Craig Primack • Cyrille Le Rolland • Daan van de Kamp • Damian Fok • Damien Newman • Dan Aschwanden • Dan Benoni • Dan Carroll • Dan Oxnam • Dan Shiner • Dan Weingrod • Dani Glikmanas • Daniel • Daniel Andefors • Daniel Bartel • Daniel Fosco • Daniel Jarjoura • Daniel Kašaj • Daniel Leo Buckley • Daniel Miller • Daniel N. • Daniel R. Farrell • Daniel Ronsman • Daniel Stillman •

Daniel Yubi • Danikka Dillon • Danilo Toledo • Danilo Visco • Danni Hu • Danny Holtschke • Danny Spitzberg • Danny Tamez III • Daren Nicholson • Darren Anthony Taylor • Darren Brandwood • Darren Yeo • Darri Ulfsson • Darryn • Darryn Lifson • Dave Best • Dave Cirilli • Dave Hoodspiht (Hoody) • Dave Miklasevich • David Agasi • David Beasley • David Breizna • David Bryan • David Buxton • David C. Weinel • David Franke • David G. Hall • David Glauber • David Holl • David Hoogland • David Jones • David McGrath • David Roche • David Rosenberg • David Thayer • David Walker • David Whipps • Dean Hudson • Deandra Hendrix • Debbie Cotton • Debora Botta • Dede Nesbitt • Dee Scarano • Deke Bowman • Denis Bartelt • Dennis Furia • Derek Punsalan • Derek Winter • Derick Jose • Devin O'Neil • Devin Pope • Di Mayze • Diana Dragomir • Diana Padron • Diana Pottecher • Dianna Hardy • Dietmar Stefl-Sedlnitzky • Dima Koshevoi • Dimitry Galamiyev • Diogo Romero Rosanelli • Dipika Mallya • Dirk Belling • Dirk Hens • Divyen Sanganee • Dmitry Krasnoperov • Domenico Giuseppe Nicosia • Dominik Kuehner • Don Lenere Woods • Donald Vossen • Donnie Tristan Minnick • Doug Field • Doulg Gould • Dough Mather • Doug Tabuchi • Douglas Ferguson • Douglas Nash • Dr. Paul Schultz • Drew Gorham • Dylan Weiss • Dynin Khem • E. Forsack • Ed • Ed Matesevac • Ed McCauley • Eddie Harran • Edmund Komar • Edmund O'Shaughnessy • Eduardo Del Torno • Eduardo H. Calvillo-Gamez • Eduardo Peña • Edward Jones • Ehrik Aldana • Eirik Torheim Gilje • Elena Timofeeva • Eli Shillock • Eliot Gattegno • Elizabeth Jarrold • Elizabeth Sankez • Elizabeth Ziegler • Ella Obreja • Ellie Booth • Elmar Kruitwagen • Elodie Rival • Elsa Wormeck • Elzaan Pienaar • Emil Sotirov • Emily Campbell • Emily O'Byrne • Emily Swope Brower • Emma Linh • Emma Rosenberg • EmmanuelG • Eric Garcia • Eric Herrera • Eric J. Garcia • Eric Sinclair • Erica Bjornsson • Erica Key • Erik Arvedson • Erin • Erin Moore • Erin Pinkley • Eron Villarreal • Ethan Cleary • Eunice Sari • Eusebio Reyero • Evan Portwood • Ezequiel Aguilar • F. Marke Modzelewski • Fabian Fischer • Fabian Steiner • Fabrice Liut • Farhad Pocha • Federico Malagoli • Felipe Barbosa • Felipe Castro • Felipe Jiménez Cano • Felipe Pontes • Ferni Longe • Femmebot • Feridoon „Doon" Malekzadeh • Fernando Aguero • Fernando Arguelles • Flemming Westberg •

Florian Fiechtner • Florian Lissot • Florin Sirghea • Francis Cortez • Francis Peixoto • Francis Wade • Francisco Baptista • Franciso Golnzález • Francois Brill • François Luc Moraud • Frank • Frank Decavele • Frank Devitt • Frank Jablonski • Frank Pineda • Frank R. • Fred Leveau • Fredrik Johansson • Fredrik Nordell • Fri Rasyidi • Gabor Kiss • Gabor Labancz • Gabril Garcia • Gabriela Aguirrezabal • Galit Lurya • Gar Motley • Gareth H. McShane • Gareth Kay • Garin Bulger • Garrett Sheridan • Gary Kahn • Gaspard Chameroy • Gaston Serpenti • Gaurav Bhargva • Gaurav Barghva • Gauresh R. Khanolkar • Gautam Lakum • Gavin Esajas • Gavin Montague • Geert Claes • Geetha Pai • Gemma Curl • Gennadiy Nissenbaum • Geoff Cardillo • Geoffrey Gentry • Geoffrey Lew • George Jigalin • Gerald Carvalho • Ghalib Hussaiyn • Gianfranco Palumbo • Gideon Bullock • Gideon Hornung • Gil Shklarski • Giles Peyton-Nicoll • Gillian • Gillian Julius • Giorgio Pauletto • Girogos Gavriil • Giovani Ferreira • Giovanni Caruso • Giovanni Dal Sasso • Gitta Salomon • Glen Crosier • Glenn Exton • Glenna Baron • Gordon Soutar • Gostandinos Christofi • Graeme Wheatley • Graham North • Grandin Donovan • Greg • Greg Bennett • Greg Dudish • Greg Palmer • Gregg Bernstein • Gregg Mayer • Gregory Milani • Gregory Thompson • Guido van Glabbeek • Gustavo del Valle • Gustavo Gawryszewski • Gustavo Machado • Gustavo Reyes • Guy Dickinson • Guy Van Wijmeersch • Halina Mugame • Hameed Haqparwar • Hana Kim • Hang-Tien Lin • Hari Narasimhan • Hassan Syed • Haya Alzaid • Heath Sadlier • Heather Guith • Heather Pettrey • Héctor Calleja • Hector Cardenas • Hedd Roberts • Heidi Miller • Heidi Shipp • Helen • Helen King • Helene Desliens • Hendrik Will • Hendry Sumilo • Hennadiy Kornev • Henrik Bay • Henrik Mitsch • Henrique L. Ribeiro • Henry Soo • Hera Kan • herrK • Hesam Panani • Holly May Mahoney • Hongyuan Jiang • Horia Sas • Howard Barrett • Hugh Knowles • Hung Lee • Hunter Walk • Hwang Seulchan • Hyeyoung Kim (Khaily Kim) • Iaco Berra • Ibraheem Khalifa • Ievgen Ishchuk • Ilhan Scheer • Imola Unger • Imran • Imran Ur-Rehman • Inés Santos Silva • Ingunn Aursnes • Ira Weiss • Irene Meister • Irsan Widarto • Irv Bartlett • Isaac Girard • Ismail Ali Manik • István Kuti • Istvan Nagy-Racz • Ivan Molto • Ivan Zaichuk • Ivana Lukes Rybanska • Ivar Lyngve • Ivo van Hurne • J. Tristram • Jaakko Palokangas • Jack

Russillo • Jackson B. • Jacob Colling • Jacob Hage • Jacob McDonald • Jaime Moncada • Jake Colling • Jake Kendall • Jameel Sadrud-din Somji • James Carleton • James Lewis • James Lutley • James McDonough • James McGary • James O'Connor • James Saunders • James Tao • James Willeford • Jamie Ambler • Jamie Treyvaud • Jamison Shelton • Jan Andersson • Jan Antonin Kolar • Jan Korsanke • Jan Rosa • Jan Seversson • Jared Volpe • Jarryd Hennequin • Jason Carolan • Jason Cooke • Jason Crane • Jason Danyluk • Jason Grant • Jason Horne • Jason M. Banks • Jason Ralls • Jason Rodriguez • Jason Roe • Jason Thorarinsson • Jaspar Roos • Jasper Huang • Jasper Lyons • Jay Eskenazi • Jay OHare • Jay Thrash • Jayne Nguyen • Jeannette Cajide • Jed Brown • Jed Said • Jeevan Jayaprakash • Jeff Blanchard • Jeff Corkran • Jeff McGrath • Jeff Melton • Jeffrey Lin • Jeffrey Mack • Jeffrey Veen • Jena Donlin • Jenifer Padilla • Jenna Dixon • Jennifer Abella • Jennifer Arzt • Jennifer Conant • Jennifer Schuchmann • Jenniffer Whittingham • Jenny Fuerstenbach • Jenny Massey • Jeppe Lambæk • Jered Odegard • Jeremy Caplan • Jeroen Goddijn • Jeroen Razoux Schultz • Jeroen Van Beek • Jerry Borunda Junior • Jess Telford • Jesse Brack • Jesse Forest • Jessica L. Williams • Jessica Turner • jet van Genuchten • Jiani Li • Jill Harmon • Jim Evers • Jim McDonough • Jim Peluso • Jimi Lee Friis • Jimmy Coleman • Jing Zhang • JJ MacLean • JJ Soracco • JLink • Joacim Alm • Joanne Magbitang • Joe Alicata • Joe Barbuto • Joe Moran • Joel Davis • Joelene Weeks • Joh Tienks • John Behrens • John C. Mallay • John Cassidy • John Cleere • John Cockrell • John Daniel McGinnis • John Ferrigan • John Fitch • John Gusiff • John Hodgins • John Kembel • John L. Warren • John Loftus • John McGinnis • John Phippen • John Shoffner • John Tristram • John Williams Taylor • John Zimmerman • Jon Gold • Jon Hoover • Jon Izquierdo • Jon-Allan Pearson • Jonathan • Jonathan Caldwell • Jonathan Courtney • Jonathan DeFaveri • Jonathan Diehl • Jonathan Drake • Jonathan Lo • Jonathan McCoubrey • Jonathan Minchin • Jonathan R. Drake • Jonathan Rogers • Jonathan Simcoe • Joose van Schie • Jordan Carr • Jordan Robinson • Jorge Sanchez • Jorunn D. Newth • Jose Platero • Joseph Newell • Josh Kasten • Josh Kubicki • Josh Porter • Josh Turk • Josh Yellin • Joshua Anderton • Joshua Boggs • Joshua Dance • Joshua Galan • Joshua Marshall • Joshua Morris • Joshua

Nafman • Josie • Josue B. Garnica • Juan Lombana • Juan Manuel Pasten Martinez • Juan Milleiro • Juan Orozco • Juan Pao • Juergen Koehler • Juleigh Pisciotti • Julia • Julia Butter • Julia Caruso • Julian Austin • Juliana Morozowski • Julianna Probst • Julie Harris • Julien Legat • Juliet Kaplan • Juliette Hauville • Julio Gomez • Jun Hongo • Justin Calingasan • Justin Copeland • Justin Davis • Justin Mathew • Justin Schafer • Justin Swedberg • Justin Talmadge • Justine Win Canete • K. S. S. Raj • Kait Gaiss • Kal Gangavarapu • Karen • Karen Lovejoy • Karen McDonald • Karen Scruggs • Karin Kiesl • Karis Dorrigan • Karl Adriansson • Karsten Mikaelsen • Karsten Nebe • Karsten Ploesser • Kash • Kash Baghaei • Kat Palmer • Kate Flynn • Katharina Simon • Kathy Davis • Kathy Sirui Lui • Kati Tawast • Katie B. London • Katie Dehler • Katie Glass • Katie Moss • Katie Priest • Katrine • Kayode Dada • KC • K.C. Oh • Keerthi Surapaneni • Keith Grinsted • Keith Hopper • Keledy Kenkel • Kellie White • Kelly Larbes • Kelo Kubu • Kelvin O'Shea • Ken Louise • Ken Randall • Kenji Natsumoto • Kennedy Kahiri • Kennith Leung • Kenny Chen • Kevin Bachus • Kevin Blemel • Kevin Fidelin • Kevin Flores • Kevin Henry • Kevin Lücke • Kevin M. Jackson • Khaled Wagdy • Khemya • Khor Zijian • Kim Aage Ditlefsen • Kim Hurtado • Kimitoshi Saji • Kiran Kumar Nagaraj • Kirsten • Kirsten Disse • Kit • Knut-Jørgen Rishaug • Koraldo Kajanaku • Kota Okazaki • Kristen Brillantes • Kristen Rutherford • Kristian Manrique • Kristina Cunningham Bigler • Kristina Lins • Kristoffer • Kristoffer Stenseth • Kristoffer Tjalve • Krzysztof Przybylski • Kuba Butkowski • Kunal Punjabi • Kursat Ozenc • Kyle McEnery • Kyle Nash • Landon C. Akiyama • Lars Olof Berg • Larysa Visengeriyeva • Laura K. Spencer, Ed.D • Laura Thompson • Lauren M. Fischer • Lavrenti Tsudakov • le Rolland • Leah • Leandro Gama • Lee Delgado • Lee Duncan • Lee Jun Lin • Lee Smith • Len Yeh • Leo Almeida • Léo Cabral • Leo Tolstoy • Levi Brooks • Lewis Kang'ethe Ngugi • Lewis Ngugi • Lianne Siemensma • Libor Vanc • Lillian Courtney • Lillian Courtney Coaching • Lina Praškevičiūtė • Lisa Gay Bostwick • Lisa Kurz • Lisa Tjide • Lisa van Mastbergen • Liviu Sirghea • Liz Eden • Liz Lee • Lizzie • Lizzie Weiland • Logan Leger • Loida Valentin • Lorelei Munroe • Lorenzo Hodges • Lorraine Marsh • Lotte Lund Larsen • Lou Fox • Louise W. Klinker • Luca Troisi • Lucas Baraças • Lucas

Baraças Figueiredo • Lucas Rowe • Lucas Seidenfaden • Lucile Foroni • Luis Borges • Luis Delgado • Luis R. Meza • Luis Roberto Brenes • Luis X. González • Lukad Arvidsson • Lukas Imrich • Lukas Klinser • Lukas Misko • Lukasz Tyrala • Luke Brooker • Luke Summerfield • Luther C. Lotz II • Luuk van Hees • Lydia Henshaw • Maanavi Tandan • Maciej Gawlik • Madison Spangler • Mads Hensel • Magdalena Malachowska • Maggie Gram • Maggie Powers • Magnus Askenbäck • Magrafx • Maia Sciupac • Maicol Parker-Chavez • Maja Kathrine Lundholm Larsen • Majbritt Sandberg • Maks Majer • Mal Piernik • Maleesa Pollock • Malgorzata Piernik • Manchi Chung • Manny • Manu Cornet • Manuel • Manuel Vigo • Manuele Capacci • Marc Anthony Rosa • Marc Augustin • Marc Emil Domar • Mark Sirkin • Marc Snyder • Marc-Oliver Gern • Marcella Borasque de Paula • Marcelo Paiva • Marcelo Quinta • MarcelR • Marciano Planque • Marco Lohnes • Marco Pardini • Marco Poli • Marcos Ortiz • Marcus Carr • Marcy Chu • Marek Gebka • Marek Modzelewski • Margaret Powers • Martgriet Buseman • María Fernanda Flores • María Fernanda Flores G. • María Graciela Morales • Maria Haynie • Maria M. Fabbroni • Marie-Blanche Panthou • Marie-Haude Meriguet • Mariela Barzallo León • Marin Licina • Mario Alberto Galindo • Mario Duck • Mario Galindo • Mario Gamboa-Cavazos • Mario López De Ávila Muñoz • Marion Neumann • Maritta • Mark A. Hart • Mark Arteaga • Mark Bucherl • Mark Bucknell • Mark Butler • Mark Cook • Mark Downey • Mark Garner • Mark Macfarlane • Mark Smith • Mark Stevens • Mark Swaine • Mark Winsper • Mark Zhou • Marko Dugonjić • Marko Soikkeli • Markus „Marek" Gebka • Markus Huehn • Mart Maasik • Martha Valenta • Martin Carty • Martin Hoffmann • Martin Huijbregts • Martin Kerr • Martin Konrad Gloeckle • Martin Kremmer • Martin Labrousse • Martin Loensmann • Martin Nathan • Martin P. Sötzen • Martin Tangel • Martin Veldsman • Martin Wiman • Marv Gillibrand • Mary Selby • Mateus Barreto • Mateusz Tylicki • Matias Bejas • Mats Hansson • Matt Bjornson • Matt Dobson • Matt Dominici • Matt Harbord • Matt Koidin • Matt Martin • Matt Robbins • Matt Storey • Matt Zuerrer • Matte Scheinker • Matteo Roversi • Matthew Borenstein • Matthew Cunningham • Matthew Hawn • Matthew Lee • Matthew Moran • Matthew Robbins • Maureen Macharia • Mauricio

Angulo S. • Mauricio Martinez • Max Birbes • Max La Rivière-Hedrick • Max Pekarsky • Max Stanworth • Maxim Pekarsky • May Thawdar Oo • May Woo • Megann Willson • Meghan Nesta • Meirion Mez Williams • Mel Destefano • Melanie Kahl • Melina Pierro • Melissa Beaver • Melissa Collier • Melissa Flores • Melissa Lacitignola • Melissa Lang • Melissa McCollum • Memo Muñoz Urbina • Mia Mabanta • Michael Beach • Michael Braasch • Michael Bracklo • Michael Davidson • Michael Facchinello • Michael Farley • Michael Harris • Michael Jones • Michael Leggett • Michael Neff • Michael Nikitochkin • Michael Pavey • Michael Sartor • Michael Sitver • Michael Smart • Michael Stencl • Michael Wickett • Michal Nalepka • Michel Jansen • Michell Geere • Michelle Brien • Michelle Dunford-Elliott • Michelle Swan • Mideum Lee • Miguel Vazquez • Mika Jovicic • Mike Barker • Mike Brand • Mike Carpenter • Mike Caskey • Mike Herrmann • Mike Leber • Mike Lovas • Mike Mirabella • Mike Moss • Mike Tobias • Mike Williams • Millie • Misty Karen Antatico • Mitchell Smith • Mitushi Jain • Mo • Moe Abdou • Mogens Skjold • Mohammed Pitolwala • Mohammed Sahli • Mohan Nadarajah • Mollie Duffy • Molly Stevens • Mona Hakky • Monte K. Youngs • MoraMorais • Morgan Lindsay • Morgan Sheeran • Morten Hannibalsen Olsen • Mrinalini Kamath • M.T. Williams • Mudassir Azeemi • Munir Ahmad • Myles • Nadine Steinacker • Nandha • Nandhagopal • Nandini • Nandini Bhardwaj • Natalie Bomberry • Natalie Hewton-Waters • Nate Osborne • Nate W. Godfrey • Nathalia Albar • Nathan Llewellyn • Nathan Wunsch • Nathanael Smith • Naz Hamid • Nealle Page • Neeraj Hirani • Neha Saigal • Nelson Canro • Nenad • Nenad Jelovac • Nicholas Evans • Nick Burka • Nick Busscher • Nick Casares • Nick Chronis • Nick Hallam • Nick Harewood • Nick John Lopez Villaverde • Nick White • Nickolaus Casares • Nicky • Nicky Godden • Nicola De Filippo • Nicolai Fogh • Nicolás Alliaume • Nicolas Hemidy • Nicole Landry • Niels Bruin • Nigel Quinlan • Nikhileswar Jangala • Nikki Will • Nils Smed • Nima Bousejin • Nima Roohi Sefidmazgi • Nina Kostamo Dechamps • Nina Wilken • Nir Eyal • Niraj Shekhar • Nish • Nishant Bhalla • Nitya Narasimhan • Nobuya Sato • Noel Keener • Noel Peden • Norman Tran • Nuno Coelho Santos • Oday Mashalla • Ole Rich Henningsen • Olga Repnikova • Oliver Vassard • Olufemi Olowolafe II • Omar B.

Sanduka • Omar Rodríguez Bermello • Omod Elliyoun • Oon Arfiandwi • Ocar Aguayo • Oscar Heed • Owen McCrink • Oz Lubling • Paolo Rovelli • Paolo Tripodi • Paris H. • Parita Kapadia • Parveen Kaler • Pascal Michelet • Patrici Flores • Patrick Barrett • Patrick DiMichele • Patrick Ehrlund • Patrick Hawley • Patrick Hodgdon • Patrick Mooney • Patrick Olszowski • Patrick Vanbrabandt • Patrick Vilain • Patti Hixon • Paul Essene • Paul Moran • Paul Muston • Paul Nikitochkin • Paul Pilling • Paul Reijnierse • Paul Repin • Paul Strzelecki • Paul Sturrock • Pauline Thomas • Pavan S. Kanwar • Pavlo Khud • Pedro Albuquerque • Pedro José Ruíz Díaz • Pedro Ruíz • Peter Anthony Jackson • Peter D. Gilbert • Peter Goody • Peter Light • Peter Pries • Peter Slavish • Petr Stedry • Petra • Petronela Sandulache • Phil Brown • Phil Rivard • Philip Borgnes • Philip Keller • Philipp Gaul Phyllis Treige • Pierce Smith • Pierre de Fleuriot • Pierre-Denis Autric • Piotr • Piotr Menclewicz • Piper Loyd • Prajwal M. • Pramod Nair • Prashanti Ravanavarapu • Prateek Vasisht • Priscilla Han • Priscilla Mok • Príya Premkumar • R. Ragavendra Prasath • Rachel B. • Rachel Ilan Simpson • Rachel Lesniak • Rachmat Arsyadi • Rafael „r9rafael" Rocha • Rafael E. Landaeta Ph.D • Rafael Milani Archangelo • Rafal Jasiński • Rafal Kowalczyk • Raffaele Antonucci • Rafi Finegold • Rahim Ghassemi • Rahul Kapoor • Raisa Reyes • Rajan • Rajesh • Rajesh 99Aha! • Rajesh Abhyankar • Rajesh Balasubramanian • Rajesh Bhardwaj • Rajesh Viswanathan • Ralph Schmidhalter • Rama Cha • Ramesh Balakrishna • Ramon Schreuder • Ramy Nagy • Ramya • Randall Smith • Ranjan Jagannathan • Raomal Perera • Ray Campbell Lupton • Ray Tilkens • Raymond • Raymond Zhu • Rebecca Garza-Bortmann • Rebecca Swan • Reg Tait • Reginald Curtis • Remo Arni • Rene Tomova • Reuben Halper • Rhys Fowler • Riad Lemhachheche • Ric Evans • Ricardo Imbert • Riccardo • Riccardo E. Giorato • Richard • Richard Bostam • Richard Pannell • Richard Phillips • Richard Shenton • Richard Thygeson Bostam • Richard Vahrman • Richard Zuber • Rick Blackwood • Rick Boersma • Rick Hennessy • Riomar Mccartney • Rish Singh • Riza Selcuk Saydam • Rob • Rob Clifton • Rob Hall • Rob Hamblen • Rob Hinckley • Rob McCoy • Robert Dale • Robert Gibson • Robert Rafiński • Robert Skrobe • Robert Wemyss • Robert Westerhuis • Robin C. • Robin Dhanwani • Robin Kraft

Testleser dieses Buches

• Rocky Gonzales • Rodrigo Estevam • Rodrigo Hurtado • Roger Navarro • Rohan Perera • Rohit • Rohin Sharma • Ron Grass • Ron Joy • Rosana Johnson • Rosemarie Withee • Ross Slater • Roy Abbink • Roz Duffy • Rudolf T. A. Greger • Rui Gomes • Ruohan • Ruohan Chen • Russell Morton • Ruzanna Rozman • Ryan • Ryan Brown • Ryan McCollum • Ryan McCutcheon • Ryan Winzenburg • S. Rao • Sabrina Vigil • Sai Krsihan Rallabandi • Salva Ferrando • Sam Epstein • Sam Peckham • Samuel Hamner • Samuel J. Tanner • Sana Mohammed • Sandra Sobanska • Sandro Pugliese • Sanjeev Arora • Santhosh Guru • Santiago Eastman • Santiago Marcó • Saoirse Charis-Graves • Sara Thurman • Sarah Cooper • Sarah Dean • Sarah Decaria • Sarah Dyer • Sarah E. Jewell • Sarah Halliday • Sarah Mondol • Sarah Revell • Sarah-Anne Alman • Saskia Clauss • Saul • Saul Diez-Guerra • Scot Westwater • Scott Hurff • Scott Jenson • Scott Shirbin • Seamus Nally • Sean Gallivan • Sean O'Connor • Sean O'Leary • Sean Roach • Sean Seungwan Lim • Sean Smith • Sean Taylor • Sebastian Koss • Sebastian Vetter • Sebastian Weise • Sébastien Faure • Seijen Takamura • Sergio • Sergio Panagia • Serguei Orozco • Shachaf Rodberg • Shane Feltham • Shane Ryan • Shanin • Shannon K'doah Range • Shari Harrison • Sharon Hsiao • Sharon Sciammas • Shau-Chau You • Shaun Adams • Shaunacy Ferro • Shawn Jones • Shefali Netke • Sheila Bulthuis • Sheldon Schwartz • Shin Lim • Shing Huei • Shirley Bunger • Shodeinde Peter Oladimeji • Shruthi Bhuma • Sid Bhargava • Signe Skriver • Silvio Gulizia • Similla Aslaksen • Simo Hakkarainen • Simon Gale • Simon H • Simon Matty • Simon Smith • Simon Tyrrell • Simone Ellis • Simon Saldanha • Simran Thadani • Simunza Muyangana • Siri Tejani • Siva Sundaram • Siyu Chen • Slavik Kaushan • Soo Beng • Sophia Hafyane • Sophie Hwang • Søren Martin mark Andersen • Spencer O'Dell • Srinivasa Kalidindi • Stefan Claussen • Stefan Petzov • Stefan Schreiber • Stefan Sohnchen • Stefanie Nagel • Steffen Meyer • Stéph Cruchon • Steph Fastre • Steph Moccia • Stephan Hammes • Stephan Kardos • Stephen Sherwin • Stephen Tomlinson • Steve Neiderhauser • Steven Mak • Steven Nguyen • Steven Twigge • Steven Villarino • Stewart Sear • Stewart Walker • Stowe Boyd • Stu Malcolm • Stuart Lawder • Sudarshana Sampath • Sudhakar Kuchibotla • Suman Subrahmanya • Sumit Parab • Sunita Ramnarinesingh • Suprasanna

Mishra • Suranga Nanayakkara • Surendra Chaplot • Surya Vanka • Susan O'Malley • Sven Lenaerts • Swaminathan Jayaraman • Swathi Bhuma • T. J. Chmielewski • Takuo Doi • Tamara • Tan Yeong Sheng • Tatiana Teixeira • Tav Klitgaard • Tawney Hughes • Taylor Wimberley • Teodor N. Rotaru • Thai Huynh • TheReal PVB • Theron D. Makley • Thiago Carvalho • Thiago Mazarão Maltempi • Thijs Loggen • Thomas Dittmer • Thomas Evans • Thomas Grill • Thomas Klein Middelink • Thomas Klueppel • Thomas Papke • Thomas Rademakers • Thomas van der Woude • Thomas William Evans • Thu Pystynen • Tiffany Zhong • Till • Till Köhler • Tim • Tim Casasola • Tim Gouw • Tim Hoefer • Tim Schulze • Tim Upchurch • Timothy Nice • Tin Kadoic • Tish Knapp • Tobias Theil • Tobin Schwaiger-Hastanan • Toby • Todd Chambers • Tom • Tom Berkemeier • Tom Britton • Tom Cannon • Tom Hall • Tom Kane • Tom Kerwin • Tom Rantala • Tomás Nogueira • Tomasz Mirowski • Tomasz Rybak • Tomasz Szer • Tommi Ranta • Toms Rīts • Ton van der Linden • Toni Karttunen • Tony Threatt • Torry Colichio • Tosin Lanipekun • Townes Maxwell • Tracy Makkoo • Tracy Stevens • Travis B. Mitchell • Travis DeMeester • Travis Williams • Tridip Thrizu • Tristan Legros • Troels Overvad • Troy Winfrey • Truy Cherok • Tulsi Dharmarajan • Tuomas Saarela • Tupijara • Tyler Hartich • Tyler Leppek • Tyler McIntyre • Uma Sundaram • Ursula Pritz • Vadym Zhernovoi • Valerie Kalantyrski • Vance Stahl • Vani Henderson • Vasyl Slobodian • Vegard Jormeland • Vicki Tan • Victor Baroli • Victor M. Gonzalez • Victoria Hobbs • Victoria Schiffman • Vidhi Gyani • Vik Chadha • Vik Highland • Vikram Tiwari • Viktor Soullier • Vilav Bhatt • Viljar Rystad • Vince Law • Vincent Dromer • Virgil Cameron • Virginia J. Barnett • Vivian Agura • Vivian Gomes • Vlad Lakčević • Wagner Lucio • Warren Springer • Wayne Strong • Wesley Noah • Whui-Mei Yeo • Will Chambers • Will Dages • Will Munce • Will Vaughan • William Frazier • William Gruintal • William LaRue • William Newton • William Quezada • William Ukoh • William Wells • Willmar A. Pimentel • Wolo • Xander Pollock • Xian • Xiaojie Zheng • Xin-Fang Wu • Yashu Mittal • Yasith Abeynayaka • Yausshi Sakurai • Yohsuke Miki • Yoshinobu • Young Jang • Younghwan Cheon • Yugene • Yukiko Matsuoka • Yukio Ando • Yvonne Saidler • Zhuoshi Xie • Ziad Wakim • Zike • Zoie Moulson • Zoe T. Do • Zvi Goldfarb

Stichwortverzeichnis

Ablenkung 18, 20–23, 26f., 29, 31, 33, 35, 38f., 48, 52, 93f., 101–105, 107–112, 114, 119, 121–125, 127f., 131, 133f., 146, 156, 166, 171f., 179f., 187, 208, 228f., 239, 255, 263, 265, 271f.
Ablenkungsbarrieren 102ff.
absagen 78
Adenosin 213f., 216f., 219
Allen, David 141, 163, 270, 278
Armbanduhr 105, 115f., 127, 265
Atem 169, 171f.
Aufmerksamkeit 21, 26, 31, 33, 35, 38, 45, 48, 52, 67, 75, 93f., 99, 101f., 107ff., 113, 121, 153f., 171f., 174, 179, 223, 225, 231, 250, 253, 255, 262f.
Aufschreiben 57, 59, 73, 250

Benachrichtigungsfunktion deaktivieren 113
Betrachtung, rückblickende 37, 247–256
Beutlin, Bilbo 107
Bewegung 36, 187, 189, 191–195, 197ff., 225
Blockade, innere 169, 172f.
Brown, Ryan 213f., 216, 275
Burner-Liste 55, 65–68
Busy Bandwagon 17–20, 22, 26, 29, 43, 48, 88, 110, 121, 141, 144f., 175, 250

Cortisol 216

Dankbarkeit 253
Deinstallation von Apps 31
Design Sprint 27ff., 33, 68, 80, 88f., 146, 161, 165, 167, 174, 209, 260, 273, 276
Dringlichkeit 49, 65, 165
Dunn, Elizabeth 142

E-Mail 18f., 22, 24, 29, 31, 35, 39, 44, 46, 49, 62, 81, 85, 87ff., 93ff., 98, 100, 107, 109–113, 116, 121ff., 126f., 130, 133f., 139, 141–149, 171f., 179, 188, 230, 233, 239, 254, 262, 268
– Aussperren von 148f.
– Auszeit von 147f.
– Erwartungen dimmen 145f.
– Extra-Zeit für 142f.
– Gebündelt beantworten 142
– Konto nur für Versand 146f.
– Posteingang leeren 143
– Zeit lassen bei der Beantwortung 144f.
Energie 21, 26–31, 33, 36ff., 52, 63–66, 74, 80, 87ff., 93, 102, 125, 133, 136, 142, 145, 154, 163, 173f., 179ff., 186ff., 191–196, 198, 205–211, 213–220, 224ff., 229f., 233f., 240, 243, 245, 250, 253, 255f., 260, 266, 268, 271, 276
– tanken 36, 177, 186, 263

Stichwortverzeichnis

Entschleunigung 47
Ernährung 203–209
- Grün, viel 206f.
- nur bei Hunger essen 207f.
- wie ein Jäger und Sammler 205f.

Facebook 20, 24, 93, 98ff., 102, 109, 112, 121ff., 126f., 133ff., 166, 171, 179, 229
Fernsehen 87, 96, 99, 102, 132, 153, 155ff., 239
- als Besonderheit/Belohnung 151, 153, 156f.
- Nachrichten, Verzicht auf 154
- selektives 156
- Verbannen 154f.
- vs. Projektor 155
Ferriss, Tim 22, 145, 270, 278
Flow 51, 69, 81, 93, 159, 164, 169
Fokus 21, 27, 29, 33, 36, 38, 44, 46, 48, 51ff., 60f., 65f., 74, 87, 97, 102f., 109, 116, 127, 131, 134, 137, 144f., 149, 161, 163, 167, 171f., 180, 187, 207f., 217, 224, 227f., 259f., 268, 270
Fokuspunkt 28, 34, 47f., 60
Fragen, ablenkende 169, 171
Franklin, Rosalind 249
Freude 37, 40, 51, 58, 65, 97, 101, 123, 136, 261
- freinehmen 173
Frist setzen 161f.

Gandhi, Mahatma 7, 277
Gelegenheiten 80, 119, 123, 128, 136f., 151, 153, 157, 164, 192, 194–197
Gmail 22, 24ff., 95f., 98f.
Google 18, 22, 24f., 27f., 74f., 80, 82, 95, 98, 101, 128, 141, 146, 243, 254, 260, 268

Google Hangouts 22

Highlight 33ff., 37f., 41, 46–53, 55, 57–62, 64f., 69, 71, 73–80, 83–86, 89, 93, 102ff., 117, 121, 126, 130, 132f., 136f., 141f., 145f. 149, 154, 159, 161–164, 167, 171ff., 179f., 195f., 208, 211, 218, 230, 250, 254ff., 259, 268, 271
- blockieren von Zeit für 74ff.
- wiederholen von 58
- zeitliche Planung von 73f., 263
- Zeit spätabends für 86ff.
- zerlegen von 163
Höhlenmensch-Vergleich 182ff., 186ff.
Homescreen bereinigen 105, 114
Hypothesen 249f.

Infinity Pool 18, 20, 22f., 26, 29, 48, 94, 97f., 100f., 104, 107f., 110ff., 119, 121ff., 127, 129, 132ff., 149, 175, 179, 229f., 250, 263
Instagram 24, 31, 99f., 109, 133, 259
Instinkt, vertrauen auf 51, 98
Internet deaktivieren 131
iPhone, ablenkungsfreies 23ff., 27, 31, 102, 105, 107ff., 111f., 146, 229, 265

»Jeden Tag«-Methode 40
Jetlag, selbst gemachter 243f.
Jobs, Steve 153

Kaffee 27, 65, 81, 84ff., 121, 211, 213f., 216–220, 234, 268, 278
King, Stephen 161, 272, 278
Kleinkram bündeln 55, 61f.
Kleon, Austin 127, 278
Koffein 36, 84f., 187f., 210f., 213–220

Koffein-Nap 63, 211, 217
Kondo, Marie 126, 278
Kontakte, persönliche 184, 188
Konzentration 21, 29, 39f., 47, 52, 58, 81, 94, 102, 124, 188, 223, 225ff., 230, 244
Kopfhörer 161, 188, 221, 228f.
Körperübungen 40, 198ff., 225
Kushlev, Kostadin 142

Langeweile 25, 107, 128, 169, 172, 228
»Laser-Soundtrack« 159, 163
Laserstrahlmodus 35, 91, 93, 102, 104, 108, 112, 114, 127ff., 131ff., 141, 144ff., 148, 161, 163–168, 171, 173f., 180, 230, 259, 263
Lebensstil 21, 36, 38, 108, 162, 184ff., 249
Leidenschaft 79, 98, 169, 173ff., 261, 272
Limit setzen 88f.
Logout 112

Mahlzeiten, bildschirmfreie 234f.
Meditation (meditieren) 224–228, 271
Morgenmensch 27, 71, 83f., 86, 241
Murray, Bill 58
Musik 99, 108, 161, 164, 228
Musk, Elon 22

Nachrichten 19f., 27, 31, 35, 81, 93, 95, 98, 102, 113f., 116, 119, 121, 124–127, 130, 133–137, 139, 141–144, 147f., 151, 154, 187, 229f., 233, 239, 256
Natur genießen 223f.
Nein sagen 78ff., 197
Newport, Cal 82, 223, 270, 276

Notizen 33, 37f., 166f., 215, 250–256, 263, 280

Oliver, Mary 93

Papier 58, 66, 68, 82, 143, 159, 167f., 172, 254
Pause, echte 173, 221, 229f.
Pavese, Cesare 43
Pivot/Pivoting 259
Power-Nap 77, 237, 242
Priorisierung 31, 34, 59f.
Prioritäten-Rangliste 55, 58ff.
Produktivität 17, 21, 24, 44, 47, 85, 88, 111, 141, 163, 166

Reflexion 33 (siehe auch: Betrachtung, rückblickende)
Reizarmut 172
Robinson, Ken 179
Rubin, Gretchen 191, 270, 276, 278
Ruhezonen 187

Sandberg, Sheryl 22
Schlaf 27, 36f., 57, 84f., 87f., 116, 121, 132, 175, 181, 183–188, 213f., 217, 237, 239–244
Schlafstörungen 88, 188, 218f., 243
Schlafzimmer 85f., 239ff.
Schokolade, dunkle 85, 203, 209f.
Seuss, Dr. 113
Shinrin Yoku 223
Siesta 36, 63, 115, 217
Simon, Paul 124
Smartphone 20, 25, 28, 31, 39, 58, 94, 98–102, 104f., 107–117, 122, 129, 131, 135, 146f., 167, 171, 174, 179f., 197, 226, 229, 234, 239ff., 254, 265, 279
– ablenkungsfreies 23ff., 27, 31, 102, 105, 107ff., 111f., 146, 229, 265

Stichwortverzeichnis

- ausloggen 112
- Deaktivieren der Benachrichtigungsfunktion 113
- Deaktivieren des Mailprogramms 107, 110
- Deaktivieren des Webbrowsers 110
- Deaktivieren sozialer Apps 109
- Deaktivieren von Infinity Pools 110
- Homescreen, bereinigen von 114

Snack, gesunder 208f.
Snapchat 99f., 109
Sonnenaufgang simulieren 242
Sonnenuntergang simulieren 240ff.
Sport 27, 36, 59f., 85, 93, 116, 130, 136f., 181, 188f., 191–194, 200, 225, 228, 245, 255f., 268
Steindl-Rast, David 173, 175
Strukturieren eines Tages 80ff.
Sweetspot 52

Technologie 20, 22f., 31, 35, 48, 94f., 97–102, 109, 153, 186, 228, 242
Tee, grüner 27, 217f.
Termine komprimieren und schieben 77
Terminkalender 15, 18f., 21f., 24, 30, 34, 44, 48f., 52, 57, 64f., 71, 73ff., 77f., 80, 82, 93, 108, 142, 179, 181, 254ff., 266
- Muster 265–269
- Zeit blockieren im 74

Thurman, Howard 259, 262
Time Timer 165
To-do-Liste 17f., 21f., 24, 27, 43–46, 48ff., 62–65, 74, 82, 88, 166
Tools, (zu) ausgefallene 159, 166f.
Twitter 24, 85, 93, 99f., 109, 112, 121, 126f., 130, 132f., 135, 146, 172, 229f., 259

Veränderungen, kleine 35f., 40, 254f.
Vielleicht-Liste 55, 64f.

Wald 223f.
Wecker 239f., 244
Wettbewerb 98ff.
WLAN 119, 127ff., 131
Verzicht auf im Flugzeug 127f.
Wochenzeitschrift 125
Work-out, kurzes 198ff.
- JZs 3x3-Work-out 189, 198ff.
- Sieben-Minuten-Work-out 200

YouTube 20, 22, 96f., 99, 110

Zeit, Qualität von 103
Zeit, Sichtbarmachen von 159, 165
Zeitgewinnung, Kurzanleitung 263
Zeitschaltuhr 87, 119, 128ff.
Zucker 209ff., 219f., 256
Zufriedenheit 40, 47, 50, 53, 62, 65, 89, 224
Zu-Fuß-Gehen 40, 189, 194ff., 263

Neue Wege gehen

Unternehmer, Gründer und Teams stehen täglich vor der Herausforderung: Womit soll man zuerst anfangen, worauf sich am meisten fokussieren? Wie viele Meetings sind nötig, bevor man ganz sicher die richtige Lösung hat? Die Folge ist, dass allzu oft das Projekt auf der Stelle tritt und man nicht vorwärtskommt.
Dafür gibt es eine geniale Lösung: *Sprint*. Die ist ein einzigartiger, innovativer und narrensicherer Prozess, mit dem sich die härtesten Probleme in nur fünf Tagen lösen lassen. Der Entwickler Jake Knapp entwarf diesen Prozess bei und für Google, wo er seither in allen Bereichen genutzt wird. Zusammen mit John Zeratsky und Braden Kowitz hat er darüber hinaus bereits mehr als 100 Sprints in Firmen aus unterschiedlichen Bereichen durchgeführt. Die Methode bewährt sich für all diejenigen, die vor einem großen Problem stehen, schnell eine Idee testen oder einfach eine Möglichkeit schnell ergreifen wollen.

256 Seiten | Klappenbroschur | 19,99 € (D) | ISBN 978-3-86881-638-9

www.redline-verlag.de

Alles, was Sie über die neue Arbeitswelt wissen sollten

Das New-Work-Konzept verändert die Arbeitswelt – Kreativität und Entfaltung der eigenen Persönlichkeit rücken in den Mittelpunkt, ebenso nehmen Selbstständigkeit und Handlungsfreiheit der Arbeitnehmer zu.

In *Fit für New Work* erklären die Expertinnen alles Wissenswerte über die neuen Arbeitsformen wie Home Office oder Co-Working. Sie erläutern bewährte Methoden wie Design Thinking oder Desksharing, zeigen die Stärken der neuen Organisationen, beleuchten Nachteile wie Scheinselbstständigkeiten und machen klar, was man beachten muss, wenn man in diesem Umfeld erfolgreich sein will. Viele Porträts und O-Töne geben eine profunde Anleitung für die neue vielfältige Arbeitswelt.

288 Seiten | Softcover | 17,99 € (D) | ISBN 978-3-86881-724-9

www.redline-verlag.de

REDLINE | VERLAG

Wenn Sie **Interesse** an
unseren Büchern haben,

z. B. als Geschenk für Ihre Kundenbindungsprojekte, fordern Sie unsere attraktiven Sonderkonditionen an.

Weitere Informationen erhalten Sie von unserem Vertriebsteam unter +49 89 651285-154

oder schreiben Sie uns per E-Mail an:
vertrieb@redline-verlag.de